T0222203

Ohne Anwalt zum Patent

Thomas Heinz Meitinger

Ohne Anwalt zum Patent

Anleitung zur Erstellung wertvoller
Patente und Gebrauchsmuster

Thomas Heinz Meitinger
Meitinger & Partner Patentanwalts PartGmbB
München, Deutschland

ISBN 978-3-662-63822-4   ISBN 978-3-662-63823-1   (eBook)
https://doi.org/10.1007/978-3-662-63823-1

Die Deutsche Nationalbibliothek verzeichnet diese Publikation in der Deutschen Nationalbibliografie; detaillierte
bibliografische Daten sind im Internet über http://dnb.d-nb.de abrufbar.

Planung/Lektorat: Markus Braun
Springer Vieweg ist ein Imprint der eingetragenen Gesellschaft Springer-Verlag GmbH, DE und ist ein Teil von
Springer Nature.
Die Anschrift der Gesellschaft ist: Heidelberger Platz 3, 14197 Berlin, Germany

Vorwort

In meiner langjährigen Praxis als Patentanwalt habe ich es einige Male erlebt, dass gute Ideen nicht zu guten Patenten führten. Der Grund lag oft darin, dass den Erfindern die Kosten für einen Patentanwalt zu hoch waren. In der finanziellen Not wurden Patent- oder Gebrauchsmusteranmeldungen selbst geschrieben und beim Patentamt eingereicht.

Werden diese vom Erfinder selbst geschriebenen Patentschriften von einem Dritten verletzt, konnten sie oft, wegen ihrer schlechten Qualität, nicht dazu verwendet werden, den Nachahmer zu stoppen. Lizenzgebühren konnten ebenfalls nicht erwirkt werden. Diese „Eigenbau"-Anmeldungen waren der Mühe einfach nicht wert.

Dieses Buch ist eine Anleitung für den Erfinder, Patent- und Gebrauchsmusteranmeldungen selbst zu schreiben. Mit dem Wissen dieses Buchs können gut formulierte Patente und Gebrauchsmuster erworben werden und der Erfinder effektiven Schutz für sein geistiges Eigentum erhalten. Einer erfolgreichen wirtschaftlichen Verwertung seiner Erfindung steht dem Erfinder dann nichts mehr im Wege.

München
im Mai 2021

Patentanwalt Dr. Thomas Heinz Meitinger

Gesetze

Arbeitnehmererfindungsgesetz: Gesetz über Arbeitnehmererfindungen in der im Bundesgesetzblatt Teil III, Gliederungsnummer 422--1, veröffentlichten bereinigten Fassung, das zuletzt durch Artikel 7 des Gesetzes vom 31. Juli 2009 (BGBl. I S. 2521) geändert worden ist.

BGB: Bürgerliches Gesetzbuch in der Fassung der Bekanntmachung vom 2. Januar 2002 (BGBl. I S. 42, 2909; 2003 I S. 738), das zuletzt durch Artikel 10 des Gesetzes vom 30. März 2021 (BGBl. I S. 607) geändert worden ist.

EPÜ: Europäische Patentübereinkommen in der Fassung der Revisionsakte vom 29. November 2000 und des Beschlusses des Verwaltungsrats vom 28. Juni 2001 zur Annahme der Neufassung des Europäischen Patentübereinkommens (ABl. EPA, Sonderausgaben Nr. 4/2001, Seiten 56 ff.; Nr. 1/2003, Seiten 3 ff.; Nr. 1/2007, Seiten 1 -- 88) und der Ausführungsordnung in der Fassung des Beschlusses des Verwaltungsrats vom 7. Dezember 2006 (ABl. EPA, Sonderausgabe Nr. 1/2007, Seiten 89 ff.), später geändert durch die Beschlüsse des Verwaltungsrats vom 6. März 2008 (ABl. EPA 2008, 124), vom 21. Oktober 2008 (ABl. EPA 2008, 513), vom 25. März 2009 (ABl. EPA 2009, 296 und 299), vom 27. Oktober 2009 (ABl. EPA 2009, 582), vom 28. Oktober 2009 (ABl. EPA 2009, 585), vom 26. Oktober 2010 (ABl. EPA 2010, 568, 634 und 637), vom 27. Juni 2012 (ABl. EPA 2012, 442), vom 16. Oktober 2013 (ABl. EPA 2013, 501 und 503), vom 13. Dezember 2013 (ABl. EPA 2014, A3 und A4), vom 15. Oktober 2014 (ABl. EPA 2015, A17), vom 14. Oktober 2015 (ABl. EPA 2015, A82 und A83), vom 30. Juni 2016 (ABl. EPA 2016, A100), vom 14. Dezember 2016 (ABl. EPA 2016, A102), vom 28. Juni 2017 (ABl. EPA 2017, A55), vom 29. Juni 2017 (ABl. EPA 2017, A56), vom 13. Dezember 2017 (ABl. EPA 2018, A2), vom 28. Juni 2018 (ABl. EPA 2018, A57), vom 28. März 2019 (ABl. EPA 2019, A31), vom 12. Dezember 2019 (ABl. EPA 2020, A5) und vom 27. März 2020 (ABl. EPA 2020, A36).

Gebrauchsmustergesetz in der Fassung der Bekanntmachung vom 28. August 1986 (BGBl. I S. 1455), das zuletzt durch Artikel 10 des Gesetzes vom 17. Juli 2017 (BGBl. I S. 2541) geändert worden ist.

Gebrauchsmusterverordnung vom 11. Mai 2004 (BGBl. I S. 890), die zuletzt durch Artikel 3 der Verordnung vom 12. Dezember 2018 (BGBl. I S. 2446) geändert worden ist.

GVG: Gerichtsverfassungsgesetz in der Fassung der Bekanntmachung vom 9. Mai 1975 (BGBl. I S. 1077), das zuletzt durch Artikel 4 des Gesetzes vom 9. März 2021 (BGBl. I S. 327) geändert worden ist.

Patentgesetz in der Fassung der Bekanntmachung vom 16. Dezember 1980 (BGBl. 1981 I S. 1), das zuletzt durch Artikel 4 des Gesetzes vom 8. Oktober 2017 (BGBl. I S. 3546) geändert worden ist.

Patentkostengesetz vom 13. Dezember 2001 (BGBl. I S. 3656), das zuletzt durch Artikel 3 des Gesetzes vom 11. Dezember 2018 (BGBl. I S. 2357) geändert worden ist.

Patentverordnung vom 1. September 2003 (BGBl. I S. 1702), die zuletzt durch Artikel 1 der Verordnung vom 12. Dezember 2018 (BGBl. I S. 2446) geändert worden ist.

PCT: Vertrag über die internationale Zusammenarbeit auf dem Gebiet des Patentwesens unterzeichnet in Washington am 19. Juni 1970, geändert am 28. September 1979, am 3. Februar 1984 und am 3. Oktober 2001.

PVÜ: Pariser Verbandsübereinkunft zum Schutz des gewerblichen Eigentums vom 20. Marz 1883, revidiert in BRÜSSEL am 14. Dezember 1900, in WASHINGTON am 2. Juni l911, im HAAG am 6. November 1925, in LONDON am 2. Juni 193, in LISSABON am 31. Oktober 1958 und in STOCKHOLM am 14. Juli 1967 und geändert am 2. Oktober 1979.

ZPO: Zivilprozessordnung in der Fassung der Bekanntmachung vom 5. Dezember 2005 (BGBl. I S. 3202; 2006 I S. 431; 2007 I S. 1781), die zuletzt durch Artikel 8 des Gesetzes vom 22. Dezember 2020 (BGBl. I S. 3320) geändert worden ist.

Inhaltsverzeichnis

Über den Autor

 **Patentanwalt Dr. Thomas Heinz Meitinger** ist deutscher und europäischer Patentanwalt. Er ist der Managing Partner der Meitinger & Partner Patentanwalts PartGmbB. Die Meitinger & Partner Patentanwalts PartGmbB ist eine mittelständische Patentanwaltskanzlei in München. Nach einem Studium der Elektrotechnik in Karlsruhe arbeitete er zunächst als Entwicklungsingenieur. Spätere Stationen waren Tätigkeiten als Produktionsleiter und technischer Leiter in mittelständischen Unternehmen. Dr. Meitinger veröffentlicht regelmäßig wissenschaftliche Artikel, schreibt Fachbücher zum gewerblichen Rechtsschutz und hält Vorträge zu Themen des Patent- und Markenrechts. Dr. Meitinger ist Dipl.-Ing. (Univ.) und Dipl.-Wirtsch.-Ing. (FH). Außerdem führt er folgende Mastertitel: LL.M., LL.M., MBA, MBA, M.A. und M.Sc.

Abkürzungen

ABl. EPA	Amtsblatt des Europäischen Patentamts
BGH	Bundesgerichtshof
BPatG	Bundespatentgericht
DPMA	Deutsches Patent- und Markenamt
EPA	Europäisches Patentamt
EPÜ	Europäisches Patentübereinkommen
PCT	Patent Cooperation Treaty
WIPO	World Intellectual Property Organization
ZPO	Zivilprozessordnung

Abbildungsverzeichnis

Tabellenverzeichnis

Einleitung

Plötzlich ist sie da: die zündende Idee. Natürlich will man ihr dann auch zum Erfolg verhelfen. Hierzu muss für die Idee geworben werden und sie in vielen Präsentationen vorgestellt werden, bis endlich der Durchbruch kommt.

Die Gefahr ist jedoch groß, dass eine wirtschaftliche Verwertung erfolgt, ohne den Erfinder am Erfolg zu beteiligen. Ein Patent oder ein Gebrauchsmuster vereitelt eine missbräuchliche Verwertung. Mit einem Schutzrecht kann der Erfinder jeden Dritten daran hindern, seine Erfindung ohne Genehmigung zu verwerten. Ein Erfinder sollte also seine Erfindung zum Patent oder zum Gebrauchsmuster anmelden.

Nach dem Patentgesetz ist ein Erfinder derjenige, der eine Erfindung schafft. Dem Erfinder stehen alle Rechte an der Erfindung zu.[1] Außerdem kennt das Patentgesetz den Anmelder. Der Anmelder meldet die Erfindung zum Patent oder zum Gebrauchsmuster an. Das Patentamt geht zunächst davon aus, dass der Anmelder berechtigt ist, die Erfindung für sich als Patent anzumelden.[2]

Die Ausarbeitung einer Gebrauchsmuster- oder Patentanmeldung kann bei einem Patentanwalt in Auftrag gegeben werden. Allerdings können sich dadurch Kosten ergeben, vor denen ein Erfinder zurückschreckt. Eine Alternative ist es, eine Patentanmeldung selbst zu formulieren und beim Patentamt einzureichen.

Dieses Fachbuch ist eine Anleitung dazu, eigenständig eine Patent- oder Gebrauchsmusteranmeldung zu erstellen. Es werden die einzelnen Bestandteile einer Anmeldung beschrieben und jeweils Formulierungsvorschläge gegeben. Eine Vielzahl von Beispielen aus der Praxis geben zusätzliche Orientierung.

---

[1] § 6 Satz 1 Patentgesetz.

[2] § 7 Absatz 1 Patentgesetz.

© Der/die Autor(en), exklusiv lizenziert durch Springer-Verlag GmbH, DE, ein Teil von Springer Nature 2021
T. H. Meitinger, *Ohne Anwalt zum Patent*, https://doi.org/10.1007/978-3-662-63823-1_1

Der Aufbau des Fachbuchs entspricht dem empfohlenen Ablauf bei der Erstellung einer Anmeldung. Zunächst wird der Stand der Technik[3] erläutert, der der Ausgangspunkt der Schöpfung der Erfindung darstellt. Aus der Beschäftigung mit dem Stand der Technik stellt der Erfinder Nachteile fest, die ihn zu seiner Erfindung veranlassen. Die Nachteile führen zur Aufgabe der Erfindung. Als nächsten Schritt der Ausarbeitung einer Anmeldung folgt eine Beschreibung der verschiedenen Ausführungsformen der Erfindung. Schließlich werden die Ansprüche formuliert.

Dieser Ablauf hat den Vorteil, dass erst am Ende der Bearbeitung der schwierigste Schritt erfolgt, nämlich das Formulieren der Ansprüche. Der Erfinder hat dann bei der Formulierung der Ansprüche eine profunde Kenntnis der verschiedenen Aspekte seiner Erfindung. Hierdurch wird ihm das Formulieren der Ansprüche erheblich erleichtert.

Es werden viele reale Beispiele aus der Praxis präsentiert. Zu diesen Beispielen werden verbesserte Formulierungen bzw. Darstellungen vorgestellt. Die Beispiele entstammen insbesondere den technischen Gebieten der Fahrräder und des Kinderspielzeugs. Bei diesen technischen Gebieten handelt es sich in aller Regel um einfache technische Lehren. Das Verstehen der Formulierung einer Patent- oder Gebrauchsmusteranmeldung soll durch komplexe technische Sachverhalte nicht unnötig erschwert werden.

Der schwierigste Teil der Ausarbeitung einer Patent- oder Gebrauchsmusteranmeldung stellt die Anspruchsformulierung dar. Anhand der Anleitungen dieses Handbuchs sollte eine zumindest brauchbare erste Anspruchsformulierung gelingen. Es ist wichtig, dass die Ansprüche derart formuliert sind, dass sie ein zielgerichtetes Prüfungsverfahren eröffnen können. Eine perfekte Anspruchsformulierung kann auf Basis der Lektüre eines Buches nicht erwartet werden. Das ist aber auch nicht erforderlich, da die Aufgabe des Erteilungsverfahrens gerade ist, dies zu leisten. Durch das Prüfungsverfahren vor dem Patentamt soll der Anmelder zu einem Anspruchssatz gelangen, der ihm einen größtmöglichen Schutzbereich gewährt.

Im Kap. 2 werden Hilfsmittel präsentiert, um zu entscheiden, ob es sich überhaupt lohnt, ein Patent oder ein Gebrauchsmuster anzumelden. Nicht jede Idee hält einer Prüfung auf wirtschaftliche Bedeutung stand. In diesem Fall sollte man sich die Mühen und Kosten eines Patents oder eines Gebrauchsmusters sparen. Danach wird im dritten Kapitel eine Übersicht über die verschiedenen Abschnitte im „Leben" eines Patents oder Gebrauchsmusters gegeben. Es folgen im Kap. 4 allgemeine Formerfordernisse, die

---

[3] „Der Stand der Technik umfasst alle Kenntnisse, die vor dem für den Zeitrang der Anmeldung maßgeblichen Tag durch schriftliche oder mündliche Beschreibung, durch Benutzung oder in sonstiger Weise der Öffentlichkeit zugänglich gemacht worden sind." (§ 3 Absatz 1 Satz 2 Patentgesetz) Der Zeitrang einer Patent- oder Gebrauchsmusteranmeldung ist der Anmeldetag. Wurde die Priorität einer früheren Anmeldung in Anspruch genommen, ist der Zeitrang der Anmeldetag der früheren Anmeldung.

beachtet werden müssen, um einen Bescheid des Patentamts aus formalen Mängeln zu vermeiden. Im Kap. 5 wird eine Übersicht der einzelnen Bestandteile einer Anmeldung gegeben. Diese einzelnen Bestandteile werden in den Kapiteln 6 bis 10 im Detail erläutert.

Im Kap. 11 werden die Antragsformulare der Patentämter vorgestellt, die der Beschreibung der Erfindung und den Ansprüchen beizufügen sind. Das Kap. 12 ist den verschiedenen Möglichkeiten gewidmet, eine Recherche nach dem Stand der Technik durchzuführen. Das Kap. 13 dient der Orientierung des Erfinders, der sich in einem Arbeitsverhältnis befindet. Darauffolgend werden im Kap. 14 die wesentlichen Besonderheiten einer Erfinder- bzw. Anmeldergemeinschaft diskutiert, denn in der Praxis werden Erfindungen oft in Teams geschaffen. Es folgen in den Kapiteln 15, 16, 17 und 18 die Vorstellung der unterschiedlichen Möglichkeiten, ein Schutzrecht zu erlangen. Die verschiedenen Möglichkeiten sind: ein deutsches Gebrauchsmuster, ein deutsches Patent, ein europäisches Patent oder eine internationale Patentanmeldung. Im Kap. 19 wird auf die Erwiderung eines amtlichen Bescheids in einem Prüfungs- oder Eintragungsverfahren eingegangen und die häufigsten Mängelanzeigen besprochen. In den letzten beiden Kapiteln werden Vorlagen für eine Patent- oder Gebrauchsmusteranmeldung und eine Bescheidserwiderung präsentiert und erläutert.

Bei der Abfassung der Anmeldeunterlagen sollte daran gedacht werden, dass der Adressat der Patent- oder Gebrauchsmusteranmeldung zunächst ein Prüfer im Patentamt ist. Die Anmeldung sollte möglichst derart formuliert sein, dass es dem Prüfer leicht gemacht wird, das Patent zu erteilen. Entsprechend sollte die Erfindung detailliert und verständlich dargestellt werden. Eventuell ist es vorteilhaft, mit einer geeigneten Wortwahl die Patentwürdigkeit der Erfindung herauszustellen. Es ist beispielsweise vorteilhafter von einer „technischen" Aufgabe der Erfindung statt nur von einer Aufgabe zu sprechen. Die Redewendung „vorliegende Erfindung" unterstreicht, dass die Anmeldung eine patentwürdige Erfindung darstellt. Es ist sinnvoll bei den Unteransprüchen von technisch vorteilhaften Ausprägungen der Erfindung zu sprechen. Durch eine entsprechende Wortwahl kann eventuell eine bereits vorhandene Neigung des Prüfers zur Erteilung eines Patents unterstützt werden. Eine Patenterteilung kann dadurch zumindest beschleunigt werden.

In dem Buch wird eine Vielzahl von Beispielen aus der Praxis vorgestellt und in Kommentaren diskutiert. Die Beispiele entstammen Patent- und Gebrauchsmusterschriften, deren Veröffentlichungsnummern angegeben sind. Die Auszüge aus den Patent- und Gebrauchsmusterschriften sind kursiv geschrieben. Einzelne Stellen dieser Auszüge sind fett und unterstrichen geschrieben und in eckigen Klammern stehen hinter diesen Stellen [Punkt 1], [Punkt 2], [Punkt 3], etc. Zu diesen Punkten folgen Kommentare. Außerdem enthält das Buch Tipps, die in komprimierter Form die wesentlichen Inhalte der betreffenden Abschnitte des Fachbuchs wiedergeben.

Warum ein Patent oder Gebrauchsmuster?

Patente und Gebrauchsmuster sind gewerbliche Schutzrechte, mit denen erfinderische Vorrichtungen und Verfahren vor Nachahmung geschützt werden. Hierzu bietet ein Patent bzw. ein Gebrauchsmuster ein Verbietungsrecht. Demnach kann die Verwendung sämtlicher Produkte oder Verfahren durch einen unbefugten Dritten, die in den patentierten Schutzbereich fallen, vom Schutzrechtsinhaber verboten werden. Ein Patent bzw. ein Gebrauchsmuster ist ein ökonomisches Monopolrecht. Allerdings stellt das Patent oder das Gebrauchsmuster nur dann einen tatsächlichen Wert dar, falls der geschützte Gegenstand wirtschaftlich wertvoll ist.

Man sollte sich vor dem Trugschluss bewahren, in einem Patent oder Gebrauchsmuster per se ein wertvolles Gut zu sehen. Die Erteilung eines Patents oder die Eintragung eines Gebrauchsmusters ist kein Anzeichen für eine wertvolle Erfindung. Die Prüfung des Patentamts erfolgt hinsichtlich Neuheit und erfinderische Tätigkeit, und nicht bezüglich des wirtschaftlichen Werts. Allerdings wird die theoretische Ausführbarkeit vor der Patentierung durch das Patentamt geprüft.[1] Nach der Erteilung eines Patents kann davon ausgegangen werden, dass die Erfindung zumindest theoretisch realisierbar ist. Bei einem Gebrauchsmuster findet vor der Eintragung ausschließlich eine Prüfung auf formale Mängel statt.

Die Mühe einer Patent- oder Gebrauchsmusteranmeldung ist nur sinnvoll, falls tatsächlich von einem wirtschaftlichen Wert der Erfindung auszugehen ist.

Tipp: Der Mühe einer Patent- oder Gebrauchsmusteranmeldung sollte man sich nur bei einer wirtschaftlich wertvollen Erfindung unterziehen.

---

[1] § 34 Absatz 4 Patentgesetz.

© Der/die Autor(en), exklusiv lizenziert durch Springer-Verlag GmbH, DE, ein Teil von Springer Nature 2021
T. Meitinger, *Ohne Anwalt zum Patent*, https://doi.org/10.1007/978-3-662-63823-1_2

Bedauerlicherweise kann eine Erfindung nicht erst dann zum Patent angemeldet werden, wenn die Erfindung bewiesen hat, dass sie wirtschaftlich wertvoll ist. Bereits durch einen einzigen Verkauf eines Produkts, das die Erfindung realisiert[2], gilt die Erfindung nicht mehr als neu und ist dann nicht mehr patentfähig.[3] Es ist daher erforderlich, vor der tatsächlichen Realisierung der Erfindung, eine Abschätzung ihrer wirtschaftlichen Bedeutung vorzunehmen.

2.1 Marktpotenzial

Der wirtschaftliche Wert eines Patents ergibt sich insbesondere durch das voraussichtliche Marktpotenzial der zugrunde liegenden Erfindung. Eine Betrachtung der eigenen Fähigkeiten zur Produktion oder zum Vertrieb eines erfindungsgemäßen Produkts kann zunächst außer Acht gelassen werden, da ein Patent auslizenziert werden kann.

Bei der Bewertung des Marktpotenzials können insbesondere die folgenden drei Kriterien berücksichtigt werden: Marktsituation, Konkurrenzsituation und Abnehmersituation. Die Marktsituation kann als positiv bezeichnet werden, falls der Markt ein hohes Marktvolumen aufweist. Es ist außerdem für die Chancen einer Erfindung vorteilhaft, falls sich der betreffende Markt durch ein hohes Wachstum auszeichnet. Weist der Markt keinen absolut dominanten Marktführer auf, kann dies ebenfalls vorteilhaft für die ökonomische Bewertung einer Erfindung sein. In diesem Fall kann ein Newcomer, eben der Patentinhaber, eher erfolgreich in den Markt eintreten. Zeichnet sich die Kundensituation eines Markts durch eine hohe Heterogenität der potenziellen Kunden aus, kann dies den Erfolg einer Erfindung für diesen Markt ebenfalls befördern.

---

[2] Entscheidungen der Beschwerdekammern des EPA: T 482/89, ABl. EPA 1992, 646 und T 1022/99 (Das EPA kennzeichnet Entscheidungen seiner technischen Beschwerdekammern mit einem führenden „T").

[3] Dieser Mangel kann durch die Neuheitsschonfrist des Gebrauchsmustergesetzes geheilt werden. § 3 Absatz 1 Satz 3 Gebrauchsmustergesetz bestimmt eine allgemeine Neuheitsschonfrist: „Eine innerhalb von sechs Monaten vor dem für den Zeitrang der Anmeldung maßgeblichen Tag erfolgte Beschreibung oder Benutzung bleibt außer Betracht, wenn sie auf der Ausarbeitung des Anmelders oder seines Rechtsvorgängers beruht." Allerdings sollte diese Neuheitsschonfrist nur als allerletzter Rettungsanker angesehen werden.

2.2 Prioritätsfrist

Die einjährige Prioritätsfrist[4] beginnt direkt nach der Einreichung der Anmeldeunterlagen.[5] Während der Prioritätsfrist kann in jedem Land der Erde eine sogenannte Nachanmeldung für dieselbe Erfindung beantragt werden. Diese Nachanmeldung erhält denselben frühen Zeitrang wie die erste Anmeldung.[6] Derselbe Zeitrang gilt jedoch nur für denselben Gegenstand. Wurden neue Gegenstände in die Nachanmeldung aufgenommen, erhalten diese neuen Gegenstände den Anmeldetag, an dem die Nachanmeldung tatsächlich eingereicht wurde. Durch das Prioritätsrecht ist es daher möglich, durch eine einzelne, beispielsweise deutsche, Patentanmeldung seine Erfindung zu beanspruchen und diesen Anspruch innerhalb eines Jahres auf beliebige Länder auszudehnen.

Außerdem gibt es die sogenannte „innere" Priorität. Während des ersten Jahres nach Einreichung der Anmeldeunterlagen kann nicht nur im Ausland eine Nachanmeldung vorgenommen werden, sondern auch in Deutschland. Fallen dem Erfinder daher weitere wichtige Ausführungsformen ein, so kann er die bisherige Anmeldung erweitern und mit der Einreichung der erweiterten Anmeldung die Priorität der früheren Anmeldung beantragen. Für diejenigen Bestandteile der späteren Anmeldung, die bereits in der ersten Anmeldung beschrieben wurden, gilt dann der Anmeldetag der ersten Anmeldung. Für die restlichen Bestandteile gilt der spätere Anmeldetag. Die Inanspruchnahme einer inneren Priorität ist für eine deutsche Patentanmeldung[7] und für ein deutsches Gebrauchsmuster möglich[8]. Allerdings gilt dann die frühere Patentanmeldung oder das frühere Gebrauchsmuster als zurückgenommen.. Es ist auch möglich, zunächst ein Gebrauchsmuster einzureichen und danach eine Patentanmeldung, oder andersherum. In diesem Fall ergäbe sich nicht die Rücknahmefiktion, denn ein Gebrauchsmuster kann parallel zu einem Patent bestehen.[9]

---

[4] Das grundsätzliche Prioritätsrecht für Patent- oder Gebrauchsmusteranmeldungen ist in Artikel 4 A Absatz 1 PVÜ kodifiziert (ausländische Priorität). Die Frist von einem Jahr, innerhalb der das Prioritätsrecht wahrgenommen werden kann, ist in Artikel 4 C Absatz 1 PVÜ bestimmt.

[5] Die Prioritätsfrist beginnt ab dem Tag, an dem der Anmeldung ein Anmeldetag nach § 35 Absatz 1 Patentgesetz zuerkannt werden kann.

[6] Artikel 4 A Absatz 1 PVÜ.

[7] § 40 Absatz 1 Patentgesetz.

[8] § 6 Absatz 1 Satz 1 Gebrauchsmustergesetz.

[9] § 40 Absatz 5 Satz 1 Patentgesetz: durch das Einreichen einer späteren Patentanmeldung gilt die erste Patentanmeldung als zurückgenommen (Rücknahmefiktion), falls die spätere Anmeldung die Priorität der ersten Patentanmeldung in Anspruch nimmt. Ist die spätere Anmeldung eine Gebrauchsmusteranmeldung, so bleibt die Patentanmeldung bestehen (§ 40 Absatz 5 Satz 2 Patentgesetz). Eine innere Priorität gibt es auch beim Gebrauchsmustergesetz (§ 6 Absatz 1 Satz 1 Gebrauchsmustergesetz). Die Rücknahmefiktion gilt auch für zwei Gebrauchsmusteranmeldungen (§ 6 Absatz 1 Satz 2 Gebrauchsmustergesetz i. V. m. § 40 Absatz 5 Satz 1 Patentgesetz.

Durch eine erste Patent- oder Gebrauchsmusteranmeldung könnte daher ein erstes Schutzrecht entstehen, das eventuell in gewissem Umfang durch eine Nachanmeldung „geradegezogen" wird. Die erste Anmeldung könnte daher kostengünstig selbst erstellt werden und die Nachanmeldung könnte professionell durch einen Patentanwalt vorgenommen werden. Allerdings muss die Erstanmeldung, Patent- oder Gebrauchsmusteranmeldung, eine Mindestqualität aufweisen. Ansonsten wägt man sich in einer illusorischen Sicherheit. Dieses Buch stellt Anleitungen zur Verfügung, um das erforderliche qualitative Mindestniveau zu erreichen.

2.3   Offenlegungsfrist

Die Offenlegungsfrist besagt, dass vor Ablauf von 18 Monaten eine Anmeldung nicht veröffentlicht wird.[10] Einzige Ausnahme ist, dass vor Ablauf der 18 Monate ein Patent erteilt wird. In den ersten eineinhalb Jahren wird eine Anmeldung daher vom Patentamt geheim gehalten. Das bedeutet auch, dass sich ein Erfinder noch 18 Monate überlegen kann, ob die Anmeldung in der Form, wie sie eingereicht wurde, überhaupt Aussicht auf Erteilung hat.[11] Der Erfinder kann sich noch dafür entscheiden, kein Patent anzustreben, sondern seine Erfindung als betriebliches Know-How geheim zu halten. Dies gilt insbesondere, falls der Anmelder feststellt, dass die angemeldete Erfindung zwar wirtschaftlich interessant ist, die ersten hohen Erwartungen aber wahrscheinlich nicht erfüllen wird. In diesem Fall kann die Erfindung als geheimes betriebliches Know-How weitergenutzt werden, ohne die hohen Kosten einer weiteren Verfolgung als Patent tragen zu müssen.

Stellt der Erfinder durch eine Recherche fest, dass seine Erfindung nicht neu ist, kann er die Anmeldung zurücknehmen, um zu verhindern, dass seine Wettbewerber erfahren, wie seine Erfindung funktioniert. Es kann daher sinnvoll sein, eine erste Patent- oder Gebrauchsmusteranmeldung zu erstellen und beim Patentamt einzureichen und danach weiter zu recherchieren, um die Erfolgsaussichten einer Patenterteilung bewerten zu können.

---

[10] § 31 Absatz 2 Nr. 2 Patentgesetz bzw. Artikel 93 Absatz 1 Buchstabe a EPÜ.

[11] § 32 Absatz 4 Patentgesetz: Die Offenlegungsschrift wird auch dann veröffentlicht, wenn die Anmeldung zurückgenommen wurde, falls die technischen Vorbereitungen für die Veröffentlichung abgeschlossen sind. Falls eine Anmeldung nicht veröffentlicht werden soll, sollte die Zurücknahme daher mindestens sechs bis acht Wochen vor Ablauf der 18-Monats-Frist erfolgen.

2.4 Schlechte Patente schaden, gute Patente nutzen

Hat die Prüfung auf Marktpotenzial ein befriedigendes Ergebnis erbracht, kann an die Ausarbeitung einer Patent- oder Gebrauchsmusteranmeldung gedacht werden. Hierbei ist jedoch zu berücksichtigen, dass eine Anmeldung nur dann rechtsbeständig ist, falls die Erfindung derart beschrieben wird, dass ein Fachmann sie ausführen kann.[12] Anhand einer Anmeldung kann daher jeder Wettbewerber lernen, wie die beschriebene Erfindung realisiert wird. Umso wichtiger ist ein effektiver Schutz vor Nachahmung und vor Umgehungslösungen. Dieser Schutz kann nur durch eine gut formulierte Anmeldung und insbesondere fachmännisch ausgearbeitete Ansprüche erreicht werden.

Tipp: Ein gut formuliertes Patent schützt. Ein schlecht formuliertes Patent schadet.

2.5 Wirkungen

Ein Patent oder ein Gebrauchsmuster stellt keine Benutzungserlaubnis dar.[13] Das Patentamt prüft nicht, ob es ältere Rechte gibt, durch die es dem Patentinhaber verboten werden kann, seine patentierte Erfindung zu benutzen. Bei einem Patenterteilungsverfahren prüft das Patentamt jedoch, ob die vorliegende Anmeldung neu und erfinderisch gegenüber älteren Rechten ist.

2.5.1 Bedeutung des Anmeldetags

Das Einreichen einer Patent- oder Gebrauchsmusteranmeldung hat den Effekt, dass jeder, der nach dem Anmeldetag der Patent- oder Gebrauchsmusteranmeldung dieselbe Erfindung einreicht, leer ausgeht. Es gibt im gewerblichen Rechtsschutz keinen zweiten Sieger. Die erste Anmeldung einer Erfindung ist die einzige Anmeldung, die Bestand hat. Aus diesem Grund ist ein früher Anmeldetag so entscheidend.

---

[12] § 34 Absatz 4 Patentgesetz bzw. Artikel 83 EPÜ.
[13] Der Wortlaut des § 9 Satz 1 Patentgesetz ist irreführend: „Das Patent hat die Wirkung, dass allein der Patentinhaber befugt ist, die patentierte Erfindung im Rahmen des geltenden Rechts zu benutzen". Vielmehr handelt es sich bei einem Patent um ein Verbietungsrecht. Der § 9 Satz 2 Patentgesetz stellt daher klar: „Jedem Dritten ist es verboten …".

2.5.2 Wirkung der Offenlegung

Das Patentamt veröffentlicht eine Anmeldung als sogenannte „Offenlegungsschrift".[14] Die Veröffentlichung erfolgt in elektronischer Form im Patentregister.[15] Die Offenlegung der Patentanmeldung erfolgt nach Ablauf von 18 Monaten nach der Einreichung der Anmeldeunterlagen.[16] Eine Offenlegung der Anmeldung erfolgt nicht, falls während der 18-monatigen Frist das Patent erteilt wird.[17] In diesem Fall wird ausschließlich die Patentschrift veröffentlicht.

Die Offenlegung führt zu einem Entschädigungsanspruch gegenüber demjenigen, der den Gegenstand der Anmeldung benutzt.[18] Der Gegenstand der Anmeldung ist zunächst der Schutzbereich, der sich durch die Ansprüche ergibt.[19] Allerdings sind letzten Endes die erteilten Ansprüche für die Feststellung der Berechtigung eines Entschädigungsanspruchs maßgeblich.[20] Der Entschädigungsanspruch kann rückwirkend sogar vollständig entfallen, falls die Anmeldung vom Patentamt zurückgewiesen wird oder sie vom Anmelder zurückgezogen wird.[21]

2.5.3 Wirkung des erteilten Patents

Ein erteiltes Patent hat die Wirkung, dass der Patentinhaber jedem Dritten verbieten kann, ohne dessen Zustimmung ein Erzeugnis, das Gegenstand des Patents ist, herzustellen, anzubieten, in Verkehr zu bringen, zu gebrauchen, zu importieren oder zu besitzen. Der Gegenstand des Patents ist durch den Schutzbereich des Patents bestimmt.[22] Ist der Gegenstand des Patents ein Verfahren, so steht es dem Patentinhaber zu, einem Dritten die Anwendung des Verfahrens zu verbieten. Das Verbotsrecht des Patentinhabers bezieht sich auch auf ein aus einem patentierten Verfahren unmittelbar hergestelltes Erzeugnis, das angeboten, in Verkehr gebracht oder importiert wird.[23] Die Wirkung eines europäischen Patents entspricht derjenigen eines nationalen Patents.[24]

---

[14] § 32 Absatz 1 Satz 1 Nr. 1 Patentgesetz.

[15] § 32 Absatz 1 Satz 2 Patentgesetz.

[16] § 31 Absatz 2 Nr. 2 Patentgesetz.

[17] § 32 Absatz 2 Satz 2 Patentgesetz.

[18] § 33 Absatz 1 Patentgesetz.

[19] § 14 Satz 1 Patentgesetz.

[20] BGH, X ZR 79/04, „Extracoronales Geschiebe", *Gewerblicher Rechtsschutz und Urheberrecht*, 2006, 570.

[21] § 58 Absatz 2 Patentgesetz.

[22] § 14 Satz 1 Patentgesetz.

[23] § 9 Satz 2 Nr. 3 Patentgesetz.

[24] Artikel 64 Absatz 1 EPÜ.

Neben dem Unterlassungsanspruch[25] kann der Patentinhaber einen Schadensersatzanspruch geltend machen. Voraussetzung hierfür ist, dass die Patentverletzung vorsätzlich oder fahrlässig erfolgt.[26] Eine Patentverletzung ist nahezu stets zumindest fahrlässig, da davon auszugehen ist, dass ein Patentverletzer die erforderliche Sorgfalt missachtet hat, wenn er sich nicht über die bestehende Patentsituation informiert hat. Der Schadensersatz kann nach drei Varianten berechnet werden, nämlich nach der Lizenzanalogie, der Berechnung des Verletzergewinns oder des entgangenen Gewinns. Dem Patentinhaber steht die Wahl der Berechnungsmethode zu. In der Vergangenheit wurde der Verletzergewinn nur selten beansprucht, denn der Verletzer rechnete sich regelmäßig arm. Diesem Missbrauch wurde durch den Bundesgerichtshof zumindest teilweise ein Riegel vorgeschoben, sodass es mittlerweile für den Patentinhaber attraktiver geworden ist, den Verletzergewinn zu fordern.[27] Bei der Lizenzanalogie wird ein Lizenzsatz zugrunde gelegt, der marktüblichen Bedingungen entspricht. Der Verletzer hat dem Patentinhaber in diesem Fall den Umsatz multipliziert mit dem Lizenzsatz zu überweisen. Alternativ kann der Patentinhaber verlangen, dass ihm der Gewinn ersetzt wird, der ihm durch die Patentverletzung entgangen ist. Neben dem Schadensersatz kann der Patentinhaber die Herausgabe einer ungerechtfertigten Bereicherung verlangen.[28]

Außerdem besteht ein Auskunftsanspruch, wodurch der Patentinhaber einen Anspruch darauf hat, Auskunft über die Herkunft und den Vertriebsweg der patentverletzenden Produkte zu erhalten.[29] Hierzu sind dem Patentinhaber die Namen und die Anschriften der Hersteller, der Lieferanten und der Vorbesitzer zu nennen. Es ist zusätzlich Auskunft über die Menge der hergestellten, ausgelieferten, erhaltenen bzw. der noch bestellten Produkte zu geben.

Ein weiterer Anspruch des Patentinhabers ist ein Vernichtungsanspruch.[30] Der Patentinhaber kann verlangen, dass patentverletzende Erzeugnisse, die im Besitz des Patentverletzers sind, vernichtet werden. Eine Vernichtung erfolgt nicht, falls die Patentverletzung auf eine andere Weise beseitigt werden kann oder falls die Vernichtung unverhältnismäßig wäre.

Schließlich steht dem Patentinhaber noch ein Rückrufanspruch zu.[31] Patentverletzende Erzeugnisse können mit diesem Anspruch endgültig aus dem Vertriebsweg entfernt werden. Der Rückrufanspruch greift allerdings nur, soweit er verhältnismäßig ist.

---

[25] § 139 Absatz 1 Satz 1 Patentgesetz.

[26] § 139 Absatz 2 Satz 1 Patentgesetz.

[27] BGH, I ZR 246/98, „Gemeinkostenanteil", *Gewerblicher Rechtsschutz und Urheberrecht*, 2001, 329.

[28] § 812 Abs. 1 S. 1 2. Alt. BGB.

[29] § 140b Absatz 1 Patentgesetz.

[30] § 140a Absatz 1 Satz 1 Patentgesetz.

[31] § 140a Absatz 3 Satz 1 Patentgesetz.

Der Patentinhaber kann seine Rechte auf dem Klageweg vor den ordentlichen Gerichten durchsetzen.[32] Alternativ kann er eine einstweilige Verfügung anstreben. Allerdings kann eine einstweilige Verfügung zumeist nur bei einfachen technischen Sachverhalten und eindeutigen Verletzungsformen erwirkt werden.

Eine einstweilige Verfügung sollte der Patentinhaber nur in eindeutigen Fällen anstreben. Typischerweise wird die einstweilige Verfügung ohne das Anhören der Gegenseite beschlossen. Die Gegenseite kann gegen die einstweilige Verfügung Widerspruch einlegen. Außerdem muss die Gegenseite die einstweilige Verfügung beachten, das heißt sie muss die vermeintlich patentverletzenden Handlungen unterlassen, wodurch es für die gegnerische Partei zu einem hohen ökonomischen Schaden kommen kann. Nach dem Einreichen des Widerspruchs wird eine mündliche Verhandlung angesetzt, bei der beide Parteien ihre Argumente und Tatsachen vortragen können. Ergibt sich hierbei, dass die einstweilige Verfügung unberechtigt war, hat der Patentinhaber den gesamten Schaden der gegnerischen Partei zu ersetzen, und zwar auch dann, falls ihm kein Verschulden vorzuwerfen ist.[33]

Eine vorsätzliche Patentverletzung stellt eine Straftat dar.[34] Der Vorsatz als Voraussetzung der Rechtsfolge dieses Paragraphen ist schwer nachzuweisen. Außerdem hat der Patentinhaber in aller Regel kein Interesse daran, dem Verletzer eine Straftat nachzuweisen. Der Patentinhaber möchte, dass die Patentverletzung zukünftig unterbleibt und dass ihm sein Schaden ersetzt wird. Entsprechend ist die strafrechtliche Verfolgung von Patentverletzern bislang ohne Bedeutung.

2.5.4 Wirkung des Gebrauchsmusters

Ein eingetragenes Gebrauchsmuster entfaltet dieselben Wirkungen wie ein Patent. Das ist auch die Begründung dafür, dass die Rechtsprechung für ein Gebrauchsmuster dieselbe erfinderische Höhe wie bei einem Patent verlangt.[35] Dem Inhaber eines Gebrauchsmusters steht ein Unterlassungsanspruch[36], ein Schadensersatzanspruch[37], ein

---

[32] § 143 Absatz 2 Satz 1 Patentgesetz: Für Angelegenheiten des gewerblichen Rechtsschutzes sind in jedem Bundesland spezialisierte Landgerichte bzw. Oberlandesgerichte zuständig. Diese werden Patentstreitkammern genannt. Patentstreitkammern sind in Düsseldorf, München, Mannheim, Berlin, Braunschweig, Erfurt, Frankfurt, Hamburg, Leipzig, Nürnberg, Magdeburg und Saarbrücken.

[33] § 945 Zivilprozessordnung.

[34] § 142 Absatz 1 Patentgesetz.

[35] BGH, X ZB 27/05, „Demonstrationsschrank", *Gewerblicher Rechtsschutz und Urheberrecht*, 2006, 842.

[36] § 24 Absatz 1 Satz 1 Gebrauchsmustergesetz.

[37] § 24 Absatz 2 Satz 1 Gebrauchsmustergesetz.

Auskunftsanspruch[38], ein Rückrufanspruch[39] und ein Vernichtungsanspruch[40] gegen den das Gebrauchsmuster verletzenden Dritten zu.

2.5.5   Ausnahmen der Wirkungen

Die Wirkungen eines Patents erstrecken sich nicht auf Handlungen im privaten Bereich, die zu nichtgewerblichen Zwecken vorgenommen werden.[41] Außerdem kann einem Vorbenutzer nicht verboten werden, die Erfindung zukünftig weiterhin zu verwenden. Eine Vorbenutzung liegt vor, falls bereits vor der Anmeldung im Inland von einem Dritten die Erfindung in Benutzung genommen wurde oder zumindest die dazu erforderlichen Vorkehrungen getroffen wurden. Dieser Dritte ist befugt, die Erfindung in seinem Betrieb zu verwenden. Die Wirkung des Patents tritt gegen den befugten Dritten nicht ein.[42]

2.6   Vorsicht: psychologische Effekte

Es ist wichtig, einen kritischen Blick auf die eigene Erfindung einnehmen zu können. Ansonsten kann eine Erfindung nicht objektiv auf ihren wirtschaftlichen Wert eingeschätzt werden. Nicht jede Idee sollte sofort zum Patent angemeldet werden. Wirtschaftlich bedeutungslose Erfindungen zum Patent oder zum Gebrauchsmuster anzumelden, ist eine Verschwendung der eigenen Ressourcen. Man sollte sich daher eine kritische Distanz zur eigenen Erfindung bewahren, um mit kühlem Kopf seine unternehmerische Entscheidung treffen zu können, ob die Erfindung zum Patent angemeldet wird. Diese erforderliche kritische Distanz zur eigenen Erfindung kann durch besondere psychologische Effekte gestört werden. Die Kenntnis dieser psychologischen Mechanismen kann einen davor bewahren, diesen psychologischen Effekten auf den Leim zu gehen.

2.6.1   Besitztumseffekt

Der Entdecker des Besitztumseffekts (Endowment Effect), Daniel Kahneman, demonstrierte diesen Effekt mit der Bildung von zwei Gruppen, wobei er den Mitgliedern

---

[38] § 24b Absatz 1 Gebrauchsmustergesetz.

[39] § 24a Absatz 2 Gebrauchsmustergesetz.

[40] § 24a Absatz 1 Satz 1 Gebrauchsmustergesetz.

[41] § 11 Nr. 1 Patentgesetz.

[42] § 12 Absatz 1 Sätze 1 und 2 Patentgesetz.

der ersten Gruppe jeweils eine Tasse gab. Die Gruppenmitglieder der ersten Gruppe fragte er dann, für welchen Preis sie bereit wären, ihre Tasse zu verkaufen. Kahneman gab hierbei eine Preisspanne zwischen \$ 9,25 und \$ 0,25 vor. Die Mitglieder der zweiten Gruppe, die keine Tasse erhalten hatten, wurden gefragt, für welchen Preis sie bereit wären, eine Tasse zu kaufen. Der zweiten Gruppe wurde dieselbe Preisspanne von \$ 9,25 bis \$ 0,25 vorgegeben. Erstaunlicherweise unterschied sich der Verkaufspreis, für den die Teilnehmer der ersten Gruppe bereit waren, ihre Tasse zu verkaufen, erheblich vom Einkaufspreis der zweiten Gruppe. Im Mittel lag der Verkaufspreis bei \$ 7,12 und der Einkaufspreis bei \$ 2,87.[43] Kahneman schloss daraus, dass ein Gut unterschiedlich wertgeschätzt wird, je nachdem, ob man es besitzt oder nicht. Übertragen auf Erfindungen als geistiges Eigentum, kann daher angenommen werden, dass ein Erfinder seine Erfindung wertvoller einschätzt, als eine Person, von der die Erfindung nicht stammt. Dieser Besitztumseffekt beeinflusst eventuell auch einen Erfinder und verleitet ihn zu einer falschen, und zwar zu hohen, Bewertung seiner Erfindung.

2.6.2 Loss Aversion

Der Loss Aversion Effekt führt zu einer Scheu davor, etwas aufzugeben oder zu verlieren. Eine Erfindung nicht weiter zu verfolgen, kann ein derartiges Aufgeben sein. Ein Erfinder sollte sich daher darüber im Klaren sein, dass das Aufgeben einer Erfindung eine höhere Überwindung darstellen kann, als das Weiterverfolgen.[44] Dennoch ist das Festhalten an ökonomisch wertlosen Erfindungen ein Fehler, denn hierdurch werden Ressourcen verschwendet, die für wertvolle Erfindungen nicht mehr zur Verfügung stehen. Ein Erfinder sollte sich daher des Low Aversion Effekts bewusst sein.

2.6.3 Not-Invented-here-Syndrom

Das Not-Invented-here-Syndrom besagt, dass Unternehmen dazu tendieren, eigene Erfindungen wertvoller einzuschätzen als fremde. Insbesondere wurde festgestellt, dass Unternehmen dazu neigen, eigene Erfindungen zu bevorzugen und fremde Erfindungen als weniger bedeutsam abzutun.[45] Der Not-Invented-Here-Effekt zeigt,

---

[43] Daniel Kahneman, Jack L. Knetsch, und Richard H. Thaler, ‚Experimental Tests of the Endowment Effect and the Coase Theorem', *Journal of Political Economy,* 1990, 98, 6, 1325–1348.

[44] Daniel Kahneman, Jack L. Knetsch, und Richard H. Thaler, ‚Anomalies: The Endowment Effect, Loss Aversion, and Status Quo Bias', *Journal of Economic Perspectiv,* 1991, 5, 1, 193–206.

[45] Katrin Hussinger und Annelies Wastyn, ‚In Search for the Not-Invented-Here Syndrome: The Role of Knowledge Sources and Firm Success', *R&D Management,* 2015.

dass es schwer fällt, eigenen Erfindungen kritisch gegenüber zu stehen. Diese eingeschränkte Objektivität trägt die Gefahr in sich, Erfindungen zum Patent anzumelden, die dies nicht verdienen. Man sollte sich daher bewusst sein, dass die Gefahr der Ressourcenverschwendung durch unwirtschaftliche Erfindungen stets gegeben ist.

2.7 Erfolgsgeschichten

Viele Gebrauchsmuster und Patente waren die Grundlage von „Success Stories". Zwei werden exemplarisch geschildert.

2.7.1 Bionade – die gebraute Limonade

Dieter Leipold war diplomierter Braumeister und begann seine Karriere bei der Würzburger Bürgerbräu in der Limonadenherstellung. Ihm missfiel von Anfang an, dass bei der Limonadenherstellung viele Chemikalienzusätze und große Mengen Zucker verwendet wurden. Leipold stellte sich selbst die technische Aufgabe, eine Limonade herzustellen, die das Reinheitsgebot der Bierherstellung erfüllt. Nach langen Jahren des Experimentierens konnte Leipold sein Verfahren am 12. April 1990 zum Patent anmelden (siehe Abb. 2.1).

Jedoch erst im Jahre 1998 erfolgte der ökonomische Durchbruch. Es konnte ein großer Getränke-Großhändler in Hamburg für das Produkt gewonnen werden. Im Jahre 2002 wurden bereits rund 200 Mio. Flaschen produziert.[46] Nahezu seine gesamte Karriere hat sich daher Dieter Leipold mit seiner Erfindung beschäftigt und damit einen langen Atem bewiesen. Letzten Endes zahlten sich die Mühe und Geduld aus.

2.7.2 Kopieren durch Xerographie

Chester Carlson (* 8. Februar 1906 in Seattle, Washington; † 19. September 1968 in New York) war das einzige Kind seiner Eltern. Aufgrund chronischer Krankheiten seines Vaters lebte die Familie in bitterer Armut. Bereits als Kind musste Chester Carlson arbeiten, um zum Lebensunterhalt der kleinen Familie beizutragen. Schließlich verdiente er den Löwenanteil der Lebenshaltungskosten der dreiköpfigen Familie. Zusätzlich gelang es ihm, sich ein Physikstudium an der California Institute of Technology (CalTech) zu finanzieren. Carlson nahm nach dem Studium eine Anstellung in einer Patentabteilung eines Unternehmens an. Nebenberuflich studierte er an der New York Law School und erwarb dort ein Diplom als Patentanwalt.

---

[46] Bettina Weiguny, „Bionade. Eine Limo verändert die Welt", 2009.

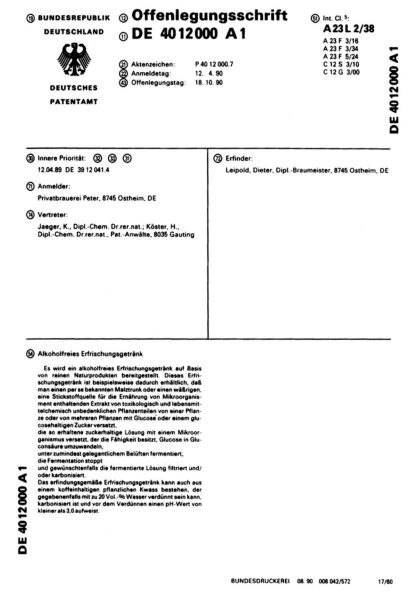

Abb. 2.1 Bionade – die gebraute Limonade (DE 4012000 A1)

Bei der Tätigkeit in der Patentabteilung fiel Carlson das technische Problem auf, dass Kopien von Druckschriften nur mühsam und zeitaufwendig in einem Nassverfahren hergestellt werden konnten. Chester Carlson stellte sich die technische Aufgabe, schnell und kostengünstig Kopien von Schriftstücken herzustellen. Nach jahrelangen Forschungstätigkeiten fand Carlson eine Lösungsmöglichkeit, die er als Elektrofotographie

(Electron Photography) bezeichnete und meldete seine Erfindung am 8. September 1938 zum Patent an. Es folgten viele weitere Patentanmeldungen, die Verbesserungen der ursprünglichen Idee betrafen (siehe Abb. 2.2 und 2.3). Da Chester Carlson selbst Patentanwalt war, konnte er selbst „gute" Patentanmeldungen ausarbeiten. Der wirtschaftliche Durchbruch erfolgte erst im Jahr 1960 mit dem Kopierer Xerox 914. Es war der Grundstein des

Patented Nov. 19, 1940   2,221,776

UNITED STATES PATENT OFFICE

2,221,776

ELECTRON PHOTOGRAPHY

Chester F. Carlson, Jackson Heights, N. Y.

Application September 8, 1938, Serial No. 228,905

11 Claims. (Cl. 95—5)

This invention relates to photography.

An object of the invention is to improve photographic processes and devices.

Other objects of the invention will be apparent from the following description and accompanying drawings taken in connection with the appended claims.

The invention comprises the features of construction, combination of elements, arrangement of parts, and methods of manufacture and operation referred to above or which will be brought out and exemplified in the disclosure hereinafter set forth, including the illustrations in the drawings.

In the drawings:

Figure 1 is a sectional elevation of an electrophotographic device;

Figure 2 is a section on the line 2—2 of Figure 1;

Figure 3 shows a modified part;

Figure 4 shows part of a modified device suitable for contact printing;

Figure 5 illustrates part of an X-ray electrophoto arrangement;

Figure 6 shows a modified arrangement for developing the electric latent image; and

Figures 7 and 8 illustrate another photographic procedure.

My invention contemplates the use of a photoemissive material, that is, material which emits electrons when exposed to radiation such as light, ultra-violet rays, X-rays or the like. According to the invention a layer or surface having photoemissive qualities is exposed to radiation (having a desired image or pattern, for example) to produce a corresponding emission of electrons in the areas receiving the radiation. The electric charge pattern (electrostatic latent image) thus produced on the photoemissive layer or on an adjacent layer of insulation is then developed or rendered visible by depositing a suitable material, such as powder, under influence of the charge pattern.

This may preferably be done automatically immediately after the electric latent image is produced and I have devised certain automatic devices for depositing a finely divided material to develop the image and for fixing the material after deposition. My invention therefore provides an automatic photographing machine comprising a single piece of apparatus for producing a finished print.

While a preferred embodiment of the invention is described herein, it is contemplated that considerable variation may be made in the method of procedure and the construction of parts without departing from the spirit of the invention. In the following description and in the claims, parts will be identified by specific names for convenience, but they are intended to be as generic in their application to similar parts as the art will permit.

Referring to the drawings, Figure 1 shows a device particularly adapted for making photographic reproductions of printed or typewritten matter, drawings, pictures and the like although it may also be used in some cases for general photography. The sheet 10 bearing the printing or drawing to be reproduced is laid on a table and the apparatus is suitably suspended above it with camera portion 11 disposed directly over the sheet 10. Lens 12 is positioned in the lower end of the camera so as to focus the image of the sheet 10 on a photo-electric layer 14 deposited upon a sheet 15 of transparent material supported in the upper part of the camera. Shutter 13 controls the entry of light into the camera. The photoelectric layer 14 is preferably conductive or provided with a contiguous conductor such as a transparent thin metal film deposited upon the sheet 15 before the photoelectric material, or a fine wire screen secured to the surface of sheet 15. A current collecting margin strip 16 of highly conductive material is also provided near the edges of sheet 15 and this is connected to a battery 17 by an insulated conductor 18 and switch 38.

A plane metal electrode 19 is also supported within the camera behind photo-emissive layer 14 and parallel to it. Electrode 19 is connected to the opposite terminal of battery 17 by conductor 20 and switch 37. Battery 17 is a high voltage battery, preferably above 1000 volts or even several thousand volts although the voltage should not be sufficient to start or to maintain a discharge between the surfaces of layers 14 and 19, other than that which is incidental to the photoelectric effect.

A spool or mandrel 21, mounted at the left end of the back part of the camera (as seen in Figure 1) carries a roll of sheet insulating material 22 upon which the photographs are to be produced.

Sheet 22 is of material of high insulating value under the conditions present in the camera and is transparent or translucent. Suitable materials are unplasticized and dehydrated Cellophane, cellulose acetate, translucent paper, transparent sheet resins, polystyrene sheet, paper or Cellophane impregnated with polystyrene, ethyl cel-

Abb. 2.2 Kopieren durch Xerographie (US 2221776)

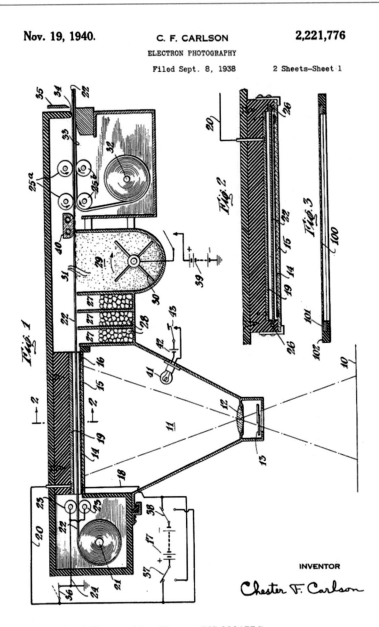

Abb. 2.3   Kopieren durch Xerographie – Figuren (US 2221776)

Weltkonzerns Xerox, der 2012 ca. 130.000 Mitarbeiter beschäftigte. Carlson starb 1968 mit 62 Jahren und hinterließ ein Vermögen von rund 150 Mio. US-$.[47] Chester Carlson bewies, dass man durch eine Erfindung und gut formulierte Patente die Welt verändern konnte.

---

[47] George A. W. Boehm und A. Groner, "Science in the Service of Mankind: the Battelle Story", 1972.

Zeitliche Abläufe

3

Durch einen zeitlichen Ablauf bzw. einen „Lebenszyklus" werden die verschiedenen Phasen eines Patents oder Gebrauchsmusters beschrieben. Eine besondere Zäsur stellt bei einem Patent die Patenterteilung dar. In dem zeitlichen Abschnitt vor der Patenterteilung hat die Beschreibung und nicht nur der Anspruchssatz eine große Bedeutung. Nach der Patenterteilung kommt vor allem den Patentansprüchen die überragende Bedeutung zu. Gebrauchsmuster weisen diese markante Zweiteilung nicht auf, da sie nicht die sachliche Prüfung auf Neuheit und erfinderische Tätigkeit durch ein Patentamt durchlaufen.

3.1 Deutsches Patent

Der Anfang eines Patents ist die Einreichung der Anmeldeunterlagen beim Patentamt. Der Anmelder eines deutschen Patents hat dann bis zu sieben Jahre Zeit, einen Antrag auf Prüfung zu stellen.[1] Wird jedoch nicht gleichzeitig mit der Einreichung der Anmeldung, bzw. zumindest zeitnah, der Prüfungsantrag gestellt, wird der Prüfungsantrag vom Patentamt nicht vorrangig bearbeitet und es kann nicht davon ausgegangen werden, dass vor Ablauf der Prioritätsfrist der erste Bescheid zur Bewertung der Patentfähigkeit der Erfindung vorliegt. Dadurch kann bei der Überlegung, ob Nachanmeldungen im Ausland vorgenommen werden sollen, nicht auf eine erste amtliche Bewertung der Patentfähigkeit zurückgegriffen werden.

Das Erteilungsverfahren vor dem Patentamt dient dazu, den größtmöglichen Schutzumfang zu ermitteln. Für den Eintritt in diese Phase ist es wichtig, dass das Prüfungsverfahren mit einem sinnvoll formulierten ersten Anspruchssatz begonnen wird. Ein

---

[1] § 44 Absatz 2 Satz 1 Patentgesetz.

© Der/die Autor(en), exklusiv lizenziert durch Springer-Verlag GmbH, DE, ein Teil von Springer Nature 2021
T. H. Meitinger, *Ohne Anwalt zum Patent*, https://doi.org/10.1007/978-3-662-63823-1_3

zügiges Erteilungsverfahren kann dadurch ermöglicht werden. Außerdem ist es wichtig, dass die Beschreibung die Erfindung umfassend, detailliert und konkret darstellt. In der Beschreibung sollten außerdem unterschiedliche Ausführungsformen enthalten sein. Wichtig ist, dass die Ausführungsformen genau beschrieben werden und dass offenbart wird, wie die einzelnen Merkmale der Ausführungsformen zusammenwirken, um den erfinderischen Effekt zu erzielen. Hierdurch ergibt sich ein Schatz an Offenbarungen, der genutzt werden kann, um einen rechtsbeständigen Hauptanspruch[2] im Lichte der von dem Patentamt ermittelten Dokumente des Stands der Technik zu erhalten.

Nach Beendigung des Erteilungsverfahrens kommt der Beschreibung nur noch eine sekundäre Rolle zu. Die Beschreibung dient dann allenfalls noch dem Verständnis der Ansprüche.[3] Vorzugsweise sind die erteilten Patentansprüche aus sich heraus verständlich und bestimmen, was das geschützte geistige Eigentum umfasst. Den Unteransprüchen ist nach der Patenterteilung nur noch eine untergeordnete Bedeutung zuzuordnen. Unteransprüche stellen Rückzugspositionen im Erteilungsverfahren dar. Nach dem Ende des Erteilungsverfahrens sind sie ein relativ überflüssiges Anhängsel. Andererseits können auch die Unteransprüche zur Auslegung der unabhängigen Ansprüche herangezogen werden. Nach der Patenterteilung sind daher im Wesentlichen nur noch der Hauptanspruch und die Nebenansprüche relevant, die jeder für sich einen eigenen Schutzbereich aufspannen.

3.2 Europäisches Patent

Nach der Einreichung der Anmeldeunterlagen beim europäischen Patentamt sind innerhalb von einem Monat die Anmelde- und die Recherchengebühr zu entrichten.[4] Nach der Entrichtung der Gebühren prüft die Eingangsstelle, ob der Anmeldung ein Anmeldetag zuerkannt werden kann. Danach wird die Anmeldung noch auf formale Fehler geprüft. Falls die Eingangsstelle keine Mängel feststellen kann, beginnt die Recherchenabteilung mit ihrer Arbeit und erstellt den europäischen Recherchenbericht. Dieser wird dem Anmelder übermittelt.

Nach Erhalt des Recherchenberichts hat der Anmelder sechs Monate Zeit, um einen Prüfungsantrag zu stellen.[5] Nach dem Stellen des Prüfungsantrags durch den Anmelder

---

[2] Der Hauptanspruch ist der erste Anspruch eines Anspruchssatzes eines Patents oder eines Gebrauchsmusters. Der Hauptanspruch, zusammen mit den nebengeordneten Ansprüchen, bestimmt den Schutzbereich des Patents oder des Gebrauchsmusters. Der Hauptanspruch und die Nebenansprüche sind die unabhängigen Ansprüche. Alle anderen Ansprüche heißen Unteransprüche und sind die abhängigen Ansprüche.

[3] § 14 Satz 2 Patentgesetz bzw. Artikel 69 Absatz 1 Satz 2 EPÜ.

[4] Regel 38 Absatz 1 EPÜ.

[5] Artikel 94 Absatz 1 Satz 2 i. V. m. Regel 70 Absatz 1 Satz 1 EPÜ.

prüft die Prüfungsabteilung die Anmeldung in sachlicher Hinsicht, also insbesondere auf Neuheit und erfinderische Tätigkeit der Erfindung. Die Prüfungsabteilung setzt einen ersten Bescheid ab, in dem sämtliche Mängel beschrieben sind, die zu diesem Zeitpunkt einer Patentierung im Wege stehen.[6] Der Anmelder muss seine Beschreibung und seine Ansprüche entsprechend ändern, und damit diese Mängel ausräumen. Dieser Vorgang des sachlichen Prüfens durch die Patentabteilung und Korrektur der Mängel durch den Anmelder wiederholt sich, bis schließlich sämtliche Mängel behoben sind. Nachdem aufseiten der Prüfungsabteilung keine Bedenken mehr bezüglich einer Patenterteilung bestehen, wird das Patent erteilt.[7] Andernfalls wird die Patentanmeldung zurückgewiesen.[8]

Nach der Erteilung durch das europäische Patentamt beginnt die Einspruchsfrist. Innerhalb von neun Monaten nach der Veröffentlichung des europäischen Patents kann jedermann Einspruch gegen das Patent einlegen. Ein Einspruch gilt erst als eingelegt, wenn die Einspruchsgebühr entrichtet ist.[9] Im Einspruchsverfahren werden zunächst im schriftlichen Verfahren Stellungnahmen der Parteien ausgetauscht. Schließlich findet eine mündliche Verhandlung vor der Einspruchsabteilung statt. Nach Beendigung der mündlichen Verhandlung beschließt die Einspruchsabteilung, ob der Einspruch zurückgewiesen wird, das Patent in geänderter Fassung aufrechterhalten wird oder ob das Patent widerrufen wird.[10] Wurde das europäische Patent in geänderter Fassung aufrechterhalten, so veröffentlicht das europäische Patentamt eine entsprechend geänderte Patentschrift.

3.3   Internationale Patentanmeldung

Eine internationale Patentanmeldung[11] kann beim internationalen Patentamt WIPO[12] in Genf, beim deutschen Patentamt DPMA[13] oder beim europäischen Patentamt EPA[14] eingereicht werden. Gleichzeitig mit der Einreichung der Anmeldeunterlagen ist ein Rechercheantrag zu stellen.[15] Ein Prüfungsantrag kann ebenfalls gestellt werden.[16]

---

[6] Artikel 94 Absatz 3 EPÜ.

[7] Artikel 97 Absatz 1 EPÜ.

[8] Artikel 97 Absatz 2 EPÜ.

[9] Artikel 99 Absatz 1 Satz 2 EPÜ.

[10] Artikel 101 Absätze 2 und 3 EPÜ.

[11] Artikel 3 Absatz 1 PCT.

[12] World Intellectual Property Organization (WIPO), 34, chemin des Colombettes, CH-1211 Geneva 20, Switzerland.

[13] Deutsches Patent- und Markenamt (DPMA), Zweibrückenstrasse 12, 80.331 München.

[14] Europäisches Patentamt (EPA), Bob-van-Benthem-Platz 1, 80.469 München.

[15] Artikel 15 Absatz 1 PCT.

[16] Artikel 31 Absatz 1 PCT.

Allerdings ist das Ergebnis der Prüfung in der internationalen Phase für die Patentämter, vor denen die Anmeldung fortgesetzt wird, nicht bindend.

Die internationale Phase kennt keine Patenterteilung. Es gibt daher kein internationales Patent. Stattdessen muss spätestens nach 30- bzw. 31-Monaten ein nationales Erteilungsverfahren vor den Patentämtern begonnen werden, für deren Länder ein Patent angestrebt wird.[17] Ein internationales Verfahren dient daher insbesondere dem Hinauszögern nationaler Prüfungsverfahren. Auf diese Weise können die Kosten für die nationalen oder regionalen Patenterteilungsverfahren in die Zukunft verschoben werden.

3.4   Gebrauchsmuster

Die Zweiteilung des Lebenszyklus eines Patents, die sich durch die Zäsur der Patenterteilung ergibt, weist der Lebenszyklus eines Gebrauchsmusters nicht auf. Allenfalls ein Löschungsverfahren, bei dem eine sachliche Prüfung des Gebrauchsmusters auf Neuheit und erfinderischen Schritt erfolgt, kann als vergleichbaren Einschnitt angesehen werden. Übersteht das Gebrauchsmuster das Löschungsverfahren kann sogar von einer gefestigteren Rechtsbeständigkeit des Gebrauchsmusters im Vergleich zu einem Patent ausgegangen werden, denn immerhin ist das Gebrauchsmusterlöschungsverfahren ein zweiseitiges Verfahren. Im Löschungsverfahren wird daher das Gebrauchsmuster nicht nur vom Patentamt geprüft, sondern es gibt zusätzlich den Antragsteller des Löschungsverfahrens, der relevante Dokumente zur Überprüfung einreichen kann und zusätzliche Argumente gegen die Rechtsbeständigkeit des Gebrauchsmusters vorbringt.[18]

3.5   Zusammenfassung

Bei Patenten kann zwischen einer Phase vor der Patenterteilung und einer nach der Patenterteilung unterschieden werden. Vor der Patenterteilung ist es wichtig, dass der Anspruchssatz geeignet formuliert ist, um einen guten Ausgangspunkt für das Erteilungsverfahren zu haben. Außerdem sollte die Beschreibung eine genaue und detailreiche Erläuterung der Erfindung und unterschiedlicher Ausführungsformen der Erfindung aufweisen. Hierdurch kann die Beschreibung genutzt werden, um einen patentfähigen Hauptanspruch zu formulieren, falls die Unteransprüche nicht weiterhelfen. Nach der Patenterteilung sind die unabhängigen Ansprüche, also der Hauptanspruch und die Nebenansprüche, von großer Bedeutung. Die Beschreibung dient dann

---

[17] In manchen Ländern ist spätestens nach 30 Monaten das nationale Erteilungsverfahren zu starten (Beispiele: China, Kanada und USA), in anderen Ländern spätestens nach 31 Monaten (Beispiele: Südkorea und Russland).

[18] § 15 Absatz 1 Gebrauchsmustergesetz.

allenfalls noch dem besseren Verständnis der Ansprüche.[19] Beim Gebrauchsmuster gibt es keine Zweiteilung des Lebenszyklus, denn es gibt keine sachliche Prüfung auf Neuheit und erfinderischen Schritt durch das Patentamt. Eine amtliche Prüfung der Rechtsbeständigkeit erfolgt allenfalls in einem Löschungsverfahren.[20]

Für alle Schutzrechte gilt ein Prioritätsrecht[21], aus dem sich eine einjährige Prioritätsfrist[22] ergibt. Innerhalb des ersten Jahres nach Einreichung der Anmeldeunterlagen kann in jedem Land der Erde eine Nachanmeldung für dieselbe Erfindung mit demselben guten Zeitrang eingereicht werden.[23] Stellt man daher fest, dass man in den USA, in China, in Japan oder einem europäischen Staat ebenfalls ein gewerbliches Schutzrecht benötigt, ist dies innerhalb der Prioritätsfrist ohne Probleme möglich. Als Nachanmeldung kann außerdem ein europäisches Patent oder eine internationale Patentanmeldung angestrebt werden.

Eine deutsche Patentanmeldung oder ein Gebrauchsmuster kann ebenfalls die Nachanmeldung sein, die die Priorität einer ausländischen Anmeldung in Anspruch nimmt. In diesem Fall müssen während der einjährigen Prioritätsfrist der ausländischen Anmeldung die Anmeldeunterlagen beim deutschen Patentamt eingereicht werden. Außerdem muss dem Patentamt mitgeteilt werden, dass die Priorität einer ausländischen Anmeldung in Anspruch genommen wird. Von der ausländischen erstanmeldung ist das Aktenzeichen und das Land, in dem die Anmeldung eingereicht wurde, vor Ablauf des 16. Monats nach dem Prioritätstag, anzugeben. Zusätzlich sind innerhalb dieser 16-Monats-Frist eine Abschrift der früheren Anmeldung einzureichen.[24]

---

[19] § 14 Satz 2 Patentgesetz bzw. Artikel 69 Absatz 1 Satz 2 EPÜ.

[20] § 15 Absatz 1 Gebrauchsmustergesetz.

[21] Artikel 4 A Absatz 1 PVÜ.

[22] Artikel 4 C Absatz 1 PVÜ.

[23] Eine wichtige Ausnahme ist Taiwan.

[24] § 41 Absatz 1 Satz 1 Patentgesetz bzw. § 6 Absatz 2 Gebrauchsmustergesetz i. V. m. § 41 Absatz 1 Satz 1 Patentgesetz.

Allgemeine Formerfordernisse

Die Patentansprüche, die Beschreibung und die Zusammenfassung sind einspaltig als Computerausdruck zu erstellen. Blocksatz sollte nicht verwendet werden. Graphische Symbole, chemische oder mathematische Formeln können handgeschrieben oder gezeichnet sein, wenn dies nicht anders möglich ist. Es ist ein Zeilenabstand von 1 1/2-zeilig einzuhalten. Für den Text der Anmeldeunterlagen kann beispielsweise Times New Roman (Schriftgrad 12) oder Calibri (Schriftgrad 11) verwendet werden. Im Text sollen keine Unterstreichungen, Kursivschreibungen oder Fettdruck verwendet werden.[1]

Für die Anmeldeunterlagen ist DIN A4-Papier zu verwenden. Das Papier ist im Hochformat zu beschreiben. Nötigenfalls können Zeichnungen im Querformat gezeichnet werden.[2] Die Blätter sind nur einseitig zu beschriften. Die Patentansprüche, die Beschreibung, die Zeichnungen und die Zusammenfassung sind auf jeweils gesonderten Blättern aufzunehmen. Die Blätter der Beschreibung sind in fortlaufender Weise in arabischen Ziffern (1, 2, 3, etc.) in der Fußzeile in der Mitte zu nummerieren. Zeilen- und Absatzzähler dürfen nicht verwendet werden.[3] In der Kopfzeile kann der Name des Anmelders, die Firma oder das Aktenzeichen der Anmeldung enthalten sein.[4] Die Zeichnungsblätter sind gesondert mit arabischen Ziffern durchzunummerieren, und zwar in der Weise, dass zunächst die Nummer des Zeichenblatts und darauffolgend die gesamte Anzahl der Zeichenblätter anzugeben ist. Beide Zahlen sind durch einen Schrägstrich zu trennen (Beispiel: 1/6, 2/6, … 6/6).

---

[1] § 6 Absatz 5 Patentverordnung.

[2] § 6 Absatz 2 Patentverordnung.

[3] § 6 Absatz 3 Patentverordnung.

[4] § 6 Absatz 4 Patentverordnung.

T. Meitinger, *Ohne Anwalt zum Patent*, https://doi.org/10.1007/978-3-662-63823-1_4

Auf den Blättern sind Mindestränder einzuhalten: Oberer Rand: 2 cm, linker Seitenrand: 2,5 cm, rechter Seitenrand: 2 cm und unterer Rand: 2 cm.[5] In dem fortlaufenden Text der Beschreibung oder der Ansprüche dürfen keine bildlichen Darstellungen enthalten sein. Eine Ausnahme gilt für chemische oder mathematische Formeln und für Tabellen.[6]

Die einzelnen Blätter dürfen nicht mit einer dauerhaften Befestigung verbunden sein (z. B. mit Ösen). Es ist zulässig, die Blätter der Anmeldeunterlagen mit einer vorübergehenden Befestigung zu verbinden, beispielsweise mit Heftklammern oder Büroklammern. Es ist darauf zu achten, dass durch die Befestigung allenfalls geringfügige Spuren am Rand der Blätter zurückbleiben.[7]

---

[5] § 6 Absatz 4 Patentverordnung.

[6] § 5 Absatz 1 Sätze 1 und 2 Patentverordnung.

[7] Regel 49 Absatz 4 EPÜ.

Bestandteile einer Anmeldung

Eine Patent- oder Gebrauchsmusteranmeldung weist mehrere Abschnitte auf, die einer semantischen Reihenfolge entsprechen. Der Ablauf in der Anmeldung folgt der Entstehungsgeschichte der Erfindung, wobei die Ansprüche am Ende der Anmeldung den Kern der Erfindung präsentieren. Die Ansprüche definieren das geistige Eigentum, das beansprucht wird.

Im ersten Abschnitt der Anmeldung, dem einleitenden Teil der Beschreibung, wird zunächst der Stand der Technik erläutert und welche Nachteile sich aus ihm ergeben. Es folgt die technische Aufgabe der Erfindung, nämlich eine Fortbildung des Stands der Technik bereitzustellen, um dessen Nachteile zu überwinden. Zeichnungen dienen der Darstellung konkreter Ausführungsformen der Erfindung, die im Abschnitt „Beschreibung der Zeichnungen" in ihren Merkmalen und dem Zusammenwirken der Merkmale erläutert werden. Der einleitende Teil der Beschreibung und die Beschreibung der Zeichnungen kann als „Beschreibung" der Anmeldeunterlagen zusammengefasst werden. Eine Patentanmeldung weist daher vier Abschnitte auf, nämlich die Zeichnungen, die Beschreibung, die Ansprüche und die Zusammenfassung. Eine Gebrauchsmusteranmeldung weist drei Elemente auf, da eine Zusammenfassung nicht erforderlich ist.[1]

Der wichtigste Teil eines erteilten Patents sind die Ansprüche, insbesondere der Hauptanspruch. Der Hauptanspruch gibt den Gegenstand an, der als geistiges Eigentum geschützt ist. Weist der Anspruchssatz Nebenansprüche auf, werden durch diese weitere Gegenstände als geistiges Eigentum beansprucht. In einem Verletzungsverfahren wird anhand der Ansprüche geprüft, ob die potenzielle Verletzungsform wortwörtlich auf den

---

[1] § 4 Absatz 3 Gebrauchsmustergesetz.

© Der/die Autor(en), exklusiv lizenziert durch Springer-Verlag GmbH, DE, ein Teil von Springer Nature 2021
T. H. Meitinger, *Ohne Anwalt zum Patent*, https://doi.org/10.1007/978-3-662-63823-1_5

Haupt- oder einen der Nebenansprüche „zu lesen" ist. Die Beschreibung dient hierbei allenfalls dem besseren Verständnis der Ansprüche.[2]

Die Zusammenfassung der Patentanmeldung dient ausschließlich der Information der Öffentlichkeit.[3] Es ist nicht möglich, Merkmale aus der Zusammenfassung zu nutzen, um den Hauptanspruch oder einen Nebenanspruch in einem Prüfungsverfahren vor dem Patentamt gegenüber dem Stand der Technik als neu und auf einer erfinderischen Tätigkeit basierend abzugrenzen. Der Formulierung der Zusammenfassung sollte daher die geringste Aufmerksamkeit gewidmet werden. Es ist zu empfehlen, als Zusammenfassung einfach den Wortlaut des Hauptanspruchs zu verwenden.

Die Ansprüche stellen den wichtigsten Teil einer Patent- oder Gebrauchsmusteranmeldung dar. Entsprechend wird in diesem Buch ausführlich erläutert, wie Ansprüche zu formulieren sind. Es werden viele Beispiele aus der Praxis vorgestellt und anhand dieser Beispiele Empfehlungen für geeignete Anspruchsformulierungen gegeben.

Ein Patent oder ein Gebrauchsmuster schützt eine technische Erfindung. Eine technische Erfindung wird durch technische Merkmale definiert. Ein Anspruch sollte daher ausschließlich aus technischen Merkmalen aufgebaut sein. Nicht-technische Merkmale, beispielsweise Beschreibungen ästhetischer Gestaltungen, wie ein ansprechendes Farbmuster, das keine technischen Implikationen aufweist, werden bei der Prüfung auf Schutzfähigkeit durch das Patentamt oder bei der Bewertung einer Verletzungssituation durch ein ordentliches Gericht unberücksichtigt gelassen.

5.1   Einleitender Teil der Beschreibung

Eine Beschreibung, und nicht nur Ansprüche, sind ein obligatorischer Teil einer Anmeldung.[4] In der Beschreibung sind spezielle Ausführungsformen zu beschreiben und eine „Stütze" der Ansprüche zur Verfügung zu stellen.[5] Eine „Stütze" der Ansprüche liegt vor, falls die Ansprüche in der Anmeldung, und zwar im einleitenden Teil, wortwörtlich wiedergegeben werden. Eine Beschreibung dient daher dem Erläutern der Erfindung in seiner allgemeinen Form und in speziellen, besonderen Ausführungsformen. Die Beschreibung sollte sich ausschließlich mit der Erfindung befassen. Angaben, die nicht zur Beschreibung der Erfindung notwendig sind, können entfallen.[6] Ausufernde Erläuterungen des Stands der Technik sind nicht sinnvoll.

Im einleitenden Teil der Anmeldung wird zunächst das technische Gebiet, zu dem die Erfindung gehört, in einem oder zwei Sätzen beschrieben. Danach wird der relevante

---

[2] § 14 Satz 2 Patentgesetz bzw. Artikel 69 Absatz 1 Satz 2 EPÜ.

[3] § 36 Absatz 2 Satz 1 Patentgesetz bzw. Artikel 85 EPÜ.

[4] Artikel 78 Absatz 1 Buchstabe b EPÜ.

[5] Artikel 84 Satz 2 EPÜ.

[6] § 10 Absatz 3 Satz 1 Patentverordnung bzw. Regel 48 Absatz 1 Buchstabe c EPÜ.

Stand der Technik gewürdigt. Dieser Stand der Technik weist Nachteile auf, die zur Aufgabe der Erfindung führen. Es ist gerade die Aufgabe der Erfindung, den Stand der Technik fortzuentwickeln und dadurch dessen Nachteile zu überwinden. Danach sind die Ansprüche zu präsentieren und vorzugsweise für jeden Anspruch einen Vorteil zu benennen. Durch die Angabe eines Vorteils zu jedem Unteranspruch wird es dem Prüfer in einem Erteilungsverfahren erschwert, die Unteransprüche, die ja Rückzugspositionen darstellen, einfach als übliches Können eines Durchschnittsfachmanns abzutun.

Die Beschreibung dient insbesondere der Auslegung der Ansprüche.[7] Es ist daher naheliegend, dass die Beschreibung und die Ansprüche nicht im Widerspruch zueinanderstehen dürfen, denn in diesem Fall ist eine Auslegung der Ansprüche nicht möglich. Eine Auslegung der Ansprüche auf Basis der Beschreibung würde dann zu einem Verständnis der Ansprüche führen, das in einem offensichtlichen Widerspruch zur Aussage der Ansprüche selbst steht. Die Beschreibung könnte daher nicht zur Auslegung dienen und die Ansprüche selbst wären nicht klar. Es könnten die Ansprüche, und damit der Schutzbereich des Patents oder des Gebrauchsmusters, nicht eindeutig bestimmt werden. Es ergäben sich unklare Ansprüche, was stets zulasten des Anmelders ausgelegt werden würde, denn diesem war es ja möglich, für Klarheit zu sorgen.

Definitionen in der Beschreibung können sinnvoll sein, um Klarheit der Begriffe herzustellen. Allerdings kann sich deren Bindungswirkung als Nachteil erweisen, falls die Definition in der Beschreibung zu einem Widerspruch mit einem Anspruch führt. Definitionen in der Beschreibung können außerdem nachteilig sein, falls diese eine weitere oder eine engere Begriffsbestimmung im Vergleich zum Anspruch ergeben. Ein Problem ergibt sich daher, falls die Definition in der Beschreibung nicht konsistent zu den Ansprüchen ist. Wird durch die Definition in der Beschreibung ein Begriff enger definiert, als dies allein durch das Verständnis desselben Begriffs in einem Anspruch zu verstehen wäre, führt die Definition unvorteilhafterweise zu einer Verkleinerung des Schutzbereichs. Wird andernfalls der Begriff durch die Definition in der Beschreibung weiter bestimmt, als er sich aus dem Kontext im Anspruch ergibt, liegt eine mangelnde Ausführbarkeit des Anspruchs vor. Definitionen sollten daher sehr sorgfältig geschrieben werden. Es muss sichergestellt werden, dass sich zwischen Definitionen in der Beschreibung und den Ansprüchen kein Widerspruch ergibt.

5.2 Zeichnungen

Es ist nicht zwingend erforderlich, dass der Anmeldung Zeichnungen beigefügt werden. Allerdings wird die Aufgabe der Patentanmeldung, das detaillierte und umfassende Beschreiben der Erfindung, durch Zeichnungen erheblich erleichtert. Zeichnungen

---

[7] § 14 Satz 2 Patentgesetz bzw. Artikel 69 Absatz 1 Satz 2 EPÜ.

können zu unterschiedlichen Varianten, also Ausführungsformen, der Erfindung in unterschiedlichen Perspektiven (Draufsicht, Seitenansicht, perspektivische Ansicht, Querschnittsansicht, Längsschnitt und Explosionsdarstellung) verwendet werden. Ein Verfahren kann beispielsweise als Blockdiagramm dargestellt werden. Die Zeichnungen dürfen nicht farblich ausgestaltet sein. Außerdem sind Grauschattierungen nicht zulässig. Die Zeichnungen sind mit Bezugszeichen zu versehen, wobei geschwungene oder gerade Linien von der zu kennzeichnenden Stelle der Zeichnung zum Bezugszeichen gezogen werden können. Geschwungene Linien haben den Vorteil, dass sie nicht als Teil der jeweiligen Zeichnung aufgefasst werden. Zeichnungen können von spezialisierten Patentzeichnern erstellt werden. In diesem Fall kann davon ausgegangen werden, dass es im Erteilungs- bzw. Eintragungsverfahren keine Beanstandungen wegen formaler Mängel der Zeichnungen geben wird.

5.3   Beschreibung der Zeichnungen

In der Beschreibung ist die Erfindung umfassend, in allen Details und eventuell unterschiedlichen Varianten, zu erläutern. Hierzu kann insbesondere eine Beschreibung anhand der Zeichnungen erfolgen, wobei beschrieben wird, was in der jeweiligen Zeichnung dargestellt ist und wie die Einzelteile zusammenwirken.

5.4   Ansprüche

Der Anspruch definiert das beanspruchte geistige Eigentum. Jeder Anspruch wird durch einen einzigen Satz beschrieben. In diesem Satz stehen die Merkmale, die zur Realisierung der Erfindung führen. Die Gesamtheit der Ansprüche wird als Anspruchssatz bezeichnet. Sinnvollerweise beschränkt man den Anspruchssatz auf zehn Ansprüche, denn jeder weitere Anspruch führt zu zusätzlichen Kosten.[8]

5.5   Information der Öffentlichkeit: die Zusammenfassung

Die Zusammenfassung dient allein der Information der Öffentlichkeit. Es ist im Erteilungsverfahren nicht möglich, Merkmale aus der Zusammenfassung in den Hauptanspruch aufzunehmen. Der Abfassung der Zusammenfassung sollte daher die geringste

---

[8]Gebührentatbestand 311 160 in Anlage (Gebührenverzeichnis) zu § 2 Absatz 1 Patentkostengesetz (DPMA, https://www.dpma.de/service/gebuehren/patente/index.html, abgerufen am 6. August 2021). Im europäischen Verfahren werden zusätzliche Anspruchsgebühren ab dem 16. Anspruch erhoben (EPA, https://my.epoline.org/epoline-portal/classic/epoline.Scheduleoffees, abgerufen am 6. August 2021).

Aufmerksamkeit geschenkt werden. Es genügt, wenn als Zusammenfassung wortgleich der Hauptanspruch verwendet wird. Der Zusammenfassung ist eine Figur beizufügen. Es ist sinnvoll, eine Figur zu wählen, die weitgehend dieselben Bezugszeichen enthält, die auch im Anspruch verwendet werden. Die Zusammenfassung darf maximal 1500 Zeichen umfassen.[9]

---

[9] § 13 Absatz 1 Patentverordnung.

Einleitender Teil der Beschreibung

6

Im einleitenden Teil einer Anmeldung wird die Entstehungsgeschichte der Erfindung dargestellt: was war bereits da (Stand der Technik), welche Probleme ergaben sich und welche Aufgabe hat sich der Erfinder daher gestellt. Die Erfindung wird schließlich in ihren unterschiedlichen Ausprägungen vorgestellt und die Vorteile der Erfindung werden beschrieben.

6.1 Titel der Anmeldung

Der Erfindung ist eine Bezeichnung zu geben. Diese Bezeichnung der Erfindung stellt den Titel der Anmeldung dar. Der Titel dient der ersten Information der Öffentlichkeit über den Gegenstand der Anmeldung. Der Titel der Anmeldung muss im Erteilungsantrag enthalten sein. Der Titel sollte möglichst prägnant sein, um das Themengebiet der Erfindung zu illustrieren.[1] Hierdurch wird die Recherche nach der Anmeldung erleichtert. Allgemeine Bezeichnungen wie „Vorrichtung" oder „Verfahren" ohne Zusatz sind nicht zweckdienlich. Der Titel kann aus einem oder mehreren Worten bestehen. Eigennamen, Fantasiebezeichnungen, das Wort „Patent" oder nichttechnische Wörter, die nicht die Erfindung beschreiben können, sind nicht zu verwenden. Abkürzungen wie „usw." oder „und ähnliches" oder „und dergleichen" dienen nicht der genauen Beschreibung. Handelsnamen und Marken dürfen nicht verwendet werden. In der Zusammenfassung wird der Titel der Anmeldung genannt.

---

[1] Regel 41 Absatz 2 Buchstabe b EPÜ.

© Der/die Autor(en), exklusiv lizenziert durch Springer-Verlag GmbH, DE, ein Teil von Springer Nature 2021
T. H. Meitinger, *Ohne Anwalt zum Patent,* https://doi.org/10.1007/978-3-662-63823-1_6

6.2   Gebiet der Erfindung

Die Beschreibung des technischen Gebiets umfasst die ersten zwei bis drei Sätze der Patentanmeldung. Hierbei ist nur der Stand der Technik zu beschreiben, also was bereits bekannt war, und aus welchem technischen Bereich die Erfindung entstanden ist bzw. welchem technischen Bereich die Erfindung zuzurechnen ist. Der erste Abschnitt der Patentanmeldung sollte auch der kleinste Abschnitt sein und nur den wesentlichen Stand der Technik, mit dem sich die Erfindung beschäftigt, behandeln.

Die Funktion dieses Abschnitts „Gebiet der Erfindung" der Patentanmeldung ist es, dem Fachmann eine grobe Einordnung der Erfindung in das betreffende technische Gebiet zu ermöglichen. Insbesondere das Patentamt wird durch diese Einordnung in die Lage versetzt, die Anmeldung an die Prüfungsabteilung weiterzuleiten, die für das betreffende technische Gebiet zuständig ist. Es ist daher folgerichtig, dass das technische Gebiet in Übereinstimmung mit dem Hauptanspruch bestimmt wird.

In diesem Abschnitt der Anmeldung könnte beispielsweise der Oberbegriff des Hauptanspruchs erwähnt werden.[2]

> *Die Erfindung betrifft eine Verbindungsstelle zwischen zwei Werkzeugsystemteilen gemäß dem Oberbegriff des Anspruchs 1 sowie ein damit ausgestattetes Werkzeug. Bei den hier in Frage kommenden Werkzeugsystemteilen kann es sich beispielsweise um einen Werkzeugkopf und einen diesen tragenden Halter handeln, der Bestandteil einer Werkzeugverlängerung oder aber als Werkzeugaufnahme unmittelbar Teil einer Werkzeugmaschine sein kann.[3]*

Die Beschreibung des technischen Gebiets bezieht sich auf den Stand der Technik, und dabei auf den Bereich, aus dem die Erfindung hervorgegangen ist. Es sollten in diesem Abschnitt der Anmeldung keine Merkmale erläutert werden, die neu oder erfinderisch sind, und daher einen Teil der Erfindung darstellen.

Sind neben dem Hauptanspruch nebengeordnete Ansprüche, beispielsweise ein Verfahrensanspruch, vorhanden, der beschreibt wie der Gegenstand des Hauptanspruchs hergestellt oder angewandt werden kann, so kann noch kurz hinzugefügt werden, dass die Erfindung zusätzlich ein Verfahren zur Herstellung oder Anwendung betrifft.[4]

Zur Beschreibung des technischen Gebiets der Erfindung könnte auch ein einzelner Satz genügen, beispielsweise:

---

[2] Der Oberbegriff eines Hauptanspruchs beschreibt den vorbekannten Stand der Technik, von dem die Erfindung ausgeht.

[3] DE 10 2019 203888 A1.

[4] Der Hauptanspruch und die nebengeordneten Ansprüche sind die unabhängigen Ansprüche. Die unabhängigen Ansprüche bestimmen den Schutzbereich.

Die Erfindung betrifft eine Druckerdüse zur Verarbeitung von 3D-Druckmaterial gemäß dem unabhängigen Anspruch.[5]

Ein Bezug auf die unabhängigen Ansprüche bzw. den Hauptanspruch und die nebengeordneten Ansprüche[6] ist nicht zwingend erforderlich. Es genügt auch:

Die Erfindung betrifft einen Einkaufswagen für einen Supermarkt und ein Verfahren zur Herstellung eines derartigen Einkaufswagens.

oder:

Die Erfindung liegt im technischen Gebiet von Zerspanungswerkzeugen, wie zum Beispiel Bohrer oder Fräser. Beim Fräsen erfolgt diese Vorschubbewegung senkrecht oder schräg zur Rotationsachse des Werkzeuges, während beim Bohren die Vorschubrichtung in Richtung der Rotationsachse erfolgt.[7]

Ein weiteres Beispiel für die Beschreibung des technischen Gebiets:

Die Erfindung betrifft eine Spannpatrone zur Ankopplung eines Werkzeugadapters, insbesondere eines HSK-Adapters an eine Motorspindel einer Werkzeugmaschine, die für eine Zuführung eines MMS-Schmiermittels (Minimalmengenschmiersystem) bis zu einem materialabtragenden Werkzeug, insbesondere einem rotierenden Bohr-, Schleif-, Fräs- oder Senkwerkzeug, geeignet ist.[8]

Dieser erste Abschnitt der Anmeldung kann mit den Textpassagen „Die Erfindung betrifft…" oder mit „Die Erfindung liegt im technischen Gebiet von …" begonnen werden.

6.3 Hintergrund der Erfindung bzw. Stand der Technik

In diesem Abschnitt ist der Stand der Technik anzugeben. Der Stand der Technik umfasst die Dokumente, die einer Erfindung entgegengehalten werden können, wenn es um die Rechtsbeständigkeit des Patents oder des Gebrauchsmusters geht. Es gehören nur die

---

[5] DE 10 2019 113993 A1.

[6] Die Begriffe „unabhängige Ansprüche" und „abhängige Ansprüche" entstammen der Begriffswelt des EPÜ, also der Europäischen Patentübereinkunft. Unabhängige Ansprüche definieren den Schutzumfang, wobei die abhängigen Ansprüche einen Teil aus diesem Schutzumfang herauspicken und diesen präzisieren. Der Hauptanspruch ist der erste Anspruch eines Anspruchssatzes. Der Hauptanspruch und die nebengeordneten Ansprüche sind die unabhängigen Ansprüche. Die Begriffe „Hauptanspruch", „nebengeordnete Ansprüche" und „Unteransprüche" entstammen der Begriffswelt des deutschen Patentrechts.

[7] DE 10 2019 109916 A1.

[8] DE 10 2014 114779 B3.

Dokumente dem Stand der Technik an, die vor dem Anmelde- oder Prioritätstag der Öffentlichkeit bekannt gemacht wurden[9]. In diesem Abschnitt können nicht nur Patentdokumente, also Patente, Gebrauchsmuster, Patentanmeldungen oder Gebrauchsmusteranmeldungen, sondern auch sonstige schriftliche Veröffentlichungen erwähnt werden. Beispielsweise können Artikel aus wissenschaftlichen Journals zitiert werden.

Für ein Gebrauchsmuster ist ein kleinerer Stand der Technik im Vergleich zu einem Patent relevant. Im Gebrauchsmusterrecht gilt, dass mündliche Beschreibungen nicht als Stand der Technik gelten. Wurde eine Erfindung auf einer Zugreise jemandem erzählt, kann die Erfindung dennoch durch ein Gebrauchsmuster rechtsbeständig geschützt werden. Außerdem sind Benutzungen in der Öffentlichkeit nur neuheitsschädlich, wenn diese in Deutschland vorgenommen wurden.[10] Zusätzlich gilt für ein Gebrauchsmuster eine Neuheitsschonfrist von sechs Monaten. Der Anmelder kann daher seine eigene Erfindung bis sechs Monate vor der Einreichung der Anmeldung veröffentlichen, ohne dass ihm dies als relevanter Stand der Technik entgegengehalten werden kann.[11]

Der Anmelder ist nicht verpflichtet, umfangreiche Recherchen zu veranstalten und schwer erhältlichen Dokumenten nachzujagen. Der Anmelder soll eben nur den Stand der Technik angeben, der ihm aktuell vorliegt.[12] „Angeben" gemäß der Patentverordnung bedeutet, dass auch die Fundstelle zu nennen ist. Bei einer Patentschrift (eingereichte Patentanmeldung, eingereichte Gebrauchsmusteranmeldung, erteiltes Patent oder eingetragenes Gebrauchsmuster) ist die Veröffentlichungsnummer zu nennen. Beispielsweise könnte formuliert werden: „In dem Dokument DE102020121932A1 wird ein/eine [Titel der Erfindung] vorgestellt." Zusätzlich könnten noch Teile des Hauptanspruchs oder der Zusammenfassung beschrieben werden. Es sollte grundsätzlich verzichtet werden, eine eigene Interpretation der technischen Lehre der Patentschrift zu formulieren. Eine eigene Auslegung des Dokuments birgt stets die Gefahr, dass das Dokument selbst zu kritisch gesehen wird und daher eine zu starke Nähe zur eigenen Erfindung herbeiformuliert wird. Hierdurch könnte beispielsweise in einem Einspruchs- oder Nichtigkeitsverfahren die gegnerische Partei dadurch profitieren, dass sie sich dieser Argumentation bedient und darauf verweist, dass dies ja auch vom Erfinder selbst so gesehen wird. Einer derartigen verfälschenden „Ex-post"-Betrachtung kann man leicht erliegen. Dass diese Gefahr hoch einzuschätzen ist, kann daran erkannt

---

[9]Patentdokumente, die vor dem Anmelde- oder Prioritätstag des betreffenden Schutzrechts bei einem Patentamt eingereicht wurden und erst an oder nach dem Anmelde- oder Prioritätstag veröffentlicht wurden, werden nur zur Bewertung der Neuheit des Schutzrechts hinzugezogen (§ 3 Absatz 2 Satz 1 Patentgesetz bzw. Artikel 54 Absatz 3 EPÜ)

[10]§ 3 Absatz 1 Satz 2 Gebrauchsmustergesetz.

[11]Die Neuheitsschonfrist des Gebrauchsmusterrechts sollte nur als letzter Rettungsanker bei versehentlichen Veröffentlichungen angesehen werden. Keinesfalls sollten Veröffentlichungen einer Erfindung mit dem Vertrauen auf die Neuheitsschonfrist geplant vorgenommen werden.

[12]§ 10 Absatz 2 Nr. 2 Patentverordnung bzw. Regel 42 Absatz 1 Buchstabe b EPÜ.

werden, dass das europäische Patentamt ein besonderes Verfahren zur Bewertung der erfinderischen Tätigkeit entwickelt hat, das dieser Gefahr begegnen soll.[13]

Die Besprechung des Stands der Technik sollte nicht zu umfangreich sein. Gewinnt dieser Abschnitt einen zu großen Umfang, könnte die eigene Erfindung weniger bedeutsam erscheinen, als sie tatsächlich ist.

Im Laufe des Erteilungsverfahren kann es sein, dass das Patentamt den Anmelder auffordern wird, weiteren Stand der Technik in die Anmeldung aufzunehmen.[14] Dies kann durch einen zusätzlichen Absatz in diesem Abschnitt der Anmeldeunterlagen erfolgen, wobei die Würdigung des Stands der Technik in derselben Weise erfolgen sollte, wie dies oben erläutert wurde.

Ein Beispiel für eine „Würdigung des Stands der Technik":

Derartige Hydrodehnspannfutter sind beispielsweise aus der WO 2017/093280 A1, DE 102012215036 A1, DE 10312743 A1, DE 102012110392 B4 oder WO 2015/166062 A1 bekannt und haben einen sich entlang einer Dreh- oder Längsmittelachse erstreckenden Grundkörper, der sich funktional in einen Spannteil zum Aufnehmen und Spannen eines Schaftwerkzeugs und einen Schaftteil unterteilen lässt.[15]

In diesem Beispiel erfolgt zunächst ein Bezug auf das zuvor beschriebene technische Gebiet („Derartige Hydrodehnspannfutter"). Die Patentschriften sind zu nennen, die recherchiert wurden *(„WO 2017/093280 A1, DE 102012215036 A1, DE 10312743 A1, DE 102012110392 B4 oder WO 2015/166062 A1")*. Hierdurch gibt man dem Prüfer des Patentamts bereits erste Dokumente an die Hand, um die Prüfung der Erfindung durchführen zu können. Der Anmelder erleichtert daher dem Prüfer seine Arbeit und gibt eventuell bereits eine Richtung der Prüfung vor, auf die der Anmelder seine Anmeldung vorbereitet hat. Eventuell kann hierdurch eine schnelle Erteilung des Patents erreicht werden.

Ein weiteres Beispiel für eine „Würdigung des Stands der Technik":

Gattungsgemäße Spannpatronen sind hinlänglich aus dem Stand der Technik bekannt, und dienen als Schnittstelle zwischen einer Maschinenspindel einer Werkzeugmaschine und einem Werkzeug, insbesondere einem Dreh-, Schleif-, Bohr- oder Fräswerkzeug. Mithilfe des Werkzeugs, das geometrisch definierte Schneiden aufweist, können Späne von einem Werkstück abgetragen werden, wobei das Werkzeug in der Regel rotiert. … Hierzu ist beispielsweise aus der EP 16 60 262 B1 und der EP 17 13 606 B1 eine Spannpatrone bekannt, bei der ein …[16]

---

[13] Mit dem Aufgabe-Lösungs-Ansatz wird die Bewertung der erfinderischen Tätigkeit einer Erfindung systematisch durchgeführt. Mittlerweile wird diese Vorgehensweise auch im Erteilungserfahren vor dem deutschen Patentamt regelmäßig angewandt (siehe 19.6 Aufgabe-Lösungs-Ansatz).

[14] § 34 Absatz 7 Patentgesetz.

[15] DE 10 2019 209732 A1.

[16] DE 10 2014 114779 B3.

Auf die Redewendung „Gattungsgemäße … sind hinlänglich aus dem Stand der Technik bekannt, … " kann verzichtet werden, da der Erfinder natürlich davon ausgeht, dass die Merkmale des Oberbegriffs bekannt sind.

Im Stand der Technik sollten vorzugsweise Patentdokumente[17] genannt werden. Es ist nicht ausreichend, wenn ohne einen Verweis auf Patentdokumente ein angeblicher Stand der Technik beschrieben wird. Dieser Abschnitt entfaltet erst dann Wirkung, falls Patentdokumente genannt werden. Erst in diesem Fall wird der Prüfer diesen Abschnitt ernsthaft betrachten und als Ausgangspunkt einer eigenen Recherche auffassen.

Weitere Beispiele für eine „Würdigung des Stands der Technik":

In der DE 10 2011 106 421 B3 ist eine Hydraulik-Dehnspannvorrichtung bekannt, die ein Hydro-Dehnspannfutter mit einer Spannhülse lehrt. Zur Begrenzung einer Bewegung des Werkzeugschafts in der Spannhülse ist ein Sperrelement als lösbare Werkzeug-Sicherungseinrichtung in der Spannhülse eingeschoben.[18]

„Es finden sich im Wesentlichen zweierlei Arten von Kaffeemaschinen im Markt: Sogenannte „Halbautomaten" oder „Siebträgermaschinen", bei denen das Kaffeemehl aus einer neben der Kaffeemaschine stehenden Mühle in einen Siebträger (Brühpfanne mit Brühsieb und Auslauföffnung) dosiert wird, welcher dann an der Kaffeemaschine eingespannt wird (siehe z. B. die Druckschrift EP 2 314 188 A1). Der Brühraum wird dabei …"[19]

Als Stand der Technik ist beispielsweise aus der DE 149 1611 A ein tragbares Herzmassagegerät bekannt, das ein Gestell, ferner einen Ständer und eine Grundplatte mit frei über der Grundplatte vorragendem Arm, der einen Massagezylinder trägt. Das Gerät betrifft die Herzdruckmassage bei einem Herzanfall und ist trotz der vorhandenen Tragbarkeit kein Handgerät und schon aus diesen Gründen nicht für den Hausgebrauch geeignet.[20]

Die Formulierung „Als Stand der Technik ist beispielsweise aus der … ein/eine … bekannt, mit der/wodurch/die umfasst …" ist elegant. Alternativ ist auch eine Formulierung „Das Dokument DE… zeigt/beschreibt/offenbart …" gebräuchlich.

6.4 Zusammenfassung der Erfindung

Ab diesem Abschnitt beginnt die Beschreibung der Erfindung. Zuvor wurde vornehmlich der Stand der Technik erläutert.

---

[17] Patentdokumente können erteilte Patente, eingereichte Patentanmeldungen, eingereichte Gebrauchsmusteranmeldungen oder eingetragene Gebrauchsmuster sein. Aus welchem Land das Patentdokument stammt oder in welchem Erteilungszustand es ist, ist gleichgültig.

[18] DE 10 2014 101122 B3.

[19] WO 2013117362 A1.

[20] DE 20 2018 103631 U1.

6.4.1 Nachteile des Stands der Technik

In diesem Abschnitt sind die Nachteile des Stands der Technik herauszuarbeiten. Aus diesen Nachteilen ergibt sich direkt die Aufgabe der Erfindung, denn die Aufgabe der Erfindung ist es gerade, die Nachteile der Erfindung zu überwinden. Es soll daher über die Nachteile des Stands der Technik zur Aufgabe der Erfindung hingeführt werden.

Beschreiben der Nachteile:

> *„Allerdings bedarf diese Bauart geschulter Mitarbeiter, die die Einstellung des Mahlgrads und das Tampern beherrschen – ansonsten sind stark schwankende Kaffeequalitäten zu erwarten."*[21]

> *„Die Kaffeequalität derartiger Maschinen ist selbst unter optimaler Auslegung und unter optimalen Einstellbedingungen nicht so gut wie bei einem Halbautomaten."*[22]

6.4.2 Aufgabe der Erfindung

In der Anmeldung ist das zu lösende technische Problem anzugeben. Dies gilt insbesondere dann, wenn die Angabe des technischen Problems „zum Verständnis der Erfindung oder für ihre nähere inhaltliche Bestimmung unentbehrlich ist".[23] Die Aufgabe der Erfindung ist dann, die Lösung des technischen Problems. Bei der Formulierung der Aufgabe sollte auf folgenden Punkt geachtet werden:

Tipp: Die Aufgabenformulierung sollte den technischen Charakter erkennen lassen.

Eine Erfindung ist die Lösung eines technischen Problems mit technischen Mitteln.[24] Entsprechend sollte erkennbar sein, dass sich die Erfindung eine technische Aufgabe stellt. Allgemeine Formulierungen, die den technischen Charakter der Aufgabe nicht erkennen lassen, sollten vermieden werden. Beispielsweise ist eine Formulierung „eine Vorrichtung bereitzustellen" oder „zu ermöglichen", nicht zwangsläufig technisch. Soweit möglich, wäre eine konkrete Formulierung besser, beispielsweise „die Bremswirkung zu verbessern", „die Wartungsfreundlichkeit zu erhöhen" oder „Ausschuss zu vermeiden". Weitere konkrete Aufgabenstellungen wäre das „Senken von Herstellkosten" oder das „Ermöglichen einer besseren Handhabung durch einen Anwender". Allgemeine Aufgabenformulierungen helfen nicht, die Patentfähigkeit einer Erfindung zu

---

[21] WO 2013117362 A1.

[22] WO 2013117362 A1.

[23] § 10 Absatz 2 Nr. 3 Patentverordnung.

[24] § 1 Absatz 1 Patentgesetz.

untermauern. Ein Gegenstand zu „verbessern" oder zu „optimieren" ist keine konkrete technische Aufgabe.[25]

Tipp: Die Aufgabenformulierung sollte konkret sein.

Eine Aufgabenformulierung wie „die erfinderischen Merkmale X, Y und Z an der Vorrichtung anzuordnen" wäre unvorteilhaft, denn hierdurch wären die Merkmale X, Y und Z nicht mehr ein Teil der Erfindung, sondern nur noch deren Verwendung. Hierdurch würde die erfinderische Tätigkeit geschmälert werden. In der Aufgabenstellung sollten daher keine Bestandteile der Lösung der Erfindung enthalten sein. Die Aufgabe der Erfindung sollte nicht den Lösungsweg bereits verdeutlichen. Nach dem Lesen der Aufgabe sollte das „wie wird das gemacht" nicht offensichtlich sein.

Tipp: Die Aufgabe darf keine Merkmale der Erfindung vorwegnehmen.

Beispiele aus der Praxis:

> *„Der vorliegenden Erfindung liegt nun die Aufgabe zugrunde, im Betrieb eines spanabhebenden Werkzeugs mit Minimalmengenschmierung die zeitliche Verzögerung der Versorgung des Arbeitsbereichs des Werkzeugs mit einer ausreichenden Menge Kühl- und Schmiermittel zu verkürzen und die Kühlung und/oder Schmierung des Arbeitsbereichs bzw. der Werkzeugschneide/n zu vergleichmäßigen."*[26]

oder:

> *„Es ist daher eine Aufgabe der Erfindung, eine Kaffeemaschine zu schaffen, welche die Vorteile beider Bauarten vereint, nämlich die Einfachheit und die hohe mögliche Kaffeequalität des Halbautomaten und die Stabilität des Ergebnisses eines Vollautomaten. Nach Möglichkeit sollte auch der Arbeitsaufwand für den Bediener gegenüber dem des Halbautomaten reduziert werden. Es ist weiterhin eine Aufgabe der Erfindung, ein Verfahren zum Betrieb einer solchen Kaffeemaschine anzugeben."*[27]

oder:

> *„Der Erfindung liegt die Aufgabe zugrunde, ein Rollierwerkzeug bereitzustellen, das eine gute Bearbeitung von Werkstücken, bei gleichzeitig hoher Bearbeitungsgeschwindigkeit ermöglicht."*[28]

In dem Dokument DE 10 2019 109692 A1 wird als eine Aufgabe beschrieben:

---

[25] Schulte/Moufang, Patentgesetz mit EPÜ, Kommentar, 10. Auflage, §1 Patentfähige Erfindungen, Rdn. 50.
[26] DE 10 2012 224287 A1.
[27] WO 2013117362 A1.
[28] DE 10 2019 111784 A1.

„Es ist die Aufgabe der vorliegenden Erfindung, die Nachteile im Stand der Technik zu überwinden und insbesondere ein Fräswerkzeug bereitzustellen, das zum Fräsen von faserverstärkten Werkstoffen und insbesondere bei komplexen Bauteilgeometrien mit unterschiedlichen Fasertypen geeignet ist. "[29]

In dem Dokument DE 10 2014 106968 A1 wird als Aufgabe beschrieben:

„Aufgabe der Erfindung ist es, eine Absaugvorrichtung einer Werkzeugmaschine und eine Werkzeugmaschine der eingangs genannten Art zu gestalten, mit denen möglichst einfach eine möglichst effiziente Absaugung des abgetragenen Materials erfolgen kann. Außerdem soll die Absaugvorrichtung insbesondere im Bereich des wenigstens einen Arbeitsabschnitts möglichst platzsparend sein. Die Absaugvorrichtung soll möglichst einfach bedienbar sein. "[30]

Die Aufgabe kann daher grundsätzlich in folgender Form beschrieben werden:

Die Aufgabe der Erfindung ist es, eine Vorrichtung und ein Verfahren zur Verfügung zu stellen, sodass eine effiziente Verarbeitung/Absaugung/Herstellung/Montage/Umbau/ Umrüstung einer Maschine/Werkzeugs/Geräts/Fahrzeugs erfolgen kann. Außerdem soll die Vorrichtung kompakt/platzsparend/kostengünstig herstellbar/einfach in der Montage/Herstellung/Handhabung/Bedienung sein.

Die Aufgabe ist nicht zu abstrakt zu formulieren, da die Erfindung eine konkrete technische Aufgabe lösen soll. Also eine Aufgabe, den „technischen Fortschritt zu ermöglichen", wäre ungeeignet. Andererseits sollte die Aufgabe nicht zu detailliert beschrieben werden, ansonsten könnten Zweifel an der ausreichenden erfinderischen Tätigkeit der Erfindung aufkommen. Eine Aufgabe beispielsweise, ein Werkzeug derart abzuändern, dass es einen Gewindebolzen aufweist, würde direkt zur Erfindung führen, eben ein Werkzeug mit einem Gewindebolzen zur Verfügung zu stellen.

Es ist möglich, die Aufgabenstellung im Laufe eines Prüfungsverfahrens zu ändern. Dies kann insbesondere notwendig sein, falls Dokumente des Stands der Technik bekanntwerden, durch die die Lösung der bisherigen Aufgabe nicht mehr neu oder erfinderisch ist.

6.4.3   Stütze der Ansprüche in der Beschreibung

Dieser Abschnitt der Anmeldung kann mit folgender Textpassage eingeleitet werden, der eine Überleitung von der technischen Aufgabe zur Erfindung bietet: „Die Aufgabe wird durch die Merkmale des unabhängigen Patentanspruchs bzw. der unabhängigen

---

[29] DE 10 2019 109692 A1.
[30] DE 10 2014 106968 A1.

Patentansprüche gelöst. Vorteilhafte Weiterbildungen der Erfindung sind in den Unteransprüchen beschrieben."

In diesem Abschnitt sind die Ansprüche wortwörtlich zu wiederholen. Die unabhängigen Ansprüche können mit den Floskeln: „Gemäß einem ersten Aspekt wird die erfindungsgemäße Erfindung durch [Hauptanspruch] zur Verfügung gestellt." oder „Gemäß einem ersten Aspekt wird ein/eine [Hauptanspruch] zur Verfügung gestellt." oder „Ein erster Aspekt der Erfindung ist [Hauptanspruch]". Bei den nebengeordneten Ansprüchen kann formuliert werden: „Gemäß einem zweiten/dritten/vierten Aspekt wird die erfindungsgemäße Erfindung durch [nebengeordneter Anspruch] zur Verfügung gestellt.", „Gemäß einem zweiten/dritten/vierten Aspekt wird ein/eine [Nebenanspruch] zur Verfügung gestellt." oder „Ein erster/zweiter/dritter/vierter Aspekt der Erfindung ist [Nebenanspruch]."

Nach den unabhängigen Ansprüchen sind auch die abhängigen Ansprüche in den einleitenden Teil der Anmeldung aufzunehmen. Dies kann beispielsweise durch folgende Formulierungen erfolgen:

„Beispielhafte Ausführungsformen werden in den abhängigen Ansprüchen beschrieben.
Gemäß einer beispielhaften Ausführungsform der Erfindung wird ein [Unteranspruch 1] zur Verfügung gestellt.
Gemäß einem weiteren Ausführungsbeispiel der vorliegenden Erfindung wird eine [Unteranspruch 2] zur Verfügung gestellt.
In einer weiteren erfindungsgemäßen Ausführungsform wird eine [Unteranspruch 3] zur Verfügung gestellt."

Eine besondere Variation der einführenden Worte ist nicht erforderlich. Anstatt die Unteransprüche wortwörtlich wiederzugeben, könnte eine Formulierung „Vorteilhafte Ausführungsformen sind Gegenstand der abhängigen Patentansprüche." verwendet werden. Allerdings ist es empfehlenswert tatsächlich noch einmal die Unteransprüche wortwörtlich aufzuführen. Hierdurch kann zu jedem Unteranspruch noch dessen Vorteile bzw. vorteilhafte Effekte beschrieben werden.[31] Es wird dadurch einer möglichen Argumentation im Prüfungsverfahren, dass es sich bei dem betreffenden Unteranspruch nur um das übliche Können des Durchschnittsfachmanns handelt (und daher die Merkmale des Unteranspruchs keine erfinderische Tätigkeit begründen können) von vornherein entgegengewirkt. Fallen einem zu dem jeweiligen Unteranspruch keine vorteilhaften Wirkungen ein, sollte man sich den Unteranspruch noch einmal dahin gehend anschauen, ob er tatsächlich eine sinnvolle Rückzugsposition darstellt und daher in den Anspruchssatz aufgenommen werden sollte. Es ist nicht sinnvoll, Merkmale in Unteransprüchen aufzunehmen, die in Kombination mit dem rückbezogenen Hauptanspruch (bzw. dem rückbezogenen nebengeordneten Anspruch) zu keinem gewährbaren

---

[31] § 10 Absatz 2 Nr. 6 Patentverordnung bzw. Regel 42 Absatz 1 Buchstabe c EPÜ.

Anspruch führen können. Die Chance auf eine schnelle Patenterteilung würde dadurch eventuell vertan werden.

Außerdem wird die Erwiderung eines amtlichen Bescheids der Prüfungsabteilung erheblich erleichtert, falls zu den jeweiligen Unteransprüchen bereits die vorteilhaften Effekte beschrieben wurden. Hierdurch kann der Aufgabe-Lösungs-Ansatz nahezu automatisch erstellt werden.[32] Es ist außerdem sinnvoll, neben den Vorteilen der Gegenstände der Unteransprüche zusätzlich Erläuterungen und Begriffsbestimmungen zu den Merkmalen der Unteransprüche aufzunehmen. Hierdurch können Klarstellungen bzw. alternative Realisierungen der Merkmale erläutert werden.

Es sollten in diesem Abschnitt bei der Wiedergabe der Ansprüche keine Bezugszeichen verwendet werden. Die Bezugszeichen werden erst im Abschnitt „Kurze Beschreibung der Zeichnungen" eingeführt. In der Beschreibung (Abschnitte „Kurze Beschreibung der Zeichnungen" und „Detaillierte Beschreibung beispielhafter Ausführungsformen") werden die Bezugszeichen ohne Klammern verwendet. In den Ansprüchen werden die Bezugszeichen in Klammern gesetzt.

In der Gebrauchsmusterschrift DE 20 2019 000855 U1 kann folgende Textpassage gefunden werden: „Drei vorteilhafte Ausführungsbeispiele der Erfindung sind in den Schutzansprüchen 5, 6 und 7 sowie den Fig. 2, Fig. 4 und Fig. 5 beschrieben."[33] Es wird davor und danach in dem Gebrauchsmuster nicht auf die Gegenstände der übrigen Ansprüche eingegangen. Diese Textpassage besagt daher, dass zwar die Gegenstände der Ansprüche 5, 6 und 7 vorteilhaft sind, nicht jedoch die übrigen Ansprüche. Durch diese Textpassage erfolgt daher für den Anmelder eine nachteilige Aussage, denn ausschließlich die Ansprüche 5, 6 und 7 werden als relevant dargestellt. Es sollten jedoch für jeden Anspruch des Anspruchssatzes Argumente angegeben werden, die rechtfertigen, dass der Anspruch als schutzfähig bewertet wird. Außerdem sollten in der Anmeldung grundsätzlich alle Ansprüche als auf einer erfinderischen Tätigkeit beruhend bezeichnet werden.

---

[32] Siehe 19.6 Aufgabe-Lösungs-Ansatz.

[33] Abschnitt [0003] der DE 20 2019 000855 U1.

Zeichnungen

Zeichnungen sind die Sprache des Technikers. Es ist in aller Regel sinnvoll, einer Anmeldung Zeichnungen beizugeben. Insbesondere kann anhand von Zeichnungen eine Beschreibung unterschiedlicher Ausführungsformen der Erfindung vorgenommen werden. Außerdem kann die Erfindung durch Zeichnungen in unterschiedlichen Perspektiven (Seitenansicht, Draufsicht, perspektivische Ansicht und Explosionsdarstellung) besser veranschaulicht werden. Es müssen nicht notwendigerweise Computerzeichnungen sein. Freihandzeichnungen können ausreichend sein. Bemängelt das Patentamt die Zeichnungen, können patentgemäße Zeichnungen nachgereicht werden.

Textpassagen in den Zeichnungen sind nicht zulässig. Einzelne Worte können aber zur leichteren Verständlichkeit verwendet werden, beispielsweise „Spannung", „Strom", „Druck" oder „Luft". In den Zeichnungen sind die relevanten Elemente mit Bezugszeichen (1, 2, 3, 4, …) zu kennzeichnen, wobei die Bezugszeichen am Rande der Zeichnungen stehen und Linien oder Pfeile von den Bezugszeichen zu den zu kennzeichnenden Elementen der jeweiligen Zeichnung führen. Die Bezugszeichen können in der Beschreibung (nicht in Klammern) und den Ansprüchen (in Klammern) verwendet werden. Die Zeichnungen sind zusammen mit den weiteren Unterlagen der Anmeldung einzureichen.

Die Bezugszeichen schaffen eine eindeutige Beziehung zwischen der Beschreibung, den Ansprüchen und den Zeichnungen. Werden mehrere Zeichnungen verwendet, so sollten dieselben Elemente mit den gleichen Bezugszeichen gekennzeichnet werden.

Für die Ausführung der Zeichnungen ist die Patentverordnung[1] zu berücksichtigen. Hierbei ist insbesondere die Anlage 2 zu § 12 Patentverordnung (Standards für die Einreichung von Zeichnungen) mit den Nr. 2, 3, 5 und 7 zu beachten.

---

[1] Patentverordnung vom 1. September 2003 (BGBl. I S. 1702), die zuletzt durch Artikel 1 der Verordnung vom 12.Dezember 2018 (BGBl. I S. 2446) geändert worden ist.

© Der/die Autor(en), exklusiv lizenziert durch Springer-Verlag GmbH, DE, ein Teil von Springer Nature 2021
T. H. Meitinger, *Ohne Anwalt zum Patent,* https://doi.org/10.1007/978-3-662-63823-1_7

Anlage 2 Nr. 2 zu § 12 Patentverordnung:

„Die Zeichnungen sind mit ausreichendem Kontrast, in dauerhaften, schwarzen, ausreichend festen und dunklen, in sich gleichmäßigen und scharf begrenzten Linien und Strichen ohne Farben auszuführen. "

Anlage 2 Nr. 3 zu § 12 Patentverordnung:

„Zur Darstellung der Erfindung können neben Ansichten und Schnittzeichnungen auch perspektivische Ansichten oder Explosionsdarstellungen verwendet werden. Querschnitte sind durch Schraffierungen kenntlich zu machen, die die Erkennbarkeit der Bezugszeichen und Führungslinien nicht beeinträchtigen dürfen. "

Anlage 2 Nr. 5 zu § 12 Patentverordnung:

„Die Linien der Zeichnungen sollen nicht freihändig, sondern mit Zeichengeräten gezogen werden. Die für die Zeichnungen verwendeten Ziffern und Buchstaben müssen mindestens 0,32 cm hoch sein. Für die Beschriftung der Zeichnungen sind lateinische und, soweit üblich, griechische Buchstaben zu verwenden. "

Anlage 2 Nr. 7 zu § 12 Patentverordnung:

„Bezugszeichen dürfen in den Zeichnungen nur insoweit verwendet werden, als sie in der Beschreibung und gegebenenfalls in den Patentansprüchen aufgeführt sind und umgekehrt. Entsprechendes gilt für die Zusammenfassung und deren Zeichnung. "

Anlage 2 Nr. 8 zu § 12 Patentverordnung:

„Die Zeichnungen dürfen keine Erläuterungen enthalten; ausgenommen sind kurze unentbehrliche Angaben wie "Wasser", "Dampf", "offen", "zu", "Schnitt nach A-B" sowie in elektrischen Schaltplänen und Blockschaltbildern oder Flussdiagrammen kurze Stichworte, die für das Verständnis unentbehrlich sind. "

7.1   Verwendung von Bezugszeichen

In der oberen Figur der Abb. 7.1 wird mit dem Bezugszeichen 1 das Rechteck und der Kreis gekennzeichnet. In der mittleren Figur wird mit dem Bezugszeichen 1 nur der Kreis in dem Rechteck gekennzeichnet und in der unteren Figur der Abb. 7.1 wird mit dem Bezugszeichen 1 die obere Oberfläche (oben bezüglich der Zeichenebene) des Rechtecks gekennzeichnet.

Als Bezugszeichen können statt Zahlen auch Buchstaben verwendet werden. Es hat sich jedoch eingebürgert arabische Ziffern zu verwenden und Buchstaben nur, falls sich dies aus einem besonderen Grund aufdrängt.

Abb. 7.1 Verwendung von
Bezugszeichen

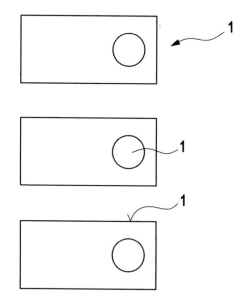

7.2   Empfehlenswerte Beispiele aus der Praxis

In der DE 10 2019 111784 A1 wird folgende Zeichnung gezeigt (siehe Abb. 7.2).

In der DE 10 2019 109692 A1 wird nach folgende Zeichnung gezeigt (siehe Abb. 7.3).

In dem Dokument DE 10 2014 106968 A1 wird die nach folgende Zeichnung gezeigt (siehe Abb. 7.4).

Es kann sinnvoll sein, ein Verfahren, das beispielsweise als Verfahrensanspruch in dem Anspruchssatz enthalten ist, durch ein Flussdiagramm bzw. ein Blockdiagramm darzustellen. In der WO2013117362A1 wird ein Flussdiagramm gezeigt (siehe Abb. 7.5).

Es sollte zwar in einer Zeichnung kein Text enthalten sein. Allerdings hat es sich als sinnvoll erwiesen, insbesondere bei Flussdiagrammen, zumindest einzelne Worte oder kurze Textpassagen aufzunehmen, um die Verständlichkeit zu wahren.

Fotografien sind nur zulässig, falls eine zeichnerische Lösung nicht möglich ist. Es sollte dabei bedacht werden, dass die Fotografien nur schwarz/weiß vervielfältigt und zur Akte genommen werden. Können wichtige Details nur anhand von Farbunterschieden erkannt werden, stellt eine Farbfotografie keine Möglichkeit der Darstellung dar.[2] In diesem Fall sind eventuell Schraffuren eine Möglichkeit, die technische Lehre zu illustrieren.

---

[2] EPA, Richtlinien für die Prüfung, Teil A, Kapitel IX-1, Abschnitt 1.2 (abgerufen am 23. Mai 2021, https://www.epo.org/law-practice/legal-texts/html/guidelines/d/a_ix_1_2.htm).

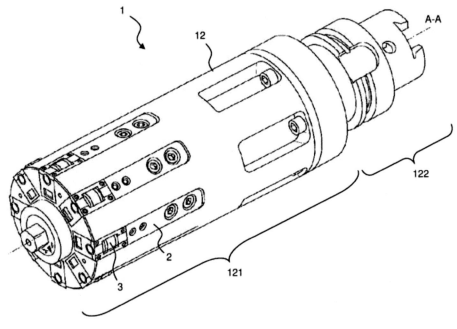

Fig. 1

Abb. 7.2 Rollierwerkzeug (DE 10 2019 111784 A1)

In einer deutschen oder europäischen Patentanmeldung müssen die Zeichnungen auf separaten Blättern angeordnet werden. Jede Zeichnung ist fortlaufend zu kennzeichnen (Fig. 1, Fig. 2, etc.). Außerdem sind die Seiten, auf denen die Zeichnungen dargestellt sind, zu nummerieren (bei beispielsweise 10 Seiten mit Zeichnungen: 1/10, 2/10, ..., 10/10). Es ist nicht zulässig, Zeichnungen im Fließtext der Beschreibung unterzubringen.[3]

---

[3] Regel 49 Absatz 9 Satz 1 EPÜ.

Abb. 7.3 Fräswerkzeug (DE 10 2019 109692 A1)

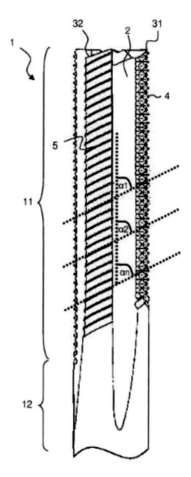

Fig. 1

7.3 Beispiele aus der Praxis mit Empfehlungen

Es werden reale Beispiele aus der Praxis diskutiert, zu denen verbesserte Zeichnungen vorgestellt werden.

7.3.1 Beispiel: Ortsfeste Vorrichtung zum Sichern eines Fahrrads vor Diebstahl

In dem Dokument DE 19610721 A1 (Titel: Ortsfeste Vorrichtung zum Sichern eines Fahrrads gegen Diebstahl) wird folgende Zeichnung präsentiert (siehe Abb. 7.6).

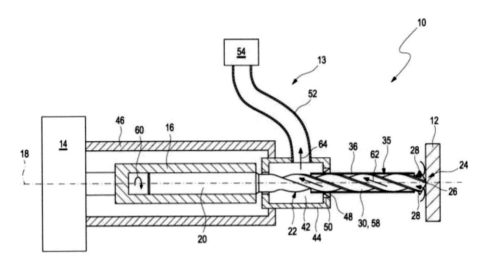

Fig. 1

Abb. 7.4 Absaugvorrichtung einer Werkzeugmaschine (DE 10 2014 106968 A1)

In dieser Zeichnung gibt es schwarze Flächen. Das ist nicht zulässig. Es können allenfalls Querlinien in eine Fläche eingefügt werden, um zu verdeutlichen, dass es sich um
eine Schnittdarstellung handelt. Ein Grund kann darin gesehen werden, dass die Linien
der Bezugszeichen nicht mehr erkannt werden können, falls diese durch eine schwarze
Fläche führen.

Eine bessere Darstellung der Erfindung ist in Abb. 7.7 gezeigt.

7.3.2 Beispiel: Montagehilfe für ein Fahrrad

In der Patentanmeldung DE 19609598 A1 (Titel: Montagehilfe für ein Fahrrad) wird in
einer Zeichnung (siehe Abb. 7.8) eine Montagehilfe mit einem Haltemittel 6 dargestellt,
durch das ein Fahrrad 2 gehalten wird, und zwar über dem Boden, sozusagen in der Luft.
Hierdurch sollen Reparaturen am Fahrrad erleichtert werden. In dieser Zeichnung sind
schwarze Flächen (beispielsweise die Pedale des Fahrrads 2) und grauschattierte Flächen
enthalten. Schwarze Flächen und Grauschattierungen sind nicht zulässig.

Eine bessere Darstellung der Erfindung ist in Abb. 7.9 gezeigt.

7.3.3 Beispiel: Automatische Steuerung von Funktionen
          an Fahrrädern

Die Patentschrift DE 10 2013 013406 B4 (Titel: Vorrichtung zur automatischen
Steuerung der Höheneinstellung eines Sattels und weiterer Funktonen an einem Fahrrad
mit und ohne Motorunterstützung) umfasst zwei Zeichnungen (siehe Abb. 7.10).

Abb. 7.5 Kaffeemaschine
Flussdiagramm (WO
2013117362 A1)

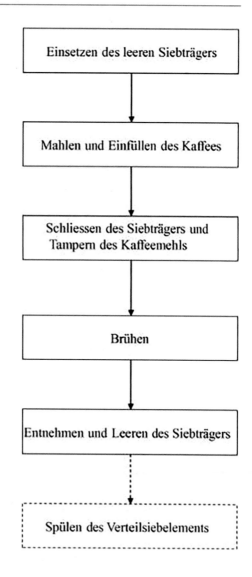

Bei den Zeichnungen handelt es sich um Freihandzeichnungen, die so vom Patentamt akzeptiert wurden. Es ist nicht erforderlich, Computerzeichnungen zu erstellen. Allerdings sind die Zeichnungen nicht vollständig klar. Einzelne Bezugszeichen und deren Bezugslinien sind nur schwer zu erkennen. Unklarheiten der Offenbarung gehen stets zulasten des Anmelders. Auf verständliche Zeichnungen ist großen Wert zu legen.

Abb. 7.6 Ortsfeste
Vorrichtung zum Sichern eines
Fahrrads vor Diebstahl (DE
19610721 A1)

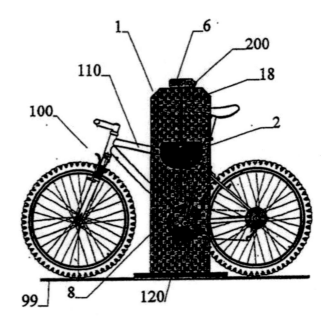

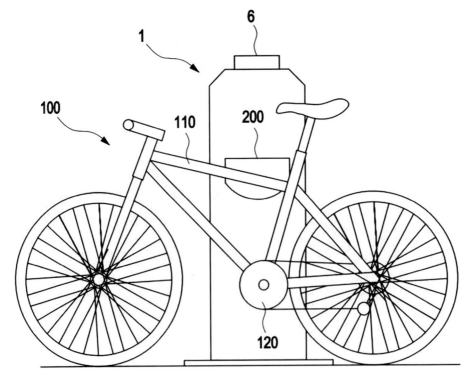

Fig. 1

Abb. 7.7 Ortsfeste Vorrichtung zum Sichern eines Fahrrads vor Diebstahl (DE 19610721 A1) –
korrigiert

Abb. 7.8 Montagehilfe für
ein Fahrrad (DE 19609598 A1)

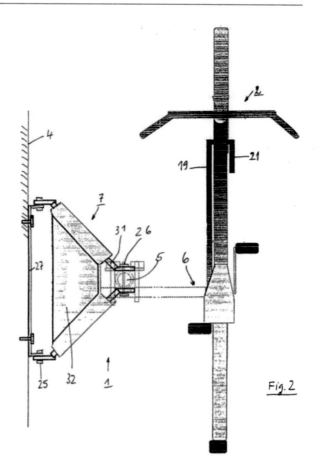

7.3.4   Beispiel: Trinkhilfe

Die Gebrauchsmusterschrift DE 20 2008 000979 U1 (Titel: Trinkhilfe) enthält nachfolgende Zeichnung (siehe Abb. 7.11).

Die Bezeichnungen der Figuren, also Fig. 1, Fig. 2, etc., sind nicht, wie hier
geschehen, einzurahmen. Diese Zeichnung zeigt einen Trinkbecher von oben, wobei
sämtliche Elemente des Trinkbechers doppelt, nämlich gegenüberliegend, noch einmal
angeordnet sind. Es ist in diesem Fall zweckdienlich, dieselben Elemente zusätzlich
(mit demselben) Bezugszeichen zu versehen. Dadurch wird es einfacher, die einzelnen
Elemente zu erkennen und zu unterscheiden. Nachfolgend ist die korrigierte Zeichnung
mit zusätzlichen Bezugszeichen dargestellt (siehe Abb. 7.12).

Abb. 7.9 Montagehilfe für
ein Fahrrad (DE 19609598 A1)
– korrigiert

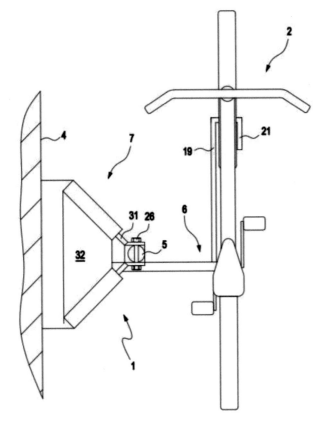

Fig. 1

7.3.5 Beispiel: Babyflasche-Schwammaufsatz

Das Gebrauchsmuster DE 20 2021 000115 U1 (Titel: Trinkhilfe, Babyflasche-Schwamm-aufsatz, Lätzchenersatz, Lätzchenhalter, Nuckelhilfe) enthält insbesondere die Figuren 7 und 8 (siehe Abb. 7.13).

Es wäre besser gewesen, geschwungene Linien zur Kennzeichnung der Teile der Zeichnungen zu verwenden, die von den Bezugszeichen gekennzeichnet werden.

Außerdem ist eine Bezugszeichenliste enthalten (siehe Tab. 7.1).

Zunächst kann festgestellt werden, dass die Benennung der Bezugszeichen für die Figur 8 richtig ist, aber nicht für die Figur 7. Die Bezugszeichen müssen für alle Zeichnungen einer Patent- oder Gebrauchsmusteranmeldung einheitlich verwendet werden. Hier kennzeichnet das Bezugszeichen „1" in der Fig. 8 den Sauger der Baby-flasche, wie in der Bezugszeichenliste angegeben. In der Fig. 7 jedoch kennzeichnet das Bezugszeichen „1" nicht den Sauger der Babyflasche, sondern die Babyflasche selbst.

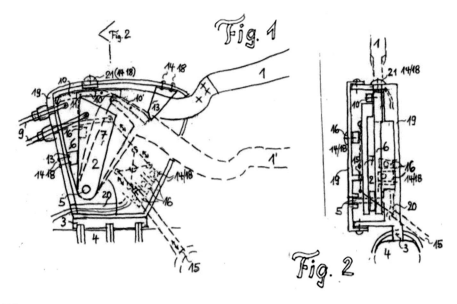

Abb. 7.10 Automatische Steuerung von Funktionen an Fahrrädern (DE 10 2013 013406 B4)

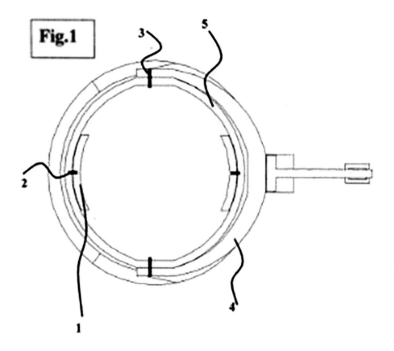

Abb. 7.11 Trinkhilfe (DE 20 2008 000979 U1)

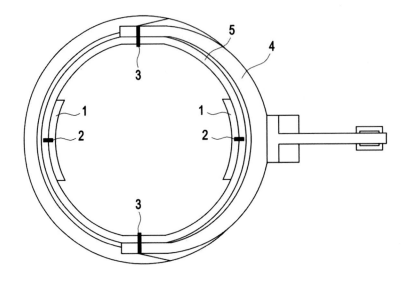

Fig. 1

Abb. 7.12 Trinkhilfe (DE 20 2008 000979 U1) – korrigiert

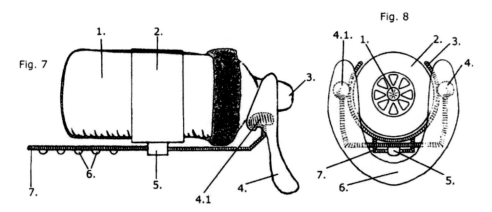

Abb. 7.13 Babyflasche-Schwammaufsatz (DE 20 2021 000115 U1)

Tab. 7.1 Babyflasche-Schwammaufsatz – Bezugszeichenliste (DE 20 2021 000115 U1)

1	Sauger der Babyflasche
2	Babyflasche
3	Schienenhalter
4	Pilzkopf zur Schwammaufnahme
5	Noppen der Verstellhilfe
6	ergonomisch in Richtung des Babys geformter Schwammaufsatz
7	Schienenführung

Außerdem werden in den Zeichnungen hinter den Bezugszeichen ein Punkt gesetzt. Ein Punkt ist nicht notwendig. Wird ein Bezugszeichen „4.1" verwendet, so kann ein Punkt als Trennzeichen genutzt werden. Stattdessen könnte auch das Bezugszeichen „41" genutzt werden. Es ist allerdings nicht notwendig, und nicht gewünscht, hinter jedes Bezugszeichen als Abschluss einen Punkt zu setzen.

7.3.6   Beispiel: Hot-Dog-Trinkbecher

Die Gebrauchsmusterschrift DE 20 2016 002669 U1 (Titel: Hot-Dog- (Curry-) Wurst Croissants-Trinkbecher) umfasst die folgenden drei Zeichnungen mit einer Bezugszeichenliste (siehe Abb. 7.14 und Tab. 7.2).

Abb. 7.14 Hot-Dog-Trinkbecher (DE 20 2016 002669 U1)

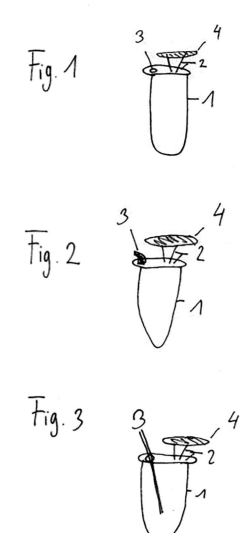

Tab. 7.2 Hot-Dog-Trinkbecher – Bezugszeichenliste (DE 20 2016 002669 U1)

Bezugszeichenliste

1 Halterung für Wurst Hot Dog Currywurst oder
   Croissant
2 Der Aufsatz-Deckel
3 Öffnung für z. b. den Trinkhalm
4 Wurst oder Croissant
5 (Plastik, Papp-)Trinkbecher aus

Die Gebrauchsmusterschrift weist Figuren 1 bis 3 auf, die als Freihandzeichnungen ausgeführt sind. Es ist zulässig, Zeichnungen als Freihandzeichnungen einzureichen. Allerdings sollte darauf geachtet werden, dass mit einem Bezugszeichen stets dasselbe Element gekennzeichnet wird. Beispielsweise wird mit dem Bezugszeichen 3 in der Figur 1 eine Öffnung für beispielsweise einen Trinkhalm gekennzeichnet. In der Figur 2 wird mit dem Bezugszeichen 3 eine Trinkhilfe gekennzeichnet und in der Figur 3 wird der Eindruck erweckt, als bezeichnet das Bezugszeichen 3 einen Trinkhalm. Außerdem ist nicht klar, was mit dem Bezugszeichen 2 gemeint ist.

7.3.7 Beispiel: Flexible Halterung für ein Kinderspielzeug

Das Gebrauchsmuster DE 20 2007 001551 U1 (Titel: Flexible Halterung für Kinderspielzeug, welches an Kinderwägen montiert wird) löst die technische Aufgabe, eine Spielgerätehalterung zur Verfügung zu stellen, die an einen Kinderwagen montiert werden kann. Die Spielgerätehalterung soll sich insbesondere dadurch auszeichnen, dass die Bewegungsfreiheit der Kinder nicht eingeschränkt wird (siehe Abb. 7.15 und 7.16).
Die Gebrauchsmusterschrift umfasst drei Zeichnungen. In diesen Zeichnungen sind schraffierte Flächen dargestellt, wodurch ein plastischer bzw. 3D-Effekt erzeugt wird. Derartige Schraffuren sollten vermieden werden. Es kann allenfalls bei einer Schnittzeichnung mit einer Schraffur dargestellt werden, dass es sich um einen Schnitt (Längs- oder Querschnitt) handelt.
Eine bessere Darstellung der Erfindung ist in den 7.17, 7.18 und 7.19 gezeigt.

7.3.8 Beispiel: Klappbare Handytasche an Textilien

Die Gebrauchsmusterschrift DE 20 2017 001820 U1 (Titel: Auf und zu klappbare Handytasche (Smartphone Tasche) an Textilien) bearbeitet das technische Problem, ein Handy in einem Kleidungsstück zu tragen und ein Herunterfallen des Handys beim Herausholen aus dem Kleidungsstück zu verhindern. Außerdem soll ein Verlegen bzw. Verlieren des Handys ausgeschlossen werden (siehe Abb. 7.20 und 7.21 und Tab. 7.3).

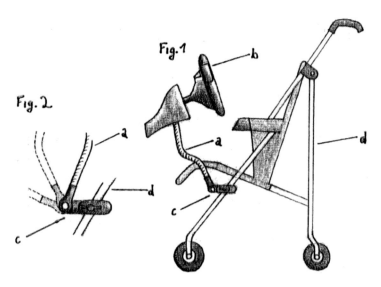

Abb. 7.15 Flexible Halterung für ein Kinderspielzeug Fig. 1 und 2 (DE 20 2007 001551 U1)

Abb. 7.16 Flexible Halterung
für ein Kinderspielzeug Fig. 3
(DE 20 2007 001551 U1)

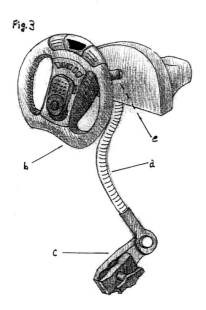

Abb. 7.17 Flexible Halterung
für ein Kinderspielzeug Fig. 1
(DE 20 2007 001551 U1) –
korrigiert

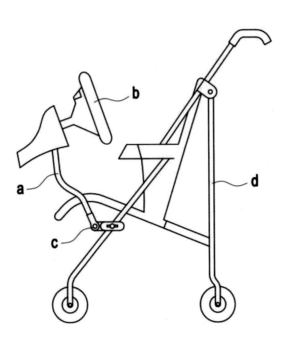

Fig. 1

Abb. 7.18 Flexible Halterung
für ein Kinderspielzeug Fig. 2
(DE 20 2007 001551 U1) –
korrigiert

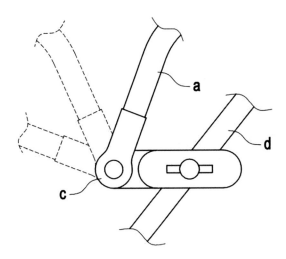

Fig. 2

Abb. 7.19 Flexible Halterung
für ein Kinderspielzeug Fig. 3
(DE 20 2007 001551 U1) –
korrigiert

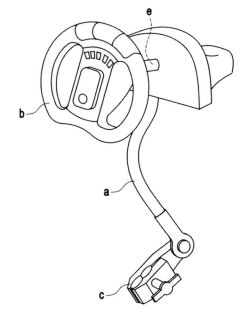

Fig. 3

Abb. 7.20 Klappbare
Handytasche an Textilien
Fig. 1 (DE 20 2017 001820
U1)

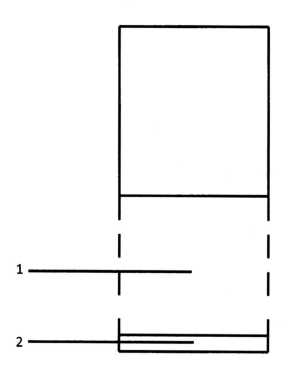

Fig.1

Abb. 7.21 Klappbare
Handytasche an Textilien
Fig. 2 (DE 20 2017 001820
U1)

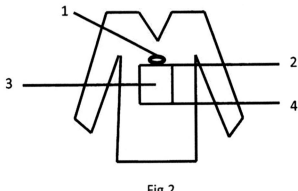

Fig.2

Tab. 7.3 Klappbare
Handytasche an Textilien –
Bezugszeichenliste (DE 20
2017 001820 U1)

Bezugszeichenliste

Fig. 1

1 Innenstoff
2 Verschlussvorrichtung

Fig. 2

1 Verschlussvorrichtung zum auf und zu klappen
2 Verschlussvorrichtung zum auf und zu machen
zum Handy aufbewahren
3 Oberstoff
4 Befestigung der auf und zu klappbaren Handytasche

Es sollten die Bezugszeichen für sämtliche Zeichnungen einer Patent- oder
Gebrauchsmusteranmeldung einheitlich verwendet werden. Getrennte Bezugszeichen-
listen für einzelne Figuren sollten nicht erstellt werden. Hierdurch können verwirrende
Doppelbedeutungen von Bezugszeichen vermieden werden. Bei diesen Zeichnungen
wäre es vorteilhaft gewesen, das Smartphone mit einzuzeichnen.

7.3.9 Beispiel: Leuchtband für Baby- und Kindertrinkflasche

Das Gebrauchsmuster DE 20 2021 000262 U1 (Titel: Leuchtband für Baby- und Kinder-
trinkflasche) beschäftigt sich mit dem technischen Problem, eine Babyflasche in der
Dunkelheit, beispielsweise nachts, schnell zu finden, um einem schreienden Baby die
Flasche geben zu können (siehe Abb. 7.22).

Abb. 7.22 Leuchtband für
Baby- und Kindertrinkflasche
(DE 20 2021 000262 U1)

Leuchtband

Trinkflasche

Pfeile in Zeichnungen können verwendet werden, allerdings sollten die Pfeile am Bezugszeichen starten und am zu kennzeichnenden Element enden oder zumindest zu dem zu kennzeichnenden Element hinweisen. Es ist zulässig, einzelne Worte in einer Zeichnung zu verwenden. Es ist jedoch vorteilhafter, Bezugszeichen zu verwenden, denn diese können in der Beschreibung und den Ansprüchen verwendet werden und einen direkten Bezug herstellen.

Eine bessere Darstellung der Erfindung ist in der Abb. 7.23 zu sehen.

Abb. 7.23 Leuchtband für
Baby- und Kindertrinkflasche
(DE 20 2021 000262 U1) –
korrigiert

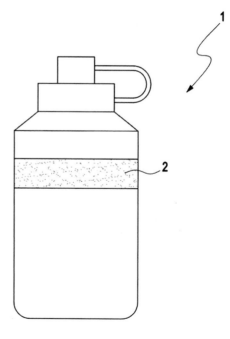

Fig. 1

Beschreibung der Zeichnungen

Anhand der Zeichnungen ist eine Beschreibung der Erfindung vorzunehmen. Der Abschnitt „Beschreibung der Zeichnungen" umfasst zwei Teile, nämlich eine „Kurze Beschreibung der Zeichnungen" und eine „Detaillierte Beschreibung beispielhafter Ausführungsformen". In der „Kurzen Beschreibung der Zeichnungen" wird für jede Zeichnung in einem Satz erläutert, was in der betreffenden Zeichnung[1] dargestellt ist. Zusätzlich kann beschrieben werden, in welcher Darstellungsform die Elemente der betreffenden Zeichnung abgebildet sind, beispielsweise in einer perspektivischen Darstellung, in einer Draufsicht, in einer Seitenansicht oder in einer Explosionsdarstellung. Nach der Kurzbeschreibung folgt die ausführliche Beschreibung konkreter Darstellungen der Erfindung (sogenannte Figuren) in dem Abschnitt „Detaillierte Beschreibung beispielhafter Ausführungsformen". Hierbei ist umfassend und detailliert zu beschreiben, was auf der jeweiligen Zeichnung dargestellt ist und wie die einzelnen Elemente zusammenwirken, um den erfinderischen Effekt zu realisieren.

8.1 Kurze Beschreibung der Zeichnungen

Es wird in jeweils einem Satz beschrieben, welche „Figur" der Erfindung in der Zeichnung dargestellt ist. Die „Figur" einer Erfindung kann als eine Ausführungsform der Erfindung verstanden werden. Eingeleitet wird dieser Abschnitt mit:

> „Ausführungsbeispiele der Erfindung sind in den Zeichnungen dargestellt und werden nachfolgend beschrieben. Es zeigen:"

---

[1] Die Zeichnungen werden mit Fig. 1, Fig. 2, etc. bezeichnet. In einer Zeichnung ist eine Figur, also eine zwei- oder dreidimensionale Ausgestaltung der Erfindung, illustriert.

© Der/die Autor(en), exklusiv lizenziert durch Springer-Verlag GmbH, DE, ein Teil von
Springer Nature 2021
T. H. Meitinger, *Ohne Anwalt zum Patent,* https://doi.org/10.1007/978-3-662-63823-1_8

oder

„Weitere Einzelheiten und Vorteile der Erfindung werden anhand der in den Zeichnungen dargestellten Ausführungsbeispiele deutlich. Es zeigen:"

Danach werden die einzelnen Zeichnungen kurz erläutert, und zwar in jeweils einem Satz. Es folgt ein Beispiel:

Fig. 1 eine Explosionsdarstellung einer ersten Ausführungsform einer erfindungsgemäßen Erntemaschine,
Fig. 2 eine perspektivische Darstellung derselben Erntemaschine wie in Fig. 1,
Fig. 3 eine Draufsicht einer zweiten Ausführungsform der Erntemaschine und
Fig. 4 eine perspektivische Darstellung der Erntemaschine nach Fig. 3.

Es folgen zwei konkrete Beispiele aus der Praxis:

„*Fig. 1 ein Rollierwerkzeug gemäß einem Beispiel für die Erfindung und*
Fig. 2 eine Ansicht eines Teilschnitts durch eine Rollierwalze für das Rollierwerkzeug aus Fig. 1. "[2]

und:

„*Fig. 1 eine Bohrmaschine mit einer Absaugvorrichtung zum Absaugen von an einem Werkstück abgetragenem Material gemäß einem ersten Ausführungsbeispiel;*
Fig. 2 eine seitliche Detailansicht eines Bohrers mit einer Absaughülse der Absaugvorrichtung aus der Fig. 1 im Bereich einer Bohrspitze;
Fig. 3 eine Schrägansicht des Bohrers mit Absaughülse aus der Fig. 2 und
Fig. 4 eine Vorderansicht des Bohrers mit Absaughülse aus den Fig. 2 und Fig. 3. "[3]

8.2   Detaillierte Beschreibung beispielhafter Ausführungsformen

Nach der kurzen Beschreibung folgt eine detaillierte Beschreibung beispielhafter Ausführungsformen. Die detaillierte Beschreibung beispielhafter Ausführungsformen stellt eine wichtige Offenbarung der Erfindung dar und ist üblicherweise der Ort, an dem die Erfindung konkret und umfassend erläutert wird. Es wird beschrieben, welche Merkmale die Erfindung aufweist und wie diese Merkmale zusammenarbeiten, damit sich die erfindungsgemäßen Effekte einstellen und die Aufgabe der Erfindung erfüllt wird. Die Zeichnungen werden mit Bezugzeichen versehen und es werden im Text der

---

[2] DE 10 2019 111784 A1.
[3] DE 10 2014 106968 A1.

detaillierten Beschreibung diese Bezugszeichen verwendet, um einen eindeutigen Bezug zwischen der Beschreibung und den Zeichnungen herzustellen.

Ein Beispiel aus der Praxis:

„Fig. 1 zeigt eine perspektivische Darstellung eines Rollierwerkzeugs 1 zur Bearbeitung einer Werkstückoberfläche, insbesondere zum Aufrauen oder Abstumpfen einer aufgerauten Werkstückoberfläche. Das Rollierwerkzeug 1 hat einen Grundkörper 12 mit einem Werkzeugabschnitt 121 und einem Befestigungsabschnitt 122 zur Anordnung in einem rotierenden Antriebswerkzeug (nicht dargestellt). Am Werkzeugabschnitt 121 des Grundkörpers sind acht radial verstellbar angeordnete Walzenhalter 2 dargestellt. Jeder Walzenhalter 2 umfasst eine Aufnahme für Rollierwalzen 3, die sich jeweils um eigene Drehachsen drehen, die parallel zur Grundkörperachse A-A liegen. An jedem Walzenhalter 2 ist eine Rollierwalze 3 drehbeweglich angeordnet. Im gezeigten Beispiel hat jede oder jede zweite Rollierwalze 3 eine Außenfläche mit einem rauen Arbeitsabschnitt (siehe Fig. 4) mit einer vorgestimmten Rautiefe, um eine rollierende Bearbeitung eines Werkstücks mit hoher Bearbeitungsqualität und – geschwindigkeit zu ermöglichen."[4]

Am Ende der detaillierten Beschreibung können die Bezugszeichen aufgelistet werden. Es folgt ein Beispiel:

Liste der Bezugszeichen

1. Motor
2. Lenkung
3. Batterie
4. Lenkrad

Eine Liste der Bezugszeichen ist nicht obligatorisch. Allerdings ist eine Bezugszeichenliste der leichteren Verständlichkeit der technischen Lehre der Anmeldung sehr förderlich.

In der detaillierten Beschreibung beispielhafter Ausführungsformen werden besondere Ausführungsformen der Erfindung erläutert. Es ist daher nicht unbedingt erforderlich, dass der Gegenstand des Hauptanspruchs beschrieben wird. Vielmehr können spezielle Ausführungsformen dargestellt und erläutert werden. Die detaillierte Beschreibung beispielhafter Ausführungsformen kann im Erteilungsverfahren genutzt werden, sich vom Stand der Technik abzugrenzen. Damit dies gelingen kann, sollte beschrieben werden, welche einzelnen Merkmale tatsächlich in einer engen Verbindung stehen und nur gemeinsam verwendet werden können. Außerdem sollte erläutert werden, welche Merkmale optional sind und daher nicht unbedingt in einen Hauptanspruch aufgenommen werden müssen. Hierdurch wird es möglich, die optionalen Merkmale je nach ermitteltem Stand der Technik zum Hauptanspruch hinzuzufügen. Ansonsten sind sämtliche Merkmale der betreffenden Offenbarungsstelle in den Hauptanspruch aufzunehmen, wodurch sich eventuell ein sehr kleiner Schutzbereich ergibt. Es ist daher

---

[4] DE 10 2019 111784 A1.

empfehlenswert, Merkmale, die alternativ oder optional eingesetzt werden können, auch entsprechend zu erläutern.

Es sollte unbedingt darauf geachtet werden, widersprüchliche Angaben in der Beschreibung zu vermeiden. Widersprüche der Beschreibung zu den Ansprüchen sind ebenfalls auszuschließen. Ansonsten kann es dazu kommen, dass, falls die widersprüchliche Stelle der Beschreibung zur Auslegung eines Anspruchs genutzt wird, dieser Anspruch nicht auslegbar und daher unklar ist.

Die Veröffentlichungen des Patentamts (Offenlegungsschrift und Patentschrift) weisen eine Durchnummerierung der Absätze auf. Hierbei wird eine fortlaufende Zahl in eckigen Klammern an den Anfang eines jeweiligen Absatzes gesetzt. Diese Absatznummerierung wird von dem jeweiligen Patentamt vorgenommen. Es ist nicht erforderlich, und es ist auch nicht gewünscht, dass der Anmelder eine derartige Durchnummerierung der Absätze vornimmt.

8.3   Besondere Formulierungen

Es werden spezielle Formulierungen besprochen, die vornehmlich in der Beschreibung der Zeichnungen verwendet werden. Bei diesen Begriffen sind gewisse Aspekte bei der Verwendung zu berücksichtigen. Die Aussagen und Bewertungen zu diesen Begriffen gelten grundsätzlich für alle Teile einer Patent- oder Gebrauchsmusteranmeldung.

8.3.1   „Erfindungswesentlich"

Erfindungswesentlich bedeutet, dass die derart bezeichneten Merkmale unbedingt Teile der Erfindung sind. Eine Bezeichnung eines Merkmals als „erfindungswesentlich" hat zur Folge, dass dieses Merkmal in dem Hauptanspruch aufzunehmen ist. Durch die Kennzeichnung „erfindungswesentlich" bindet sich der Anmelder daher. Das kann in einem Erteilungsverfahren nachteilig sein. Es kann der Fall eintreten, dass dieses Merkmal nicht in den Hauptanspruch aufgenommen werden müsste, um sich vom Stand der Technik ausreichend abzugrenzen. In diesem Fall kann jedoch der größere Schutzbereich nicht beansprucht werden, da das erfindungswesentliche Merkmal aufgenommen werden muss. Der Anmelder erzeugt daher von vorneherein eine unnötige Beschränkung des möglichen Schutzumfangs. Die Bezeichnung „erfindungswesentlich" sollte am besten nicht verwendet werden.

Der Begriff „erfindungswesentlich" sollte schon deswegen nicht verwendet werden, da sich im Erteilungsverfahren die Richtung ändern kann, in die ein unabhängiger Anspruch ausgerichtet wird. Diese Richtungsänderung wäre theoretisch ebenfalls nicht möglich, falls in der Beschreibung von dieser Ausrichtung wegweisende Merkmale als erfindungswesentlich bezeichnet werden.

8.3.2 Standards und Normen

In Anmeldungen können Standards bzw. Normen enthalten sein bzw. die Erfindung wird unter Bezug auf eine Norm oder einen Standard erläutert. Der Verweis auf eine Norm kann problematisch sein, da sich Normen im Laufe der Zeit ändern. Wird dann noch dazu keine Datumsangabe gegeben, um zu verdeutlichen, welche Norm gemeint ist, kann die Beschreibung der Erfindung unklar sein. Es ist ratsam, bei der Beschreibung der Erfindung ohne Verweise auf weitere Literatur, insbesondere Normenliteratur, auszukommen.

8.4 Beispiele aus der Praxis mit Empfehlungen

Nachfolgend wird ein Teil der Beschreibung der Zeichnungen realer Anmeldungen wiedergegeben (in kursiver Schrift). Hierbei werden markante Stellen fett und unterstrichen dargestellt. Diese Stellen werden als Punkte ([Punkt 1], [Punkt 2], etc.) gekennzeichnet. Es folgen zu diesen Punkten ein Kommentar.

8.4.1 Beispiel: Trinkhilfe für mobilen und stationären Einsatz

Das Gebrauchsmuster DE 20208487 U1 (Titel: Trinkhilfe für mobilen und stationären Einsatz) beschreibt die technische Aufgabe, eine Trinkhilfe für Behinderte und ältere Personen in einer Weise bereitzustellen, dass eine Getränkeaufnahme in normaler Sitzposition ermöglicht wird. Hierdurch soll ein körperlich beschwerliches Herabbeugen zu einem Trinkgefäß überflüssig werden. Eine orthopädisch nachteilige Haltung durch eine falsche Sitzposition beim Trinken wird verhindert.
  Die Gebrauchsmusterschrift enthält eine Zeichnung (siehe Abb. 8.1).

Der Gebrauchsmusterschrift kann in der Beschreibung der Zeichnungen entnommen werden:

*„Nachfolgend ist ein Ausführungsbeispiel der vorliegenden Erfindung **prinzipmäßig** [Punkt 1] dargestellt. Es zeigt:"*

Punkt 1: „prinzipmäßig": Durch dieses Wort soll vermittelt werden, dass das Ausführungsbeispiel nur grundsätzlich und nicht in seinen Details dargestellt und beschrieben ist. Der Abschnitt „Detaillierte Beschreibung beispielhafter Ausführungsformen" soll aber gerade eine detaillierte Beschreibung konkreter Ausführungsform bieten. Die abstrahierten Merkmale der Erfindung werden im einleitenden Teil der Beschreibung und in den Ansprüchen, insbesondere im Hauptanspruch, beschrieben.

*„Fig. 1 eine **schematische** [Punkt 2] Darstellung der erfindungsgemäßen Trinkhilfe mit eingesetztem Trinkglas und Trinkhalm".*

Abb. 8.1 Trinkhilfe für
mobilen und stationären
Einsatz (DE 20208487 U1)

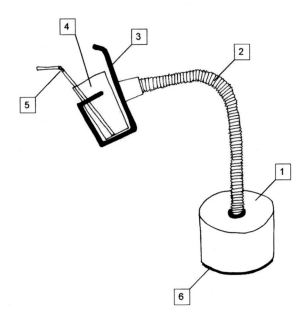

Punkt 2: „schematisch": Es kann sinnvoll sein, in einer Zeichnung nur die wesentlichen Elemente darzustellen. Es müssen nicht alle Teile abgebildet werden, falls diese zusätzlichen Teile mit der Erfindung nichts zu tun haben. Alternativ zur Bezeichnung „schematisch" könnte beschrieben werden, welche Darstellungsweise vorliegt. Beispielsweise kann erläutert werden, dass eine perspektivische Darstellung, eine Darstellung in einer Seitenansicht, einer Draufsicht oder dass eine Explosionsdarstellung gezeigt wird.

„*Fig. 1 zeigt eine schematische Darstellung der Trinkhilfe* **_wie nachfolgend beschrieben_**" [Punkt 3].

Punkt 3: „wie nachfolgend beschrieben": überflüssige Floskel, denn ja klar, die Trinkhilfe soll beschrieben werden.

„*Am Standfuß 1 ist der bewegliche Schwanenhals 2 befestigt. Auf der anderen Seite des Schwanenhalses 2 ist der Gefäßhalter 3 befestigt. Durch diese Anordnung ist die Höhe und Neigung des Gefäßhalters 3 beliebig einstellbar. In den Gefäßhalter 3, ist hier beispielhaft ein Trinkglas 4 eingesetzt, welches sich der Neigung des Gefäßhalters 3 anpasst.*" [Punkt 4]

Punkt 4: Grundsätzlich richtig ist, dass im ersten Teil einer Beschreibung einer Zeichnung die einzelnen dargestellten Elemente beschrieben werden. Allerdings fehlt hier noch, wie der Schwanenhals ausgeformt ist. Immerhin stellt der Schwanenhals ein erfindungswesentliches Element dar. Es könnte beschrieben werden, dass er die Höhe und die Neigung des Trinkglases an die Erfordernisse einer orthopädisch geeigneten Anordnung erfüllt. Beispielsweise eine Erläuterung, dass „der Schwanenhals ein flexibles Verlängerungsstück ist, das weitgehend beliebig gebogen werden kann und dass der Schwanenhals trotz beliebiger Biegungen das Trinkglas am Ende des Schwanenhalses tragen kann" wäre eine sinnvolle Ergänzung.

*„Durch die Neigung des Trinkglases 3 wird der eingelegte Trinkhalm 5 (abgewinkelt) auch **bei Veränderung der Lage durch das Trinken** anschließend wieder in die Ausgangslage zurückgeschwenkt."* [Punkt 5]

Punkt 5: „bei Veränderung der Lage durch das Trinken": Welche Lage wird durch das Trinken verändert? Wird die Lage des Schwanenhalses oder des Trinkglases oder der trinkenden Person verändert? Wahrscheinlich ist die Lage des Trinkhalms gemeint. Eventuell ist gemeint, dass der Trinkhalm wieder in das Trinkglas zurückrutscht, nachdem die Person getrunken hat und aus diesem Grund ist die Neigung, die der Schwanenhals ermöglicht, vorteilhaft. Allerdings sollte dies dann auch erläutert werden.

*„Der Boden des Standfußes 1 ist **hier** [Punkt 6] mit einem **unterseitigen** [Punkt 7], rutschhemmenden Belag 6 versehen."*

Punkt 6: „hier": überflüssige Floskel. Es sollten sinnentleerte Formulierungen weggelassen werden, um eine Patent- oder Gebrauchsmusterschrift zu erhalten, die von einem Richter gelesen werden kann, sodass sich dieser schnell und prägnant über die Erfindung informieren kann. Alle Ungereimtheiten oder sinnverfälschende Textpassagen gehen zulasten des Anmelders, denn dieser hatte es ja in der Hand, seine Erfindung klar und verständlich zu beschreiben.

Punkt 7: „unterseitigen": Was ist denn ein unterseitiger Belag? Eventuell sollte ausgedrückt werden, dass der Belag 6 an der Unterseite des Standfußes angeordnet ist. Dann sollte dies auch derart formuliert werden. Es ist darauf zu achten, keine unklaren Textpassagen zu produzieren.

*„Die Abbildung verdeutlicht ebenso, dass in der Anwendung **der Schwanenhals 2 auch zum Tragen der erfindungsgemäßen Trinkhilfe geeignet ist.**"* [Punkt 4]

Punkt 4: „der Schwanenhals 2 ist auch zum Tragen der erfindungsgemäßen Trinkhilfe geeignet": Widersprüchlich, denn der Schwanenhals ist doch gerade ein Teil der Trinkhilfe. Der Schwanenhals kann daher nicht die Trinkhilfe tragen, da er selbst ein Teil davon ist.

8.4.2   Beispiel: Pneumatische Trinkhilfe

Das Gebrauchsmuster DE 20107400 U1 (Titel: Pneumatische Trinkhilfe) beschreibt
eine Vorrichtung, bei der das Trinken einer Flüssigkeit durch das Erzeugen eines Überdrucks in einem Behälter, in dem die Flüssigkeit ist, erleichtert wird (siehe Abb. 8.2 und
Tab. 8.1).

Die detaillierte Beschreibung beispielhafter Ausführungsformen des Gebrauchsmusters lautet:

„Technische Gestaltung der Vorrichtung [Punkt 1]: *In einem Druckluftbehälter (01)
wird mit Hilfe einer Pumpe, Kompressor, Druckluftflasche, usw. ein Luftüberdruck
erzeugt* [Punkt 2]. *Dieser Luftüberdruck wird in ein Gefäß (06) geleitet, in welchem
sich die zu verdrängende Flüssigkeit befindet (z. B. Bier, Cola, Wasser, Mixgetränke).
Das Gefäß ist über einen Deckel (07) luftdicht verschlossen. In diesem Deckel sind
Rohre (09) eingearbeitet, die bis nahe an den Boden des Gefäßes (06) enden. Über diese
Rohre (09) erfolgt der Austritt der Flüssigkeit aus dem Gefäß (06). Weiterhin befindet
sich eine Öffnung im Deckel (07), über der die Druckluft in das Gefäß (06) strömen
kann* [Punkt 3]. *Durch Öffnen eines Ventils (04) zwischen Druckluftbehälter (01) und
Deckel (07) kann schlagartig die Druckluft den Druckluftbehälter (01) verlassen und*

Abb. 8.2 Pneumatische
Trinkhilfe (DE 20107400 U1)

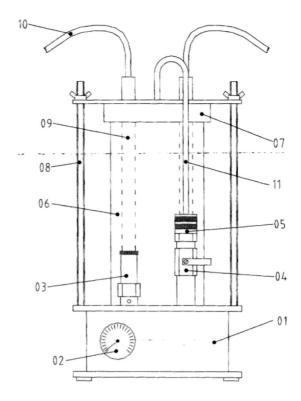

Tab. 8.1 Pneumatische
Trinkhilfe – Bezugszeichenliste
(DE 20107400 U1)

Bauteile:

01	Druckluftbehälter
02	Manometer
03	Überdruckventil
04	Ventil
05	Druckluftkupplung
06	Gefäß
07	Deckel
08	Spannstange
09	Rohr
10	Trinkschlauch
11	Druckluftschlauch

*über den Druckschlauch (11) und Deckel (07) in das Gefäß (06) gelangen, wo sie die zu verdrängende Flüssigkeit beaufschlagt. Der Überdruck im Gefäß (06) sorgt für ein Verdrängen der Flüssigkeit über die Rohre **(09)** [Punkt 4] und daran befestigten Trinkschläuchen (10). Um den Druck zu kontrollieren wurden an den Druckbehälter (01) ein Manometer (02) und ein Überdruckventil (03) angebracht. **<u>Zum schnellen Trennen des Deckels (07) vom Druckluftbehälter (01) ist eine Druckluftkupplung (05) zwischen Ventil (04) und Druckluftschlauch (11) angebracht</u>** [Punkt 5]. "*

Punkt 1: „Technische Gestaltung der Vorrichtung": Unnötige Floskel. Ein Patent oder ein rechtsbeständiges Gebrauchsmuster kann nur für eine technische Erfindung erhalten werden.

Punkt 2: „In einem Druckluftbehälter (01) wird mit Hilfe einer Pumpe, Kompressor, Druckluftflasche, usw. ein Luftüberdruck erzeugt": Das Bezugszeichen 01 zeigt auf den unteren Abschnitt der Vorrichtung. Soll dieser Abschnitt ein Druckluftbehälter sein, also ein Behälter in dem Druckluft gehalten werden kann. Warum ist dann „in dem Druckluftbehälter" eine „Druckluftflasche", denn der untere Abschnitt ist doch bereits ein Behältnis, das Druckluft aufnehmen kann?

Punkt 3: „Weiterhin befindet sich eine Öffnung im Deckel (07), über der die Druckluft in das Gefäß (06) strömen kann": Wie wirkt diese Öffnung mit dem Druckluftbehälter 01 zusammen, in dem die Druckluft erzeugt wird, und warum ist eine Öffnung am Deckel, um die Druckluft in das Gefäß 06 einzuleiten? Oder wird die Öffnung im Deckel 07 genutzt, um statt aus dem Druckluftbehälter 01 aus einer externen Quelle, beispielsweise einer Druckluftflasche, Druckluft in das Gefäß 06 einzuleiten? Die Beschreibung der Erfindung muss klar sein!

Punkt 4: „(09)": Bezugszeichen sind ohne eine führende Null zu verwenden. Außerdem werden Bezugszeichen in der Beschreibung nicht in Klammern gesetzt.

Punkt 5: „Zum schnellen Trennen des Deckels (07) vom Druckluftbehälter (01) ist eine Druckluftkupplung (05) zwischen Ventil (04) und Druckluftschlauch (11) angebracht": Wieso oder wann benötigt man ein schnelles Öffnen? Wie wirken die Elemente zusammen? Wird zunächst das Ventil 04 geschlossen oder nicht? Die einzelnen Elemente werden in ihrer Funktion und ihrem Zusammenwirken viel zu wenig diskutiert. Beispiels-weise fehlt auch eine Beschreibung, welche Bestandteile der Erfindung sich wo befinden, also innerhalb oder außerhalb des Gefäßes 06 oder des Druckluftbehälters 01.

Ansprüche

Die Formulierung der Ansprüche erfordert große Sorgfalt. Die Ansprüche bestimmen, was unter Schutz gestellt wird.[1] Es ist dabei wichtig, dass der größtmögliche Schutzumfang beansprucht wird. Ansonsten besteht die Gefahr, dass Umgehungslösungen ermöglicht werden. In diesem Fall hat man durch die Anmeldung die Erfindung der Öffentlichkeit bekannt gegeben, ohne dabei das kommerzielle Nachbauen der Erfindung verhindern zu können.

Ein Anspruch ist nur gewährbar, falls er neu und erfinderisch ist. Bei der Anspruchsformulierung sollte man daher die relevanten Dokumente des Stands der Technik kennen. Ein Anspruch ist neu, falls dessen Merkmale nicht an einer einzelnen Stelle eines Dokuments des Stands der Technik offenbart sind.[2] Der Anspruch basiert auf einer erfinderischen Tätigkeit, falls seine Merkmale durch die Dokumente des Stands der Technik nicht nahegelegt sind.[3]

Eine eigene Recherche nach den Dokumenten des Stands der Technik ist daher empfehlenswert, um eine sinnvolle Formulierung der Ansprüche vornehmen zu können. Hierdurch wird ein guter Start im Erteilungsverfahren vor dem Patentamt ermöglicht.[4]

Zumeist wird es dennoch erforderlich sein, die Anspruchsformulierung im Erteilungsverfahren anzupassen. Hierbei sollte man sich vor Augen führen, dass das Prüfungsverfahren dazu dient, die geeignete, also größtmögliche Anspruchsformulierung zu

---

[1] Der erste Anspruch wird Hauptanspruch genannt. Der Hauptanspruch bestimmt zusammen mit den nebengeordneten Ansprüchen den Schutzumfang. Jeder dieser Ansprüche spannt einen gesonderten Schutzbereich auf. Die Voraussetzung hierfür ist insbesondere, dass diese Ansprüche neu und erfinderisch sind.

[2] § 3 Absatz 1 Satz 1 Patentgesetz bzw. Artikel 54 Absatz 1 EPÜ.

[3] § 4 Satz 1 Patentgesetz bzw. Artikel 56 Satz 1 EPÜ.

[4] Siehe Kap. 12 „Recherche nach dem Stand der Technik".

© Der/die Autor(en), exklusiv lizenziert durch Springer-Verlag GmbH, DE, ein Teil von Springer Nature 2021
T. H. Meitinger, *Ohne Anwalt zum Patent*, https://doi.org/10.1007/978-3-662-63823-1_9

finden. Größtmöglich hat dabei zwei Dimensionen, nämlich den größten und den möglichen Schutzumfang. Ist ein gewährbarer Schutzbereich gefunden, so sollte der Hauptanspruch diesen Schutzbereich vollständig abdecken. Alternative Hauptansprüche ergäben sich durch die weitere Aufnahme von zusätzlichen Merkmalen. Allerdings würde sich hierdurch der Schutzbereich verkleinern und Umgehungslösungen von Nachahmern wären möglich. Es ist daher wichtig, den größtmöglichen Schutzbereich durch den Hauptanspruch und die Nebenansprüche zu beanspruchen. Diese Suche nach dem größtmöglichen Schutzbereich erfolgt durch die Korrespondenz mit dem Prüfer bzw. der Prüfungsabteilung des Patentamts im Erteilungsverfahren.[5]

Im Gebrauchsmusterrecht gibt es kein Prüfungsverfahren. Es kann nur beantragt werden, dass das Patentamt den Stand der Technik ermittelt, der zur Beurteilung der Rechtsbeständigkeit zu berücksichtigen ist.[6] Als Gebrauchsmuster können daher auch Gegenstände eingetragen werden, die offensichtlich nicht neu und erfinderisch sind, beispielsweise ein Auto mit vier Rädern. Obwohl ein Gebrauchsmuster vom Patentamt eingetragen wurde, kann es daher dennoch nicht rechtsbeständig sein.

Der Schutzbereich eines Patents wird durch den Anspruchssatz definiert. Der Anspruchssatz weist einen Hauptanspruch, eventuell Nebenansprüche, und Unteransprüche auf. Die Unteransprüche beziehen sich stets auf den Hauptanspruch oder einen Nebenanspruch und umfassen durch den Rückbezug sämtliche Merkmale des Hauptanspruchs bzw. des Nebenanspruchs. Außerdem weisen die Unteransprüche noch zusätzliche Merkmale auf, die nicht in dem Hauptanspruch oder dem Nebenanspruch enthalten sind. Da die Merkmale des Hauptanspruchs bzw. des Nebenanspruchs in den Unteransprüchen enthalten sind, ergibt sich, dass der Schutzbereich eines Unteranspruchs nicht größer sein kann als der des Hauptanspruchs bzw. des Nebenanspruchs. Wegen der zusätzlichen Merkmale des Unteranspruchs im Vergleich zum Hauptanspruch bzw. dem Nebenanspruch ist außerdem der Schutzbereich des Unteranspruchs in aller Regel kleiner als der des Hauptanspruchs oder des Nebenanspruchs. Der Schutzbereich eines Unteranspruchs kann daher allenfalls gleich groß sein wie der des rückbezogenen Hauptanspruchs oder Nebenanspruchs. Voraussetzung für eine Gleichheit der Schutzbereiche ist, dass die zusätzlichen Merkmale des Unteranspruchs keinen technischen Charakter aufweisen. Die Schutzbereiche der Unteransprüche sind daher notwendigerweise nie größer als die des Hauptanspruchs bzw. der Nebenansprüche. Bei der Ermittlung des Schutzbereichs eines Patents oder eines Gebrauchsmusters genügt es daher, den Hauptanspruch und die Nebenansprüche zu analysieren.

Hinweis: Ausschließlich die unabhängigen Ansprüche (Hauptanspruch und nebengeordnete Ansprüche) bestimmen den Schutzumfang. Jeder unabhängige Anspruch spannt einen separaten Schutzbereich auf. Bei einem Patent spricht man von Patentansprüchen und

---

[5] § 45 Absatz 2 Patentgesetz.

[6] § 7 Absatz 1 Gebrauchsmustergesetz.

bei einem Gebrauchsmuster von Schutzansprüchen. Die Gesamtheit der Ansprüche wird als Anspruchssatz bezeichnet.

Falls es möglich ist, sollten mehrere unabhängige Ansprüche in einem Anspruchssatz aufgenommen werden. Ein Anspruchssatz kann beispielsweise einen Vorrichtungs-anspruch und einen Verfahrensanspruch enthalten, der beschreibt, wie die Vorrichtung hergestellt oder angewandt wird.

In dem Hauptanspruch und einem Nebenanspruch sollten nur diejenigen Merkmale aufgenommen werden, die wesentlich sind. Es sollten nur die Merkmale beschrieben werden, ohne die die Erfindung nicht ausführbar ist. Jedes zusätzliche Merkmal würde zu einer Verkleinerung des Schutzbereichs führen, da nur diejenigen Produkte oder Ver-fahren patentverletzend sind, die sämtliche Merkmale eines Anspruchs realisieren.

Durch die Aufnahme von Merkmalen in einen Anspruch wird die Hürde erhöht, dass eine Verletzung vorliegt, da zumindest potenziell jedes Merkmal den Schutzumfang ver-kleinert. Es ist daher auf jedes einzelne Merkmal und jedes einzelne Wort zu achten, ob nicht bereits eine unnötige Beschränkung des Schutzbereichs vorliegt. Ein typisches Beispiel ist die Befestigung eines ersten Elements, beispielsweise ein Bild, an einem zweiten Element, beispielsweise einer Wand. Hierzu kann der Anspruch bestimmen, dass die Verbindung mit einem Nagel erfolgt. Eventuell kommt es jedoch nicht auf die Art der Verbindung an, sondern nur, dass überhaupt eine Verbindung besteht. In diesem Fall kann vorteilhafterweise bestimmt werden, dass ein Befestigungsmittel die beiden Elemente zusammenhält. In einem Unteranspruch kann spezifiziert werden, dass das Befestigungsmittel ein Nagel, ein Haken, eine Schraubverbindung oder ein Klebstoff ist. Außerdem kann präzisiert werden, dass es sich um eine lösbare oder eine unlösbare Ver-bindung handelt.

Es ist jedes einzelne Wort eines Anspruchs, im Besonderen des Hauptanspruchs und der Nebenansprüche, genauestens auf seine Notwendigkeit bzw. erforderliche Abstrakt-heit zu prüfen. Die Grenze ist der Stand der Technik. Ein Anspruch einer Anmeldung ist derart zu formulieren, dass er vor dem Hintergrund des Stands der Technik gerade noch neu und erfinderisch ist.

Tipp: Je weniger Merkmale ein Anspruch aufweist, umso größer ist tendenziell sein Schutzbereich. Jedes Merkmal spezifiziert zusätzlich den Gegenstand der Erfindung und verringert dadurch potenziell den Schutzbereich. Der Gegenstand des Anspruchs wird daher mit zunehmender Anzahl der Merkmale kleiner. Daher sollten insbesondere in den unabhängigen Ansprüchen nur die Merkmale enthalten sein, ohne die die Erfindung nicht ausführbar ist. In einem unabhängigen Anspruch werden daher nur die Merkmale aufgenommen, die erforderlich sind, damit die Erfindung (gerade noch) realisierbar ist.

Ein Anspruch muss derart formuliert sein, dass die beanspruchte Erfindung ausführ-bar ist. Allerdings sollte in den unabhängigen Ansprüchen kein unnötiges Merkmal aufgenommen werden. Ansonsten kann die ursprünglich vom Erfinder geschaffene Erfindung durch einen Wettbewerber ausgeführt werden, insbesondere ohne das unnötige Merkmal. Im Erteilungsverfahren kann sich jedoch ergeben, dass die ursprüngliche Erfindung nicht gewährbar ist. In diesem Fall sind weitere Merkmale aufzunehmen. Hierbei sollte bedacht werden, dass das Erteilungsverfahren gerade dazu dient, einen optimalen Schutzumfang zu erhalten. Das bedeutet einen größtmöglichen Schutzumfang vor dem Hintergrund des Stands der Technik.[7]

Tipp: In den abhängigen Ansprüchen können zusätzliche, nicht direkt erfindungswesentliche, Merkmale aufgenommen werden.

Unteransprüche sind mögliche Rückzugspositionen, die dazu dienen können, einen unabhängigen Anspruch durch die Aufnahme der Merkmale eines Unteranspruchs rechtsbeständig zu machen. Hierdurch können die bisherigen unabhängigen Ansprüche neu formuliert werden und gegenüber dem Stand der Technik abgegrenzt werden. Damit nicht unnötig Kosten erzeugt werden, können mehrere Merkmale in einem Anspruch durch „und/oder" verbunden werden. Hierdurch kann die Anzahl der Ansprüche auf 10 bzw. 15 begrenzt werden.[8]

Die Gesamtheit der Ansprüche einer Patentanmeldung, eines Patents oder einer Gebrauchsmusteranmeldung werden als Anspruchssatz bezeichnet. Es können zwei Arten von Ansprüchen unterschieden werden: unabhängige Ansprüche und abhängige Ansprüche. Die abhängigen Ansprüche sind rückbezogen zu anderen Ansprüchen (Rückbezug: „… nach einem der vorhergehenden Ansprüche, wobei …"). Ein unabhängiger Anspruch weist keinen Rückbezug auf. Die unabhängigen Ansprüche sind der Hauptanspruch (Anspruch 1) und nebengeordnete Ansprüche. Diese unabhängigen Ansprüche definieren den Schutzumfang des Patents oder des Gebrauchsmusters.

Ein unabhängiger Anspruch beginnt mit einer Bezeichnung, beispielsweise Vorrichtung zum …, Verfahren zum…, Erntemaschine zum…, Baumaschine zum …, etc., und eventuell weiteren Eigenschaften der Vorrichtung, des Verfahrens, der Erntemaschine, der Baumaschine, etc.. In aller Regel folgt danach eine Aufzählung von Merkmalen, die erforderlich sind, um die Erfindung zu realisieren. Die Aufzählung kann durch die Begriffe „umfassend", „aufweisend" oder „mit" eingeleitet werden:

---

[7] Als Stand der Technik für eine Patentanmeldung bezeichnet man sämtliche Kenntnisse, die vor dem Anmeldetag durch schriftliche oder mündliche Beschreibung, durch Benutzung oder in sonstiger Weise der Öffentlichkeit bekannt gegeben wurden (§ 3 Absatz 1 Satz 2 Patentgesetz). Bei einer Gebrauchsmusteranmeldung gilt ein kleinerer Stand der Technik. Es werden keine mündlichen Beschreibungen berücksichtigt und Benutzungen sind nur relevant, falls diese im Inland erfolgten (§ 3 Absatz 1 Satz 2 Gebrauchsmustergesetz). Außerdem gilt bei einem Gebrauchsmuster eine allgemeine Neuheitsschonfrist (§ 3 Absatz 1 Satz 3 Gebrauchsmustergesetz).

[8] Im deutschen Verfahren wird ab dem 11. Anspruch und im europäischen Verfahren wird ab dem 16. Anspruch eine Anspruchsgebühr fällig.

1. Vorrichtung/Verfahren zur/zum …, umfassend:
   - Merkmal 1 zum…,
   - Merkmal 2 zur … und
   - Merkmal 3 zum…,

   dadurch gekennzeichnet, dass/wobei

   die Vorrichtung/das Verfahren aufweist/umfasst:
   - Merkmal 4 zum ….

Die Merkmale 1, 2 und 3 sind Stand der Technik und nicht neu. Nach einem „dadurch gekennzeichnet, dass" oder „gekennzeichnet durch" folgen ein oder mehrere Merkmale, die neu sind und die in Kombination mit den Merkmalen 1, 2 und 3 den erfinderischen Effekt erzeugen und daher zu der erfinderischen Tätigkeit führen.

9.1   Empfehlenswerte Beispiele aus der Praxis

In dem Dokument DE 10 2019 111784 A1 ist als erster Anspruch formuliert (siehe Abb. 9.1 und 9.2):

> „1. Rollierwerkzeug (1) zur Bearbeitung einer Werkstückoberfläche mit einem Grund-
> körper (12) mit mindestens einem radial verstellbar angeordneten Walzenhalter (2), wobei
> an jedem Walzenhalter (2) eine Rollierwalze (3) drehbeweglich angeordnet ist, und wobei
> mindestens eine Rollierwalze (3) eine Außenfläche mit einem rauen Arbeitsabschnitt (4) mit
> einer vorgestimmten Rautiefe hat."

Der erste Anspruch, der Hauptanspruch, eines Anspruchssatzes ist typischerweise der wichtigste Anspruch. Der Hauptanspruch bestimmt den Schutzbereich. Sollten weitere nebengeordnete Ansprüche im Anspruchssatz enthalten sein, ergeben sich zusätzliche Schutzbereiche.

Abb. 9.1 Rollierwerkzeug
Fig. 1 (DE 10 2019 111 784
A1)

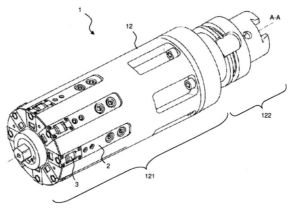

Fig. 1

Abb. 9.2 Rollierwerkzeug
Fig. 2 (DE 10 2019 111 784 A1)

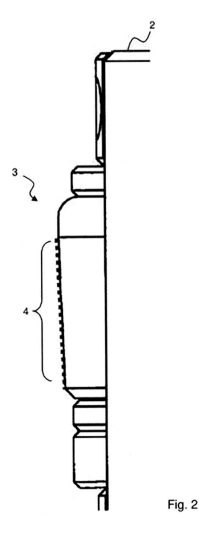

Fig. 2

Dieser Anspruch 1 beginnt mit der Bezeichnung des zu schützenden Gegenstands, nämlich eines Rollierwerkzeugs. Alternativ könnte man beginnen mit „Vorrichtung" oder „Verfahren".

Außerdem wird beschrieben zu welchem Zweck das Rollierwerkzeug genutzt werden soll, nämlich „zur Bearbeitung einer Werkstückoberfläche". Diese Zweckangabe ist nicht einschränkend, allerdings hilft sie dem Verständnis, für was das Rollierwerkzeug genutzt werden soll. Zweckangaben (zur/zum ...) können auch vorteilhaft bei den einzelnen Merkmalen eines Anspruchs verwendet werden. Es kann hierdurch das Zusammenwirken der Merkmale verdeutlicht werden.

Das Dokument DE 10 2019 111784 A1 hat außerdem den nebengeordneten Verfahrensanspruch:

„*9. Verfahren zur Herstellung einer Rollierwalze (3) umfassend die folgenden Schritte:*
– *Bereitstellen einer Rollierwalze (3) mit einem Arbeitsabschnitt (4);*
– *Aufrauen einer Oberfläche des Arbeitsabschnitts (4) durch*
    a) *Laser und/oder*
    b) *Schleifen und /oder*
    c) *Beschichten.*"

Es ist nicht ungewöhnlich, dass ein Anspruchssatz als Hauptanspruch einen Gegenstandsanspruch und als nebengeordneten Anspruch einen Verfahrensanspruch umfasst. Der Verfahrensanspruch beschreibt dann zumeist, wie der Gegenstand des Hauptanspruchs hergestellt wird oder wie der Gegenstand angewandt wird.

In dem Dokument DE 10 2014 106968 A1 gibt es zwei unabhängige Ansprüche, nämlich einen Vorrichtungsanspruch zu einer Absaugvorrichtung, und einen Anspruch bezüglich einer Werkzeugmaschine mit einer Absaugvorrichtung:

„*1. Absaugvorrichtung (13) einer Werkzeugmaschine (10) zur Absaugung von losem Material wie Späne und dergleichen, das mit einem um eine Werkzeugachse (18) rotierenden Werkzeug (22) der Werkzeugmaschine (10) von einem Werkstück (12) abgetragen werden kann, mit wenigstens einem Absaugkanal (58), der sich zu wenigstens einem Arbeitsabschnitt (24) des Werkzeugs (22) öffnet, der in einen Sammelbereich (42) abseits des wenigstens einen Arbeitsabschnitts (24) mündet und der ein von dem wenigstens einen Arbeitsabschnitt (24) weg strömendes Transportfluid führen kann, dadurch gekennzeichnet, dass der wenigstens eine Absaugkanal (58) wenigstens abschnittsweise exzentrisch bezüglich der Werkzeugachse (18) in und/oder an dem Werkzeug (22) angeordnet ist.*"

„*12. Werkzeugmaschine (10) mit wenigstens einer Absaugvorrichtung (13), zur Absaugung von losem Material wie Späne und dergleichen, das mit wenigstens einem um eine Werkzeugachse (18) rotierenden Werkzeug (22) der Werkzeugmaschine (10) von einem Werkstück (12) abgetragen werden kann, mit wenigstens einem Absaugkanal (58), der sich zu wenigstens einem Arbeitsabschnitt (24) des Werkzeugs (22) öffnet, der in einen Sammelbereich (42) abseits des wenigstens einen Arbeitsabschnitts (24) mündet und der einen von dem wenigstens einen Arbeitsabschnitt (24) weg strömendes Transportfluid ein führen kann, dadurch gekennzeichnet, dass der wenigstens eine Absaugkanal (58) wenigstens abschnittsweise exzentrisch bezüglich der Werkzeugachse (18) in und/oder an dem Werkzeug (22) angeordnet ist.*"[9]

Es wird eine „Absaugvorrichtung einer Werkzeugmaschine" beansprucht und zusätzlich die „Werkzeugmaschine". Es ist nicht ungewöhnlich, dass ein Anspruchssatz mehrere gegenständliche Ansprüche aufweist, die sozusagen eine immer größere Einheit beanspruchen. Beispielsweise kann ein Motor beansprucht werden und zusätzlich ein Fahrzeug, das diesen Motor aufweist. Hierzu kann ein Anspruch formuliert werden: „6. Fahrzeug umfassend einen Motor nach einem der Ansprüche 1 bis 5 ...". Vorteilhafterweise wird hierdurch nicht nur der Verletzungsgegenstand des Motors, sondern auch

---

[9] DE 10 2014 106968 A1.

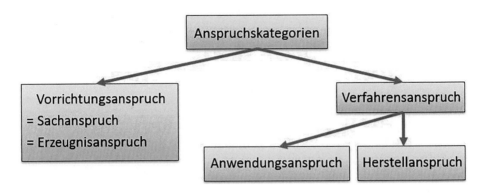

Abb. 9.3 Anspruchskategorien

der eines Fahrzeugs definiert. Durch diese Vorgehensweise kann eine Verletzung des Schutzrechts eventuell eindeutiger dargestellt werden.

9.2   Anspruchskategorien

Der Gegenstand eines Anspruchs kann unterschiedlichen Anspruchskategorien zugeordnet werden (siehe Abb. 9.3). Nach dem EPÜ (Europäisches Patentübereinkommen) gibt es vier Anspruchskategorien, nämlich Erzeugnisansprüche, Verfahrensansprüche, Vorrichtungsansprüche und Verwendungsansprüche.[10] Es wäre noch vorstellbar, Herstellansprüche zu berücksichtigen. Erzeugnisansprüche und Vorrichtungsansprüche können als Sachansprüche bzw. gegenständliche Ansprüche zusammengefasst werden. Verfahrensansprüche, Verwendungsansprüche und Herstellansprüche können als Verfahrensansprüche bezeichnet werden, denn eine Verwendung eines Gegenstands oder die Herstellung eines Gegenstands erfolgt durch ein Verfahren.

Die Kategorisierung von Ansprüchen hat einen direkten Praxisbezug, denn für jede Kategorie kann ein unabhängiger Anspruch in einen Anspruchssatz aufgenommen werden. Vorteilhafterweise spannt jeder unabhängiger Anspruch einen eigenen Schutzbereich auf[11], sodass mit jedem Patent maximal vier unabhängige Schutzbereiche definiert werden können.

Es ist zulässig in einem Anspruchssatz einen unabhängigen Anspruch auf ein Erzeugnis zu richten und einen unabhängigen Anspruch zu beschreiben, der ein speziell angepasstes Verfahren zur Herstellung des Gegenstands des Erzeugnisanspruchs

---

[10] Regel 43 Absatz 2 EPÜ.

[11] § 14 Satz 1 Patentgesetz bzw. Artikel 69 Absatz 1 Satz 1 EPÜ.

beschreibt. Zusätzlich kann ein unabhängiger Anspruch auf die Verwendung des Erzeugnisses im Anspruchssatz enthalten sein (Anwendungsanspruch).

Es ist ebenfalls zulässig, in einer Patentanmeldung ein Verfahren in einem unabhängigen Anspruch zu beanspruchen und einen weiteren unabhängigen Anspruch auf eine spezielle Vorrichtung oder ein besonderes Mittel zu richten, um dieses Verfahren auszuführen.

Eine weitere Variante mehrere unabhängige Ansprüche in einem Anspruchssatz aufzunehmen, wäre die Formulierung eines unabhängigen Anspruchs für ein erfinderisches Erzeugnis und eine Beschreibung eines speziell angepassten Verfahrens zur Anwendung des Erzeugnisses. Außerdem könnte zusätzlich eine Vorrichtung oder ein Mittel beansprucht werden, das zur Durchführung des speziell angepassten Verfahrens entwickelt wurde.

Die Verwendung mehrerer unabhängiger Ansprüche ist nur zulässig, falls die Gegenstände der unabhängigen Ansprüche das Gebot der Einheitlichkeit der Anmeldung erfüllen. Einheitlichkeit liegt vor, falls von den Ansprüchen nur eine Erfindung beansprucht wird bzw. falls unterschiedliche Erfindungen beansprucht werden, die jedoch durch eine einzige erfinderische Idee verbunden sind.[12] Ein Beispiel ist ein erfinderisches Produkt, für das eine spezielle Vorrichtung zur Herstellung oder Anwendung entwickelt wurde. Ein weiteres Beispiel ist ein erfinderisches Verfahren, für das eine Vorrichtung zur Anwendung speziell erarbeitet wurde. Unabhängige Ansprüche können insbesondere durch gemeinsame technische Merkmale verbunden sein, die einen Beitrag zur technischen Fortentwicklung leisten.[13] Es ist nicht erforderlich, dass diese gemeinsamen technischen Merkmale neu sind. Allerdings darf deren spezielle Anwendung bislang nicht bekannt sein.

Die Varianten mit Herstell- oder Anwendungsverfahren bestehen ausschließlich für Patente und nicht für Gebrauchsmuster, da in einem Gebrauchsmuster kein Verfahren beansprucht werden kann. In einem Gebrauchsmuster kann die Herstellung oder die Verwendung eines Gegenstands nicht beansprucht werden.[14] In einem Schutzanspruch eines Gebrauchsmusters kann daher ausschließlich ein Anspruch auf ein erfinderisches Erzeugnis gerichtet werden und zusätzlich auf eine Vorrichtung, die besonders entwickelt wurde, um dieses Erzeugnis anzuwenden oder es herzustellen.

9.3   Unabhängige und abhängige Ansprüche

Es gibt unabhängige, abhängige und nebengeordnete Ansprüche. Außerdem gibt es Unteransprüche und einen Hauptanspruch (siehe Abb. 9.4). Der Hauptanspruch ist der zuerst genannte Anspruch des Anspruchssatzes. Im Hauptanspruch sind die wesentlichen

---

[12] § 34 Absatz 5 Patentgesetz bzw. Artikel 82 EPÜ.

[13] Regel 44 Absatz 1 Satz 2 EPÜ.

[14] § 2 Nr. 3 Gebrauchsmustergesetz.

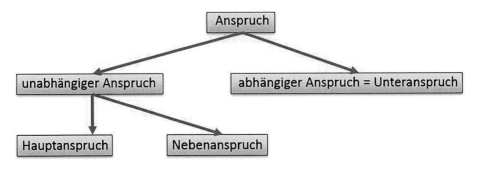

Abb. 9.4 Unabhängige und abhängige Ansprüche

Merkmale der Erfindung enthalten.[15] Die unabhängigen Ansprüche sind die nebengeordneten Ansprüche und der Hauptanspruch. Die abhängigen Ansprüche sind die
Unteransprüche.[16]

Abhängige Ansprüche sind Ansprüche, die sämtliche Merkmale eines anderen
Anspruchs enthalten.[17] Nebengeordnete Ansprüche werden alternativ als Nebenansprüche bezeichnet.[18] Nebenansprüche spannen jeweils einen eigenen Schutzbereich,
neben dem des Hauptanspruchs, auf. Nebenansprüche sind beispielsweise Verfahrensansprüche, falls der Hauptanspruch beispielsweise ein Vorrichtungsanspruch ist. Ein
Nebenanspruch kann sich auf einen vorausgehenden Anspruch beziehen. Beispielsweise kann ein Verfahrensanspruch einen Rückbezug auf vorhergehende Vorrichtungsansprüche durch eine Formulierung „Verfahren zur Anwendung einer Vorrichtung nach
einem der vorhergehenden Ansprüche…" aufweisen. In diesem Fall sind sämtliche
Gegenstände der Vorrichtungsansprüche in den Verfahrensanspruch eingeführt und
können ohne gesonderte Erläuterung verwendet werden.

Alternativ kann sich ein nebengeordneter Vorrichtungsanspruch auf vorhergehende
Verfahrensansprüche durch folgende Formulierung rückbeziehen: „Vorrichtung zur
Anwendung eines Verfahrens nach einem der vorhergehenden Ansprüche…".

Die unabhängigen Ansprüche definieren den Schutzumfang. Die abhängigen Patentansprüche stellen Rückzugspositionen in einem Patenterteilungsverfahren dar, falls
die unabhängigen Patentansprüche nicht gewährbar sind. In den abhängigen Patentansprüchen sollten daher aussichtsreiche Kandidaten für eine Patentierung aufgenommen
werden, denn in einem amtlichen Bescheid eines Prüfungsverfahrens vor einem Patentamt werden sämtliche Ansprüche eines Anspruchssatzes bewertet. Durch eine Analyse
des Bescheids kann daher schnell festgestellt werden, welche Kombination eines Unter-

---

[15] § 9 Absatz 4 Patentverordnung.

[16] § 9 Absatz 6 Satz 1 Patentverordnung.

[17] Regel 43 Absatz 4 Satz 1 EPÜ.

[18] § 9 Absatz 5 Satz 1 Patentverordnung.

anspruchs mit dem Hauptanspruch zu einem Patent führen kann, falls der Hauptanspruch nicht patentfähig ist. Allerdings wird man in der Praxis in einem Bescheid manchmal nur den lapidaren Satz finden, dass „die Merkmale der Unteransprüche nur das handwerkliche Können des Durchschnittsfachmanns darstellen und daher keine eigenständige erfinderische Tätigkeit aufweisen."

Es ist auch möglich, Merkmale aus der Beschreibung in einen unabhängigen Anspruch „hochzuziehen". Allerdings darf dadurch nichts Neues entstehen, was in der Beschreibung nicht enthalten war. Wird ein Merkmal in einem ersten Kontext beschrieben, kann dieses Merkmal nicht in einen Anspruch aufgenommen werden, der einen unterschiedlichen zweiten Kontext darstellt. Andernfalls würde das Merkmal der Beschreibung sinnverfälschend verwendet werden und eine unzulässige Erweiterung läge vor.[19] Wird beispielsweise an einer Stelle ein Merkmal benannt, wobei gleichzeitig geschrieben wird, dass dieses Merkmal nur für ein Elektroauto geeignet ist, kann dieses Merkmal nicht in einem Anspruch verwendet werden, der auf ein Verbrenner-Fahrzeug gerichtet ist. Dies gilt auch dann, wenn das Merkmal tatsächlich in einem Verbrenner-Fahrzeug eingesetzt werden kann, denn der Erfinder beschrieb diese Variante in der ursprünglich eingereichten Anmeldung nicht.

9.4   Unteransprüche

Mit den Merkmalen der Unteransprüche wird die Erfindung in technisch vorteilhafter Weise fortgebildet. Es sollten dabei im Wesentlichen Merkmale beschrieben werden, die einen Beitrag zur erfinderischen Tätigkeit aufweisen. Banalitäten, die jedem Fachmann bekannt sind, gehören nicht in die Unteransprüche. Unteransprüche sollten daher keine Selbstverständlichkeiten enthalten, sondern technisch vorteilhafte Weiterentwicklungen der Erfindung. Immerhin sollen die Merkmale der Unteransprüche Rückzugspositionen darstellen, die in Kombination mit dem Hauptanspruch, falls die Merkmale des Hauptanspruchs selbst nicht ausreichen, die Neuheit und erfinderische Tätigkeit begründen.

9.5   Struktur eines Anspruchssatzes

Ein Anspruchssatz kann einen Hauptanspruch und mehrere nebengeordnete Ansprüche aufweisen. Auf diese Ansprüche können sich jeweils Unteransprüche beziehen. Der Hauptanspruch wird als erster geschrieben. Darauffolgend kommen die Unteransprüche,

---

[19] § 38 Satz 2 Patentgesetz (keine Rechte aus einer unzulässigen Erweiterung der Anmeldung) bzw. § 21 Absatz 1 Nr. 4 (Widerruf des Patents bei unzulässiger Erweiterung) bzw. Artikel 123 Absatz 2 EPÜ (unzulässige Erweiterung der Anmeldung) und Artikel 123 Absatz 3 EPÜ (unzulässige Erweiterung des Schutzbereichs).

die sich auf den Hauptanspruch beziehen. Danach stehen die nebengeordneten Ansprüche, so vorhanden. Hinter den nebengeordneten Ansprüchen werden die jeweils auf sie beziehenden Unteransprüche angeordnet. Der komplette Anspruchssatz mit Hauptanspruch, nebengeordnete Ansprüche und Unteransprüche wird mit arabischen Ziffern fortlaufend nummeriert.[20] Der Hauptanspruch erhält hierbei die erste Ziffer „1.".

9.6   Rückbezug der Ansprüche

Ein abhängiger Anspruch muss einen Rückbezug zu mindestens einem Anspruch aufweisen. Typischerweise kann das durch eine Formulierung „Anspruch nach einem der vorhergehenden Ansprüche …" erfolgen.[21]

Das nachfolgende Beispiel eines Anspruchssatzes umfasst zehn Ansprüche mit fünf Vorrichtungsansprüchen und fünf Verfahrensansprüchen. Der Hauptanspruch ist ein Vorrichtungsanspruch auf den sich vier Unteransprüche beziehen (Ansprüche 2 bis 5). Außerdem weist der Anspruchssatz einen Verfahrensanspruch als Nebenanspruch auf (Anspruch 6). Auf diesen Nebenanspruch sind vier Unteransprüche rückbezogen (Ansprüche 7 bis 10).

1. Vorrichtung zum/zur …
2. Vorrichtung nach Anspruch 1, aufweisend/umfassend …
3. Vorrichtung nach einem der Ansprüche 1 oder 2, aufweisend/umfassend …
4. Vorrichtung nach einem der vorhergehenden Ansprüche, aufweisend/umfassend …
5. Vorrichtung nach einem der vorhergehenden Ansprüche, aufweisend/umfassend …
6. Verfahren zum Anwenden/Herstellen der Vorrichtung nach einem der vorhergehenden Ansprüche, aufweisend/umfassend die Schritte: …
7. Verfahren nach Anspruch 6, ferner aufweisend/umfassend die Schritte: …
8. Verfahren nach einem der Ansprüche 6 oder 7, ferner aufweisend/umfassend die Schritte: …
9. Verfahren nach einem der Ansprüche 6 bis 8, ferner aufweisend/umfassend die Schritte: …
10. Verfahren nach einem der Ansprüche 6 bis 9, ferner aufweisend/umfassend die Schritte: …

Bezüglich des Formulierens des Rückbezugs kann man es sich dadurch einfach machen, dass man stets die Formulierung „nach einem der vorhergehenden Ansprüche" ver-

---

[20] § 9 Absatz 7 Patentverordnung.
[21] § 9 Absatz 6 Satz 2 Patentverordnung.

wendet. Dies kann in einem Einzelfall falsch sein, da im abhängigen Anspruch ein Gegenstand verwendet wird, der beispielsweise erst im Anspruch 3 und nicht bereits im Anspruch 1 eingeführt wurde. Ein derartiger Fehler kann jederzeit in einem Patenterteilungsverfahren oder einem Klageverfahren korrigiert werden. Es ist jedoch nicht möglich, einen Rückbezug auf Ansprüche auszudehnen, auf die sich der betreffende Anspruch nicht von Anfang an rückbezogen hat.

Tipp: Ein Rückbezug sollte zunächst auf sämtliche vorhergehenden Ansprüche erfolgen. Bei den Unteransprüchen des Hauptanspruchs wäre daher die Formulierung „nach einem der vorhergehenden Ansprüche" zu empfehlen. Bei Unteransprüchen eines Nebenanspruchs ist die Formulierung „nach einem der Ansprüche 3 bis 6" geeignet, falls beispielsweise der Nebenanspruch der Anspruch 3 ist und die Formulierung für den Unteranspruch 7 genutzt wird.

9.7   Einteilige oder zweiteilige Anspruchsform

Bei der zweiteiligen Anspruchsform findet durch die Verwendung der Begriffe „gekennzeichnet durch" oder „dadurch gekennzeichnet, dass" eine Unterteilung des Anspruchs in den sogenannten Oberbegriff bzw. Gattungsbegriff und den kennzeichnenden Teil statt. Der Oberbegriff entspricht dem nächstliegenden Stand der Technik, also dem Vorbekannten, von dem der Erfinder bei der Schöpfung der Erfindung ausgegangen ist. Der kennzeichnende Teil beschreibt das Neue, das die erfinderische Tätigkeit begründet.

Voraussetzung für die Unterteilung in Oberbegriff und kennzeichnenden Teil ist, dass der relevante Stand der Technik bekannt ist. Dieser kann jedoch erst im laufenden Prüfungsverfahren vor dem Patentamt mit ausreichender Sicherheit ermittelt werden. Der Anmelder ist daher nicht gut beraten, wenn er bereits bei der Abfassung seiner Anmeldung eine Unterteilung in Oberbegriff und kennzeichnenden Teil vornimmt. Außerdem kann er eine entsprechende „…gekennzeichnet…"-Formulierung zu jedem Zeitpunkt des Erteilungsverfahren vor dem Patentamt nachholen. Auf alle Fälle vermeidet der Anmelder dadurch eine anfängliche Fehleinschätzung des Stands der Technik, die zu seinem Nachteil führen kann. Es kann durchaus möglich sein, dass sich ein Prüfer zunächst auf die Fehleinschätzung des Stands der Technik des Anmelders verlässt, und dadurch den erfinderischen Kern der Erfindung zu klein einschätzt. Dies kann zumindest zu einer Verlängerung des Prüfungsverfahrens führen.

Außerdem kann eine Kombinationserfindung vorliegen, bei der sämtliche Merkmale des Anspruchs für sich allein bekannt sind, bei der jedoch die Kombination der einzeln bekannten Merkmale das Erfinderische darstellt. Auch in diesem Fall sollte auf eine Unterteilung in Oberbegriff und kennzeichnenden Teil verzichtet werden.

Dem Anmelder bleibt es grundsätzlich überlassen, ob er eine einteilige oder eine zweiteilige Anspruchsfassung wählt.[22] In Anbetracht der obigen Überlegungen empfiehlt es sich die einteilige Anspruchsfassung zu verwenden.

9.8   Bestimmte und unbestimmte Artikel

Wird in einem Anspruchssatz ein Begriff bzw. ein Gegenstand neu eingeführt, so ist der unbestimmte Artikel zu verwenden. Wird in einem Unteranspruch ein Begriff wieder aufgegriffen, ist der bestimmte Artikel zu verwenden, da der Begriff bzw. der Gegenstand bereits eingeführt wurde. Es folgt ein Beispiel, bei dem ein Fahrrad im Hauptanspruch und ein Beiwagen im Anspruch 3 eingeführt werden.

1. Vorrichtung zum …, umfassend ein Fahrrad.
2. Vorrichtung nach Anspruch 1, wobei das Fahrrad ….
3. Vorrichtung nach einem der Ansprüche 1 oder 2, umfassend das Fahrrad und einen Beiwagen ….
4. Vorrichtung nach Anspruch 3, wobei der Beiwagen ….

9.9   Anspruchsgebühren

Bei Überschreiten einer gewissen Anzahl an Ansprüchen werden Anspruchsgebühren fällig. Bei einem deutschen Patent muss ab dem 11. Anspruch eine Gebühr von 30 EUR entrichtet werden.[23] Bei einer europäischen Anmeldung werden Anspruchsgebühren ab dem 16. Anspruch fällig. Für jeden Anspruch nach dem 15. Anspruch sind 245 EUR zu entrichten. Ab dem 51. Anspruch sind sogar jeweils 610 EUR als Anspruchsgebühr zu entrichten.[24]

Es macht daher Sinn, maximal 10 bzw. 15 Ansprüche zu formulieren. Weist eine Erfindung mehr als zehn besondere Details auf, so können durch eine „und/oder"-Verbindung zwei oder mehrere Merkmale in einen Unteranspruch gepackt werden. Ansonsten können diese Details in der Beschreibung aufgeführt werden, wo sie dann nötigenfalls in den Hauptanspruch gezogen werden können, falls eine Abgrenzung zum Stand der Technik dies erfordert.

Die maximale Anzahl an Ansprüchen, die ohne eine Zusatzgebühr eingereicht werden können, sollte ausgeschöpft werden. Die Prüfer des Patentamts sind nämlich

---

[22] § 9 Absatz 1 Satz 1 Patentverordnung.

[23] DPMA, https://www.dpma.de/service/gebuehren/patente/index.html, Stand: 4. März 2021.

[24] EPA, https://www.epo.org/law-practice/legal-texts/official-journal/2020/etc/se3/2020-se3.pdf bzw. https://my.epoline.org/epoline-portal/classic/epoline.Scheduleoffees, Stand: 4. März 2021.

angehalten, im Prüfungsverfahren zu allen Ansprüchen eine Bewertung bezüglich der Patentfähigkeit zu geben. Hierdurch kann eventuell schnell erkannt werden, mit welchen Merkmalen eines Unteranspruchs eine Patenterteilung möglich ist. Es macht daher keinen Sinn, technische Selbstverständlichkeiten in den Unteransprüchen aufzunehmen, die in Kombination mit den Merkmalen des Hauptanspruchs keine Chance auf Patentfähigkeit haben. Die Auswahl der Merkmale der Unteransprüche ist mit Sorgfalt vorzunehmen.

9.10 Auslegung von Ansprüchen

Der Sinngehalt eines Anspruchs ist seine technische Lehre, die sowohl im Erteilungsverfahren als auch in einem Verletzungsverfahren zugrunde gelegt wird. Anhand des Sinngehalts kann festgestellt werden, ob ein Anspruch neu und erfinderisch ist bzw. ob ein Produkt tatsächlich den Schutzumfang eines Patents verletzt oder nicht. In der Regel ist ein Anspruch für den Fachmann aus sich selbst heraus verständlich. Es kann allerdings vorkommen, dass ein Anspruch nicht aus sich selbst heraus verständlich ist und dann anhand der Beschreibung und den Zeichnungen ausgelegt werden muss.[25] Eine Auslegung kann auch unter Zuhilfenahme der übrigen Ansprüche erfolgen.

Es ist empfehlenswert, die Ansprüche derart zu formulieren, dass die Beschreibung und die Zeichnungen nicht erforderlich sind, um die Ansprüche zu verstehen. Ansonsten ergibt sich ein Unsicherheitsfaktor, denn eine erforderliche Auslegung stellt eine gewisse Interpretationsunsicherheit dar. Daraus kann sich ergeben, dass ein Prüfer des Patentamts im Erteilungsverfahren einem Anspruch einen großen Sinngehalt zuerkennt und dadurch die Neuheit bzw. erfinderische Tätigkeit gefährdet sieht. Andererseits kann in einem Verletzungsverfahren versucht werden, einem Anspruch einen kleinen Schutzumfang zuzuerkennen, wodurch eine Verletzung eventuell verneint werden muss. Der Anmelder ist daher gut beraten, seine Ansprüche derart zu formulieren, dass der Sinngehalt eines Anspruchs klar und eindeutig vermittelt wird.

Fatal wäre es, falls in einem Anspruch ein Begriff steht, der im Anspruch auf eine erste Weise zu verstehen ist und in der Beschreibung in einer anderen Weise definiert ist. In diesem Fall ergäbe sich eine Unklarheit, die stets zulasten des Anmelders ausgelegt wird.

Ein Anspruch ist aus der Sicht eines Fachmanns zu verstehen. Der Fachmann wird den einzelnen Begriffen den Sinn zuordnen, der sich aus der beschriebenen technischen Lehre des Anspruchs ergibt. Ergibt sich für den Fachmann eine schlüssige Lehre aus dem Anspruch, wird er keine weiteren Bestandteile der Anmeldung zu Rate ziehen. Andernfalls wird der Fachmann in den weiteren Ansprüchen, der Beschreibung und den Zeichnungen nach Hinweisen zur Auslegung suchen.

Eine Auslegung kann in drei Schritten erfolgen. Zunächst wird der Sinngehalt der einzelnen Begriffe eines Anspruchs bestimmt. Dies kann bereits zu Unklarheiten

---

[25] § 14 Satz 2 Patentgesetz bzw. Artikel 69 Absatz 1 Satz 2 EPÜ.

führen, denn ein Begriff kann unterschiedliche Bedeutungen aufweisen. Eine Spannung kann beispielsweise eine elektrische Spannung oder eine mechanische Spannung sein. In einem zweiten Schritt wird anhand des Kontextes des Anspruchs bestimmt, ob die elektrische oder die mechanische Spannung gemeint ist. Gelingt dies nicht, werden die übrigen Ansprüche, die Beschreibung und die Zeichnungen zu Rate gezogen.

Die Problematik der Auslegung ergibt sich insbesondere bei Gesetzestexten. Hier haben sich vier grundsätzliche Möglichkeiten der Auslegung herausgebildet:

- **Grammatische, wortlautgemäße bzw. wortsinngemäße Auslegung:** Die wortlautgemäße Auslegung interpretiert eine Gesetzesnorm nach dem Begriffsinhalt der einzelnen Worte. Die Auslegung der Gesetzesnorm entspricht dabei der Aneinanderreihung der jeweiligen Wortsinne der verwendeten Worte.
- **Systematische Auslegung:** Eine systematische Auslegung ist eine Auslegung, die sich aus dem Kontext ergibt. Es werden den einzelnen Worten einer Gesetzesnorm diejenigen Bedeutungen zugeordnet, die sich aus dem Zusammenhang ergeben.
- **Historische Auslegung:** Bei der historischen Auslegung wird nach derjenigen Bedeutung gefragt, die sich durch die Entstehungsgeschichte ergibt.
- **Teleologische Auslegung:** Bei der teleologischen Auslegung wird nach dem Sinn und dem Zweck der Gesetzesnorm gefragt.

Ein Anspruch kann grundsätzlich mit einer wortsinngemäßen oder einer systematischen Auslegung interpretiert werden. Hierbei ist eine Auslegung aus Sicht eines Durchschnittsfachmanns vorzunehmen. Eine historische oder eine teleologische Auslegung, die bei einem Gesetz durchaus möglich ist, scheiden bei einem Anspruch aus. Eine Entstehungsgeschichte wird nicht berücksichtigt. Ebenso wird ein Patentamt nicht versuchen zu ergründen, was der Anmelder gemeint haben könnte. Der Anmelder sollte selbst darauf achten, dass seine Beschreibung und seine Ansprüche klar formuliert sind. Ein Verletzungsgericht wird ebenso keine teleologische Auslegung der Ansprüche vornehmen und Schadensersatzansprüche auf Mutmaßungen hin aussprechen. Das Verletzungsgericht erwartet, dass der Anmelder klar und eindeutig bestimmt, was er als sein geistiges Eigentum beansprucht.

Es ist daher von großer Bedeutung, Ansprüche klar und präzise zu formulieren. Ansonsten ist das Projekt „Patent" oder „Gebrauchsmuster" von vorneherein zum Scheitern verurteilt und der Anmelder wird zwar sein Know-How durch die Veröffentlichung seiner Erfindung in der Offenlegungsschrift preisgeben, er wird jedoch einen Wettbewerber nicht davon abhalten können, seine Erfindung nachzuahmen. Man könnte zusammenfassen, dass gute Patente schützen und schlechte Patente schaden, wobei sich schlechte Patente vor allem an mangelhaften Ansprüchen zeigen.

In Anspruchsformulierungen aus der Praxis kann regelmäßig ein komplizierter sprachlicher Stil festgestellt werden, der eventuell durch seine abgehobene und vermeintlich juristisch anmutende Art beeindrucken soll. Von der Verwendung eines derartigen Schreibstils kann nur gewarnt werden. Er führt regelmäßig dazu, dass zu enge Formulierungen gewählt werden, wodurch Umgehungslösungen ermöglicht werden, oder dass zu abstrakte Textpassagen entstehen, die einer Prüfung auf Ausführbarkeit nicht standhalten. Außerdem können sich Formulierungen ergeben, die schlicht nicht verständlich sind, und daher nicht eindeutig und präzise die Merkmale der Erfindung angeben. Eine derartige Unklarheit geht stets zulasten des Anmelders, denn im Erteilungsverfahren wird eine weite Auslegung vorgenommen, wodurch ein Anspruch sich zu vielen Dokumenten des Stands der Technik abgrenzen muss. Andererseits wird in einem Verletzungsverfahren eine enge Auslegung unklarer Begriffe vorgenommen, wodurch eventuell eine Verletzung eines Nachahmers zu verneinen ist.

9.11 Nichttechnische Merkmale

Das Patentgesetz ist nur technischen Erfindungen zugänglich.[26] Eine Erfindung muss daher einen technischen Charakter aufweisen. Allerdings kann ein Anspruch auch mit nichttechnischen Merkmalen patentfähig sein.[27] Der Gegenstand des Anspruchs muss aber insgesamt einen technischen Charakter aufweisen.[28]

Der Begriff des „nichttechnischen" Merkmals ist unscharf, denn in einem ersten Zusammenhang kann ein Merkmal als technisch anzusehen sein und in einem anderen Kontext handelt es sich bei demselben Merkmal um ein nichttechnisches Merkmal. Ein Beispiel kann das Lackieren einer Vorrichtung mit einer roten Farbe sein. Die rote Lackierung kann dazu führen, dass die Vorrichtung durch ein Kamerasystem eindeutig erkannt wird. In diesem Fall handelt es sich bei der Lackierung mit roter Farbe um ein technisches Merkmal. In einem anderen Fall stellt eine rote Lackierung einer Vorrichtung nur eine ästhetische Gestaltung dar und es handelt sich dann nicht um ein technisches Merkmal.[29]

Eine derartige Uneindeutigkeit der Technizität ist relativ oft gegeben. Eine Technizität eines Merkmals ergibt sich daher oft erst aus dem Zusammenwirken mit den anderen Merkmalen des betreffenden Anspruchs. Beispielsweise kann ein Reifenprofil die Bremswirkung verbessern oder nur ästhetischem Empfinden entsprechen. Ein Gefäß kann allein der Ästhetik dienen oder eine notwendige Flüssigkeit für die Anwendung einer Vorrichtung bereitstellen. Die Oberfläche einer Häuserwand kann rein aus optischen Gründen in besonderer Form ausgestaltet sein oder die Funktion haben,

---

[26] § 1 Absatz 1 Patentgesetz.

[27] Technische Beschwerdekammer EPA, T 26/86 ‚Röntgeneinrichtung', ABl. EPA 1988, 19.

[28] Stauder/Luginbühl, Europäisches Patentübereinkommen, Kommentar, 7. Auflage, Artikel 52, Rdn. 16.

[29] § 1 Absatz 3 Nr. 2 Patentgesetz (für ästhetische Formschöpfungen kann ein Designrecht gemäß dem Designgesetz erworben werden).

Witterungseinflüssen besser standzuhalten. Die Frage der Technizität ist insbesondere bei Softwareanmeldungen relevant.[30]

Nichttechnische Merkmale werden nicht zur Auslegung des Anspruchs herangezogen, sondern schlicht ignoriert. Allerdings bergen nichttechnische Merkmale die Gefahr, dass sie als technisch verstanden werden, obwohl der Erfinder dies nie beabsichtigt hat. In diesem Fall können diese Merkmale den Schutzumfang des betreffenden Anspruchs drastisch schmälern. Der Anmelder sollte daher seine Ansprüche genau kontrollieren, ob in ihnen tatsächlich ausschließlich technische Merkmale enthalten sind.

9.12 Keine äquivalente Verletzung

Eine äquivalente Verletzung eines Patents oder Gebrauchsmusters liegt vor, falls eine Verletzungsform die Merkmale eines unabhängigen Anspruchs des Patents oder des Gebrauchsmusters zwar nicht wortsinngemäß, aber äquivalent realisiert. Äquivalenz erfordert das Vorhandensein von drei Kriterien, nämlich: Gleichwirkung, Gleichwertigkeit und Naheliegen für den Fachmann. Durch das Rechtsinstitut der äquivalenten Verletzung ergäbe sich eine Ausweitung des Schutzbereichs über die wortwörtliche Verletzung hinaus. Derzeit betrachten die Verletzungsgerichte diese Ausweitung als nicht zulässig, da sich hierdurch eine Rechtsunsicherheit ergeben würde. Aktuell erkennt kein Verletzungsgericht auf eine äquivalente Verletzung. Eine Argumentation des Patentinhabers „… der Erfinder meinte damit auch …" wird daher nicht durchdringen. Umso wichtiger ist es, die Ansprüche so abstrakt wie möglich und so konkret wie nötig zu formulieren.

Der Anmelder muss daher im eigenen Interesse darauf achten, dass seine Anspruchsformulierungen in wortlautgemäßer Hinsicht, als auch im verwendeten Zusammenhang, klar sind. Eine Voraussetzung hierzu ist eine kritische Distanz der eigenen Formulierung gegenüber. Der Anmelder sollte sich vor Augen führen, dass ein Anspruch eine Anweisung an einen Durchschnittsfachmann ist, um die Erfindung zu realisieren. Der Fachmann hat allein sein branchenübliches Fachwissen zur Verfügung. Die Beschreibung der Erfindung wird zunächst nicht berücksichtigt. Die Ansprüche müssen daher klar, eindeutig und präzise angeben, wie der Fachmann vorzugehen hat.[31] Andererseits sollten in den unabhängigen Ansprüchen keinesfalls Merkmale aufgeführt werden, die nicht unbedingt zur Realisierung der Erfindung erforderlich sind. Merkmale, die unnötigerweise im Hauptanspruch oder einem nebengeordneten Anspruch enthalten sind, verkleinern ohne Not den Schutzbereich und eröffnen Nachahmern Umgehungsmöglichkeiten. Der Anmelder sollte daher die allergrößte Sorgfalt auf die Anspruchsformulierung legen.

---

[30] Software als solche ist nicht dem Patentrecht zugänglich (§ 1 Absatz 3 Nr. 3 und Absatz 4 Patentgesetz).

[31] EPA, Richtlinien für die Prüfung, Teil F, Kapitel IV, 4.1 – Klarheit (abgerufen am 14. April 2021, https://www.epo.org/law-practice/legal-texts/html/guidelines/d/f_iv_4_1.htm).

9.13 Anspruchsformulierung durch Abstraktion

Ist in einem Anspruch eine konkrete Ausführungsform beschrieben, ist der Anspruch auf diese konkrete Ausführungsform beschränkt. Es ist dabei unerheblich, ob es ähnliche, gleichwertige und dem Fachmann bekannte Varianten zur konkreten Ausführungsform gibt. Ein typisches Beispiel ist ein Nagel zum Befestigen einer Vorrichtung an einer Wand. Wurde der Nagel in dem Anspruch beschrieben, so ist der Schutzbereich auf die Vorrichtung mit einer Befestigung durch einen Nagel an der Wand beschränkt. Eine Befestigung durch einen Dübel oder einen Klettverschluss wäre bereits keine Patentverletzung. Es ist daher darauf zu achten, dass in einem Anspruch, insbesondere in den schutzbereichsbestimmenden unabhängigen Ansprüchen, durch die einzelnen Merkmale sämtliche naheliegenden Varianten mitumfasst sind. In dem konkreten Beispiel des Nagels wäre eine Aufnahme des Merkmals „Befestigungsmittel" bzw. „Mittel zur Befestigung" sinnvoll.

Voraussetzung für die Verwendung eines Mittel-zum-Merkmals (Means-plus-function-Merkmal) ist, dass das Merkmal für den Fachmann verständlich und ausführbar ist. In diesem Fall umfasst das Merkmal sämtliche Varianten, die die beschriebene Funktion ausüben. Ein „Mittel zum Befestigen" könnte beispielsweise ein Klebestreifen, eine Schraube, ein Dübel, ein Klettverschluss oder ein Nagel sein.

Eine Anspruchsformulierung mit Means-plus-function-Merkmalen hat den Vorteil, dass nicht die körperlichen, strukturellen Merkmale beschrieben werden müssen. Stattdessen werden nur die Wirkungen der einzelnen Elemente einer erfindungsgemäßen Vorrichtung definiert. Hierdurch ergibt sich eine Abstraktion der Anspruchsformulierung, die alle gleichwirkenden Gegenstände mitumfasst. Es ist nicht mehr erforderlich, gleichwirkende Gegenstände gesondert zu nennen. Allerdings besteht die Gefahr, dass Means-plus-function-Ansprüche von einem Patentamt oder einem Verletzungsgericht als aufgabenhaft angesehen werden. Damit der Einwand der aufgabenhaften Formulierung nicht durchdringt, sind drei Voraussetzungen zu erfüllen:

Ausreichende Offenbarung: Es müssen konkrete Ausführungsformen der Means-plus-function-Merkmale in der Beschreibung erläutert werden. Hierdurch wird sichergestellt, dass Means-plus-function-Merkmale für den Fachmann ausführbar sind. Beispielsweise könnte in dem einleitenden Teil der Beschreibung direkt hinter dem betreffenden Anspruch beschrieben sein, dass ein Mittel zum Befestigen oder ein Befestigungsmittel ein Nagel, ein Haken, ein Stift oder eine Klebemasse ist.[32]

Keine konkrete Beschreibung möglich: Außerdem muss es unmöglich oder zumindest schwierig sein, die konkreten Ausführungsformen, die unter einem Means-plus-function-

---

[32] EPA, Richtlinien für die Prüfung, Teil F, Kapitel IV, 6.5 – Funktionelle Definition, (abgerufen am 17. März 2021, https://www.epo.org/law-practice/legal-texts/html/guidelines/d/f_iv_6_5.htm).

Merkmal fallen, selbst zu beschreiben. In diesem Fall ist daher die Beschreibung des Merkmals durch seine Wirkung die elegantere Beschreibungsweise.

Beschreibung der Lösung: Die Means-plus-function-Formulierung stellt tatsächlich eine Beschreibung des Lösungsmittels dar und nicht bloß die Erläuterung der Aufgabe.

Bei der Anspruchsformulierung ist außerdem zu berücksichtigen, dass der jeweilige unabhängige Anspruch den Schutzbereich definiert und dieser Schutzbereich nicht von den auf diesen unabhängigen Anspruch rückbezogenen abhängigen Ansprüche erweitert werden kann. Es ist daher nicht möglich, im Hauptanspruch einen Nagel zu beschreiben und in einem abhängigen Anspruch zu definieren, dass der Nagel ein Dübel oder ein Klettverschluss ist. Daraus folgt die Konsequenz, dass die Formulierung des Hauptanspruchs und der nebengeordneten Ansprüche sehr gewissenhaft erfolgen muss. Außerdem kann als Richtlinie gelten, dass die Unteransprüche konkrete Merkmale aufweisen können und der Hauptanspruch eher abstrahierte Merkmale umfassen sollte. Das Beispiel des Nagels könnte daher in einem Unteranspruch aufgenommen werden, wobei das „Befestigungsmittel" oder ein „Mittel zum Befestigen" ein geeignetes Merkmal für einen Hauptanspruch ist. Ein Anspruchssatz könnte daher lauten:

1. Vorrichtung zum ...., umfassend:
   ein Mittel zum Befestigen der Vorrichtung an einer Wand und
   …
4. Vorrichtung nach einem der vorhergehenden Ansprüche, wobei das Mittel zum Befestigen ein Nagel, ein Dübel oder ein Klettverschluss ist.

Bei diesem Beispiel ist zu berücksichtigen, dass eine Wortwahl „Mittel zum Befestigen" konsequent beibehalten werden muss. Es ist nicht empfehlenswert, in einem weiteren Unteranspruch ein „Befestigungsmittel" zu beschreiben, denn aus der Sicht des Patentrechts sind „Mittel zum Befestigen" und „Befestigungsmittel" unterschiedliche Gegenstände.

9.14 Die „aufgabenhafte" Anspruchsformulierung

Eine „aufgabenhafte" Anspruchsformulierung stellt keine funktionelle Definition eines Merkmals durch eine Means-plus-function-Formulierung dar. Bei einer aufgabenhaften Anspruchsformulierung wird es vermieden, die Merkmale anzugeben, die zur Lösung der Aufgabe der Erfindung führen. Eine aufgabenhafte Formulierung wird daher in einem Prüfungsverfahren vor einem Patentamt nicht akzeptiert. Ein Beispiel wäre „ein Elektroauto mit einer hohen Reichweite". Es kann eine Aufgabe innerhalb des Anspruchs sein, ein Elektroauto mit hoher Reichweite zur Verfügung zu stellen. Es könnte auch sein, dass durch „ein Elektroauto mit einer hohen Reichweite" bereits handelsübliche Elektrofahrzeuge gemeint sind. In diesem Sinne wäre daher das Merkmal entweder „aufgabenhaft" und nicht ausführbar[33] oder unklar[34]. In beiden Fällen würde der Anspruch mit diesem Merkmal vom Patentamt abgelehnt werden.[35]

9.15 Klarheit

Ein Anspruch muss ausführbar sein. Begriffe wie „bestmöglich", „optimal", „extrem", „maximal", „minimal" oder Verben wie „minimieren", „maximieren", „optimieren", etc. sind zumeist unbestimmte Begriffe. Eine Ausnahme liegt beispielsweise vor, falls „maximal" und „minimal" durch eine kleinste und eine größte Auslenkung einer mechanischen Konstruktion bestimmt sind. Ansonsten sind die Begriffe unbestimmt und führen dazu, dass der Schutzbereich nicht eindeutig bestimmt werden kann. Die Begriffe „minimal", „maximal", „extremal", „bestmöglich", „optimieren", „minimieren" und „maximieren" sollten vermieden werden.

Im Artikel 84 Satz 2 EPÜ wird bestimmt, dass Ansprüche „deutlich und knapp gefasst sein" müssen. Im europäischen Verfahren gilt daher, dass Ansprüche klar formuliert sein müssen, ansonsten kann eine Anmeldung zurückgewiesen werden. Auf Klarheit der Ansprüche wird im europäischen Verfahren schon deswegen großen Wert gelegt, da nur die Ansprüche in alle Amtssprachen übersetzt werden, nicht jedoch die Beschreibung.[36]

Einen analogen Paragraphen zu dem Artikel 84 Satz 2 EPÜ enthält das deutsche Patentgesetz nicht. Im § 34 Absatz 4 Patentgesetz steht, dass die Erfindung in der Anmeldung so „deutlich und vollständig" beschrieben sein muss, dass sie von einem Fachmann ausgeführt werden kann. Es wird daher im deutschen Patentgesetz nur gefordert, dass die Anmeldung klar ist, damit die Erfindung für den Fachmann ausführbar ist. Es gibt jedoch im deutschen Patentgesetz keinen Paragraphen, der eine klare Formulierung der Ansprüche, und nicht nur der Anmeldung, fordert.

Die Frage, ob dennoch, auch im deutschen Verfahren, eine mangelnde Klarheit der Ansprüche ein Zurückweisungsgrund im Patenterteilungsverfahren ist, ist bislang nicht höchstrichterlich geklärt.[37] Aus der aktuellen rechtlichen Situation kann jedoch

---

[33] § 34 (4) Patentgesetz bzw. Artikel 83 EPÜ.

[34] Artikel 84 Satz 2 EPÜ.

[35] EPA, Richtlinien für die Prüfung, Teil F, Kapitel IV, 4.10 – zu erreichendes Ergebnis, (abgerufen am 17. März 2021, https://www.epo.org/law-practice/legal-texts/html/guidelines/d/f_iv_4_10.htm).

[36] EPA, Richtlinien für die Prüfung, Teil F, Kapitel IV, 4.2 Auslegung (abgerufen am 5. April 2021, https://www.epo.org/law-practice/legal-texts/html/guidelines/d/f_iv_4_2.htm).

[37] In einem Anmeldebeschwerdeverfahren vor dem Bundespatentgericht (15 W (pat) 9/13 „Polyurethanschaum") wurde die Frage der Klarheit der Ansprüche als Patentierungsvoraussetzung behandelt. An dem Verfahren war die Präsidentin des DPMA beteiligt, da es sich um eine Frage grundsätzlicher Bedeutung handelte. Die Präsidentin vertrat die Ansicht, dass Klarheit eine Patentierungsvoraussetzung sei. Das Bundespatentgericht entschied dagegen. Rechtsbeschwerde wurde zugelassen, aber von der Präsidentin nicht eingelegt.

davon ausgegangen werden, dass Klarheit der Ansprüche kein Hindernisgrund einer Patentierung vor dem deutschen Patentamt darstellt.[38]

Dennoch sollte der Anmelder auch bei einem deutschen Patent darauf achten, dass die Ansprüche klar sind, denn eine Unklarheit geht stets zulasten des Anmelders. Wird gegen das Patent eine Nichtigkeitsklage erhoben und kann aufgrund der Unklarheit eine mangelnde Neuheit oder eine fehlende erfinderische Tätigkeit angenommen werden, so wird das Patent widerrufen. Ist andererseits in einem Verletzungsverfahren bei Ausnutzen der Unklarheit der Ansprüche nicht von einer Verletzung auszugehen, so wird sich die Unklarheit für den Anmelder wiederum als nachteilig erweisen.

Eine Unklarheit wird sich nicht allein deswegen ergeben, weil ein einzelner Begriff eine breite Bedeutung aufweist. Ist im Lichte des Kontextes des Anspruchs für den Fachmann erkennbar, welchen Bedeutungsumfang der Begriff hat, liegt kein Mangel der Klarheit vor.[39] Außerdem kann sich der korrekte Bedeutungsinhalt des Begriffs durch die Hinzunahme der Beschreibung des Patents, auch bei einem europäischen Patent, ergeben.

9.15.1 Definitionen

Durch eine Definition in der Beschreibung können unklare Begriffe genau bestimmt werden. Allerdings ist darauf zu achten, dass sich durch die Definition nicht eine zu enge Bedeutung des definierten Begriffs ergibt, wodurch eventuell der Schutzbereich eines Anspruchs unnötig verkleinert wird. Außerdem sollten in der Beschreibung keine widersprechenden Definitionen enthalten sein, die dann endgültig zur Unklarheit des Begriffs führen.

9.15.2 Relative Begriffe

Begriffe wie „dünn", „dick", „breit", „weit", „stark", „in der Nähe", „benachbart zu", „schnell", „langsam", „groß" oder „klein" sind sogenannte relative Begriffe, die tendenziell unklar sind. Eine eindeutige Bedeutung kann nur aus ihrem Kontext entnommen werden. Relative Begriffe sind daher nur zulässig, wenn sich im Kontext des betreffenden Anspruchs eine eindeutige Bedeutung für den jeweiligen relativen Begriff ergibt. Es ist anders, falls der Begriff eine bei Fachleuten akzeptierte Bedeutung hat. Ein Beispiel hierfür ist der Begriff „Hochfrequenz".[40]

---

[38] BPatG, 15 W (pat) 33/08 ‚Batterieüberwachungsgerät', *Mitteilungen der Patentanwälte,* 2014, 126.

[39] Technische Beschwerdekammer EPA, T 456/91, 3. November 1993.

[40] EPA, Richtlinien für die Prüfung, Teil F, Kapitel IV, 4.6.1 (abgerufen am 5. April 2021, https://www.epo.org/law-practice/legal-texts/html/guidelines/d/f_iv_4_6_1.htm).

9.16 Spezielle Begriffe

Es werden Begriffe diskutiert, die in einem Anspruch eine besondere Bedeutung einnehmen.

9.16.1 „Vorrichtung" und „Verfahren"

Mit den Begriffen „Vorrichtung" und „Verfahren" kann der Gegenstand eines Anspruchs gekennzeichnet werden. Gibt es für den Gegenstand eine genauere Bezeichnung kann alternativ diese gewählt werden. Wird beispielsweise eine Erntemaschine beansprucht, sollte nicht „1.Vorrichtung ...", sondern „1. Erntemaschine..." als Anspruch formuliert werden. Alternativ zum Begriff „Vorrichtung" können die Begriffe „Gerät", „Einrichtung" oder „Mittel" verwendet werden. Gibt es jedoch keine überzeugenden Argumente dagegen, sollte statt der Begriffe „Mittel", „Einrichtung" oder „Gerät" stets „Vorrichtung" verwendet werden, da der Begriff „Vorrichtung" stets technisch verstanden wird.

9.16.2 „bestehen aus" versus „aufweisen" und „umfassen"

Die Aufzählung der Merkmale einer Vorrichtung oder eines Verfahrens kann mit dem Verb „aufweisen/umfassen" oder „bestehen" erfolgen: „Vorrichtung ... aufweisend/umfassend ..." oder „Vorrichtung ... bestehend aus ...". Bei der Verwendung des Verbs „bestehen" sollte bedacht werden, dass der Begriff abschließend aufgefasst wird. Im Gegensatz dazu werden die Begriffe „aufweisen" und „umfassen" nicht als abschließend verstanden. Das bedeutet, dass durch „aufweisen" und durch „umfassen" keine abschließende Aufzählung erfolgt. Vorteilhafterweise sind daher Gegenstände, die sämtliche Merkmale eines Anspruchs aufweisen, und darüber hinaus zusätzliche Merkmale realisieren, immer noch als den Anspruch verletzende Gegenstände aufzufassen. Es verhält sich anders bei dem Begriff „bestehen", bei dem durch die Hinzunahme eines Merkmals ein potenzielles Produkt eines Wettbewerbers nicht mehr in den Schutzumfang des Anspruchs fällt.

9.16.3 „bzw."

Der Begriff „beziehungsweise" weist im deutschen Sprachgebrauch eine Vielzahl von Bedeutungen auf. Beispielsweise kann mit „bzw." verstanden werden: und, oder, ferner, einschließlich, außerdem, zusätzlich, ergänzend, mit, daneben, je nachdem.[41] Durch diese Vielzahl an möglichen Bedeutungen kann ein Anspruch unverständlich werden

---

[41] Schulte/Moufang, Patentgesetz mit EPÜ, Kommentar, 10. Auflage, § 34 Rdn. 137.

und sein Schutzumfang ist nicht exakt bestimmbar. Der Begriff „bzw." ist daher in einem Anspruch, aber auch in der Beschreibung, zu vermeiden.

9.16.4   Aufweichende Begriffe wie „etwa" und „ungefähr"

Es besteht verständlicherweise vonseiten des Anmelders der Wunsch, den Schutzumfang eines Anspruchs auszuweiten. Hierbei sollte beachtet werden, dass ein Anspruch aus Sicht eines Fachmanns ausgelegt wird. Abweichungen von den Angaben des Anspruchs, die der Fachmann beispielsweise aus stets vorhandenen Fertigungstoleranzen ebenfalls „mitlesen" wird, sind vom Schutzumfang mit umfasst. Aufweichende Begriffe wie „im Wesentlichen", „ungefähr" oder „etwa" sind daher regelmäßig überflüssig und können eher schaden, denn sie können zur Unklarheit des Schutzumfangs führen.

9.16.5   „insbesondere"

Mit den Begriffen „insbesondere", „vorzugsweise" oder „beispielsweise" erfolgt eine exemplarische Präzisierung eines Begriffs. In einem Anspruch kann formuliert werden: „ … ein Fahrzeug, insbesondere ein Pkw,…". Hierdurch wird der Begriff „Fahrzeug" nicht eingeschränkt, sondern es wird nur ein Beispiel genannt. Dieses Beispiel kann eventuell im Erteilungsverfahren genutzt werden, um sich vom Stand der Technik abzugrenzen.

9.16.6   „mindestens", „wenigstens" und „zumindest"

In älteren Patenten kann oft gelesen werden „…mindestens ein…" oder „…mindestens eine…". Hierdurch soll verdeutlicht werden, dass das Merkmal nicht nur einmal, sondern beliebig oft in einer Realisierung der Erfindung auftreten kann. Hierbei ist jedoch zu berücksichtigen, dass ein Anspruch nur die absolut erforderlichen Merkmale umfasst. Eine Vielzahl eines einmal erwähnten Merkmals ist daher stets im Schutzumfang des Anspruchs mit umfasst. Es verhält sich anders, falls nicht „ein" oder „eine", sondern beispielsweise 2 oder eine sonstige Anzahl bestimmt wird. In diesem Fall geht man davon aus, dass genau diese Anzahl, nämlich 2 und nicht 3 oder 4 oder 5, gemeint ist.

9.17   Vorschläge des Patentamts

Eine Warnung muss ausgesprochen werden. Die Prüfer des Patentamts haben als erste Priorität, Ansprüche zu verhindern, die nicht rechtsbeständig sind. Ein Prüfer beim Patentamt wird daher eher dazu neigen, einen kleinen Schutzbereich anzustreben, als einen größtmöglichen Schutzumfang. Der Anmelder hat natürlich den gegenteiligen

Wunsch nach einem großen Schutzbereich, um Umgehungslösungen von Wettbewerbern zu verhindern. Ein Vorschlag zu einem gewährbaren Anspruch des Prüfers sollte daher nicht ungeprüft akzeptiert werden. Eventuell handelt es sich um einen Anspruch mit einem zu engen Schutzbereich.

Tipp: Vorschläge zu Anspruchsformulierungen des Patentamts sind genau prüfen. Eventuell wird ein Anspruch mit einem zu kleinen Schutzumfang vorgeschlagen.

9.18 Fallbeispiel: Taschenkombination für ein Fahrrad

Durch die empfohlene Reihenfolge bei der Erstellung einer Patent- oder Gebrauchsmusteranmeldung sind durch die vorhergehenden Abschnitte der Anmeldung sämtliche Aspekte der Erfindung bereits bearbeitet worden. Es fand eine intensive Beschäftigung mit dem Gegenstand der Erfindung statt. Die Erfindung ist daher in all ihren Details präsent. Es kann daher die schwierigste Aufgabe bei der Ausarbeitung einer Anmeldung begonnen werden, nämlich die Formulierung der Ansprüche.

Es ist die Aufgabe des Erteilungsverfahrens einen optimalen, also größtmöglichen, Schutzumfang für den Anmelder zu ermitteln. Ein größtmöglicher Schutzumfang liegt vor, falls die Ansprüche neu sind und auf einer erfinderischen Tätigkeit beruhen und falls nichts unbeansprucht bleibt, was neu und erfinderisch ist. Die einzureichenden Ansprüche der Patentanmeldung stellen einen ersten Formulierungsversuch dar. Allerdings ist es sinnvoll, den ersten Formulierungsversuch gekonnt vorzunehmen. Ansonsten werden deutlich mehr Erwiderungen von Bescheiden erforderlich sein, um ein Patent zu erlangen. Zumindest kann sich die Zeitdauer bis zur Patenterteilung verlängern.

Mit einem kleinen Fallbeispiel soll die Herangehensweise an das Formulieren von Ansprüchen skizziert werden. Eine Erfindung könnte eine Kombination von Taschen für ein Fahrrad sein:

Die Erfindung ist eine Taschenkombination aus zwei Taschen, die mit einem Mittelstück verbunden sind. Das Mittelstück kann auf einem Gepäckträger eines Fahrrads befestigt werden. Die Tasche ist von dem Gepäckträger abnehmbar und kann in einen Umkleideraum einer Sporteinrichtung mitgenommen werden. Die Tasche soll geeignet sein, in einem Spind aufgehängt zu werden. Hierzu hat sie einen Haken. Dabei muss natürlich berücksichtigt werden, dass auch im hängenden Zustand die einzelnen Taschen der Taschenkombination geöffnet werden können, ohne dass dabei alle Teile aus der Tasche zu Boden fallen. Hierbei muss bedacht werden, dass zumindest eine Tasche der Taschenkombination in der hängenden Position auf dem Kopf steht. Insbesondere weist daher die Taschenkombination zumindest bei einer Tasche einen Rundumreissverschluss auf. Außerdem kann die Taschenkombination auch 4, 6, 8 oder beliebig viele Taschen aufweisen.

Der Stand der Technik sind Gepäckträgertaschen für das Fahrrad mit zwei Taschen. Es sind die Merkmale herauszufiltern, die erfindungswesentlich sind. Merkmale sind erfindungswesentlich, falls ohne diese die Erfindung nicht realisiert werden kann. Diese erfindungswesentlichen Merkmale sind:

- Taschenkombination für den Gepäckträger eines Fahrrads. Das ist der Stand der Technik: dieses Merkmal stellt den Gattungsbegriff bzw. Oberbegriff eines Hauptanspruchs dar.
- Taschenkombination mit Mittel zum Aufhängen in einem Spind. Es sollte im Hauptanspruch nicht der Haken zum Aufhängen enthalten sein. Der Haken zum Aufhängen kann in einem Unteranspruch genannt werden. Durch den Haken ergäbe sich ein zu enger Schutzumfang, denn die Taschenkombination könnte auch durch einen Magneten im Spind gehalten werden. Hier bietet sich eine „Means-plus-function"-Formulierung an, wobei das Merkmal eines „Mittels zum Aufhängen/Befestigen" oder „Befestigungsmittel" verwendet werden kann.

Neben erfindungswesentlichen Merkmalen gibt es noch Merkmale, die zu einer besonderen Ausgestaltung der Erfindung führen. Derartige Merkmale entwickeln die Erfindung fort und führen zu einer speziellen Ausprägung der Erfindung. Diese Merkmale gehören in die abhängigen Ansprüche und keinesfalls in die unabhängigen Ansprüche.

Werden Merkmale zur besonderen Ausgestaltung der Erfindung in einen unabhängigen Anspruch aufgenommen, ergeben sich sofort Möglichkeiten, den Schutzbereich des Patents zu umgehen. Nichtsdestotrotz kann es erforderlich sein, ein Merkmal zur besonderen Ausgestaltung in den Hauptanspruch „hochzuziehen", um sich von einem relevanten Dokument des Stands der Technik abzugrenzen.

Die Merkmale der Unteransprüche sollen das Potenzial haben, dass sich durch eine Kombination dieser Merkmale mit denen des Hauptanspruchs ein Anspruch ergibt, der neu ist und auf einer erfinderischen Tätigkeit beruht. Entsprechend sollen in den Unteransprüchen keine technischen Selbstverständlichkeiten aufgenommen werden, die keine Aussicht auf Erteilung haben.

Ein Unteranspruch soll den Gegenstand des Hauptanspruchs fortbilden. Ein Unteranspruch knüpft an mindestens ein Merkmal des Hauptanspruchs an und entwickelt es fort. Es ist daher eine Verbindung zwischen mindestens einem Merkmal des Unteranspruchs mit mindestens einem Merkmal des Hauptanspruchs zu schaffen, insbesondere dadurch, dass ein identischer Begriff verwendet wird. Damit dies möglich ist, sind die Begriffe eines Anspruchssatzes einheitlich zu verwenden.

In den Ansprüchen werden Bezugszeichen verwendet, also diejenigen Bezugszeichen, mit denen in den Zeichnungen die einzelnen Elemente gekennzeichnet werden. Diese Bezugszeichen sind in den Ansprüchen zur besseren Lesbarkeit in Klammern zu setzen. In der Beschreibung der Zeichnungen werden ebenfalls Bezugszeichen verwendet, allerdings sind hier die Bezugszeichen nicht in Klammern gesetzt. Dies entspricht der gewohnten Übung beim Abfassen von Anmeldeunterlagen. Es ist nicht zulässig, in den Ansprüchen direkt auf die Zeichnungen zu verweisen, beispielsweise durch „… wie in

Zeichnung Fig. 2 gezeigt …" oder Ähnliches.[42] Es sollte in die Ansprüche auch kein Verweis auf ein sonstiges Bestandteil der Anmeldeunterlagen aufgenommen werden. Der Grund ist darin zu sehen, dass ein Anspruch aus sich heraus verständlich sein soll. Allenfalls kann der zusätzliche Offenbarungsteil der Anmeldeunterlagen zum Verständnis hinzugezogen werden.[43]

Ein Anspruchssatz könnte daher lauten:

1. Taschenkombination zum Anordnen an einem Gepäckträger eines Fahrrads, umfassend eine Tasche und ein Mittel zum Befestigen in einem Spind, wobei das Mittel zum Befestigen an der Taschenkombination derart angeordnet ist, dass die Taschenkombination in dem Spind aufhängbar ist.
2. Taschenkombination nach Anspruch 1, ferner umfassend 2, 4, 6, 8, oder beliebig viele separate Taschen und/oder wobei die einzelnen Taschen mit einem Zwischenstück verbunden sind und/oder wobei das Zwischenstück mit dem Gepäckträger lösbar verbindbar ist.
3. Taschenkombination nach Anspruch 1 oder 2, wobei mindestens eine Tasche einen Rundumreissverschluss aufweist.

9.19 Beispiele aus der Praxis mit Empfehlungen

Nachfolgend werden Originalansprüche aus realen Patentdokumenten (erteilte Patente, eingetragene Gebrauchsmuster und offengelegte Patentanmeldungen) vorgestellt (in kursiver Schrift). Hierbei werden einzelne Abschnitte der Ansprüche fett und unterstrichen dargestellt. Diese Stellen werden als Punkte ([Punkt 1], [Punkt 2], etc.) gekennzeichnet. Es folgen zu diesen Punkten ein Kommentar. Anhand der Anmerkungen zu den Ansprüchen werden korrigierte Ansprüche vorgestellt. Es werden vorrangig Beispiele aus den Bereichen des täglichen Lebens und der Fahrradtechnik verwendet, um das Verstehen der Anspruchsformulierung durch komplexe technische Sachverhalte nicht zu erschweren.

Die ersten beiden Beispiele enthalten keine Kommentare, da diese Ansprüche gut formuliert sind. Sie dienen dazu, einen Vergleich zu den nachfolgenden Beispielen zu ermöglichen, die weniger professionell formuliert sind.

9.19.1 Beispiel: Spiegel mit Display

Der Gegenstand der DE 10 2015 104437 B4 (Titel: Spiegel mit Display) hat die Aufgabe: „… eine Vorrichtung zur Verfügung zu stellen, die zum einen die Körperpflege unterstützt,

---

[42] § 9 Absatz 8 Patentverordnung.
[43] § 14 Satz 2 Patentgesetz bzw. Artikel 69 Absatz 1 Satz 2 EPÜ.

und zum anderen eine Möglichkeit der Informationsübermittlung, insbesondere bezüglich des körperlichen Zustands, nämlich des Pulses, zur Verfügung stellt."

Diese Aufgabe wird durch den Hauptanspruch erfüllt. Der Hauptanspruch lautet:

„1. Spiegel zur Reflexion einer Person, umfassend:

eine spiegelnde Oberfläche (1), wobei die spiegelnde Oberfläche (1) einen ersten Abschnitt (21, 22, 23) aufweist, der zumindest teilweise transparent ist, und ein Display (5) zur Anzeige von Daten,

dadurch gekennzeichnet, dass
das Display (5) aus Blickrichtung der Person hinter dem ersten Abschnitt (21, 22, 23) angeordnet ist und wobei die Daten Informationen zum Puls der Person umfassen, wobei die spiegelnde Oberfläche (1) einen zweiten Abschnitt (20) aufweist, der zumindest teilweise transparent ist, wobei der Spiegel ferner eine Vorrichtung mit einem Sensor in Form eines Infrarotsensors (2) zur Absendung von Infrarotstrahlung zu der Person und zum Empfang der an der Person reflektierten Infrarotstrahlung umfasst, wobei der Sensor (2) aus Blickrichtung der Person hinter dem zweiten Abschnitt (20) angeordnet ist, wobei der Spiegel ferner eine Schnittstelle (4) zu weiteren Vorrichtungen, beispielsweise einem Blutdruckmessgerät, einer Pulsuhr, einer Personenwaage, und/oder zum Internet aufweist und wobei die Schnittstelle (4) eine USB-Schnittstelle oder eine Funk-Schnittstelle ist, und wobei der Spiegel ferner eine Steuereinheit zur Steuerung des Displays (5) und des Infrarotsensors (2) sowie zur Auswertung der reflektierten Infrarotstrahlung für den Puls aufweist."

Der Hauptanspruch weist sehr viele Merkmale in dem kennzeichnenden Teil auf. Es ergibt sich dadurch ein nur sehr kleiner Schutzumfang. Offensichtlich musste der Anmelder sehr viele Merkmale in den Hauptanspruch aufnehmen, um noch einen gewährbaren Anspruch zu erhalten.

9.19.2   Beispiel: Schaftfräser

Der Gegenstand der Offenlegungsschrift DE 10 2019 214040 A1 (Titel: Schaftfräser und Verfahren zu dessen Herstellung) ist ein Schaftfräser und ein Verfahren zu dessen Herstellung. Der Erfindung liegt die Aufgabe zugrunde, ein Fräswerkzeug zur Verfügung zu stellen, das beim Fräsen eines Fensters geeignet ist. Eine weitere Aufgabe besteht darin, ein Herstellungsverfahren für ein erfindungsgemäßes Fräswerkzeug bereitzustellen.

Die Aufgabe wird durch den Hauptanspruch gelöst, der lautet:
„1. Fräswerkzeug, insbesondere in der Ausgestaltung als Schaftfräser, mit einem zylindrischen, eine Mittelachse aufweisenden Schaftteil, an den sich ein zylindrischer Schneidteil (20) mit zumindest drei wendelförmig verlaufenden und durch Spannuten (24) voneinander getrennten Umfangsschneiden (22) anschließt, welche sich über Schneideneckbereiche (26) in im Wesentlichen radial verlaufende Stirnschneiden (28,

30, 40) fortsetzen, die im Anschluss von radial äußeren Stirnschneidabschnitten (28) jeweils mit einem von eingeschliffenen Stirntaschen (32) gebildeten Schneidenabschnitt (30) zur Mittelachse (AM) von der Fräserstirn weg abfallen, dadurch gekennzeichnet, dass der Schneidenabschnitt (30) bis zur Mittelachse (AM) hin durchgehend abfällt und im Bereich des Fräserkerns (36) von einer in die Stirntasche (32) eingebrachten Ausspitzung (38) gebildet ist, mit der eine bis in den Bereich nahe der Mittelachse (AM) reichende Zentrumsschneide (40) erzeugt ist."

9.19.3 Beispiel: Druckmessvorrichtung

In der Offenlegungsschrift DE 10 2018 005146 A1 (Titel: Druckmessvorrichtung) wird eine Druckmessvorrichtung für ein Fahrrad beschrieben (siehe Abb. 9.5).

Der Hauptanspruch lautet:
„1. Druckmessvorrichtung für ein Fahrrad, wobei die Druckmessvorrichtung umfasst:

__ein Gehäuse__ [Punkt 1];
eine Druckkammer, die in dem Gehäuse aufgenommen ist;
ein Ventil, das in einer ersten Öffnung der Druckkammer angeordnet ist, wobei __das Ventil operativ dazu ausgebildet ist, ein Hinzufügen oder Entnehmen eines Fluids__ [Punkt 2] entlang eines Strömungswegs zwischen der ersten Öffnung und __der zweiten Öffnung__ [Punkt 3] der Druckkammer __in oder aus einem Reifenanordnungsvolumen einer Reifenanordnung__ [Punkt 4] zu ermöglichen; und

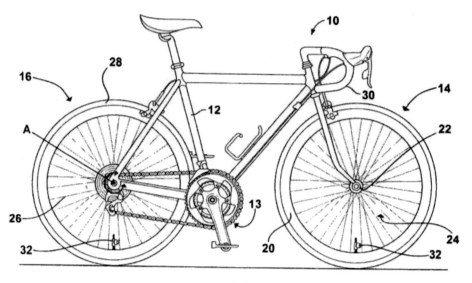

FIG. 1

Abb. 9.5 Druckmessvorrichtung (DE 10 2018 005146 A1)

ein Messelement in fluidischer Verbindung mit der Druckkammer zwischen der ersten
Öffnung und der zweiten Öffnung entlang des Strömungswegs. [Punkt 5]."

Punkt 1: Das Merkmal „ein Gehäuse" ist sicherlich kein erfindungswesentliches
Merkmal bei einer Druckmessvorrichtung. Dieses Merkmal beschränkt jedoch den
Schutzumfang erheblich, da die Druckmessvorrichtung alternativ innerhalb des Rahmens
des Fahrrads angeordnet werden kann. Den Rahmen würde der Durchschnittsfachmann
nicht als ein Gehäuse des Gegenstands der Erfindung ansehen. Auf diese Weise könnte
daher der Schutzbereich des Hauptanspruchs umgangen werden. Dieses Merkmal ist
daher für die Beschreibung der Erfindung überflüssig und führt zu einer unnötigen Einschränkung des Schutzbereichs des Hauptanspruchs.

Punkt 2: Das Wort „operativ" ist überflüssig. Der Teilsatz „wobei das Ventil operativ
dazu ausgebildet ist, ein Hinzufügen oder Entnehmen eines Fluids …" könnte eleganter
mit: „das Ventil zum Hinzufügen oder Entnehmen eines Fluids…" formuliert werden.

Punkt 3: Es wird für die zweite Öffnung ein bestimmter Artikel verwendet, obwohl der
Begriff der zweiten Öffnung noch nicht eingeführt wurde. Es muss daher heißen: „ent-
lang eines Strömungswegs zwischen der ersten Öffnung und **einer zweiten Öffnung** der
Druckkammer."

Punkt 4: Es ist unklar, was „in oder aus einem Reifenanordnungsvolumen einer Reifen-
anordnung" bedeuten soll. Ist damit gemeint, dass die Druckkammer innerhalb eines
Reifens angeordnet ist oder dass die Druckkammer außerhalb des Reifens platziert wird?
Tatsächlich ist wohl gemeint, dass der Reifen (bzw. dessen mit Luft gefüllter Schlauch)
an der ersten und der zweiten Öffnung der Druckkammer angeschlossen ist und dass der
Druck in der Druckkammer durch das Messinstrument gemessen wird.

Punkt 5: die Merkmale „…ein Messelement in fluidischer Verbindung mit der Druckkammer zwischen der ersten Öffnung und der zweiten Öffnung entlang des Strömungswegs…" erscheinen überdefiniert, denn das Messinstrument benötigt einfach nur die
fluidische Verbindung. Es ist dann gleichgültig, wo die fluidische Verbindung hergestellt
wird, dies kann zwischen der ersten und der zweiten Öffnung sein oder vor der ersten
Öffnung oder hinter der zweiten Öffnung.

Der Hauptanspruch wäre daher besser formuliert als:
„1. Druckmessvorrichtung für ein Fahrrad, wobei die Druckmessvorrichtung umfasst:

   eine Druckkammer mit einer ersten und einer zweiten Öffnung;
   ein Ventil zum Hinzufügen oder Entnehmen eines Fluids, das in einer ersten Öffnung
   der Druckkammer angeordnet ist, und
   ein Messelement in fluidischer Verbindung mit der Druckkammer."

9.19.4 Beispiel: Wetterschutzvorrichtung

Das Dokument DE 10 2013 105423 A1 (Titel: Wetterschutzvorrichtung zur lösbaren Anbringung an einem Zwei- oder Mehrrad) löst die technische Aufgabe, eine Wetterschutzvorrichtung für ein Zweirad (Fahrrad oder Motorrad) bereitzustellen, das die Fahreigenschaften des Zweirades nicht beeinträchtigt (siehe Abb. 9.6 und 9.7).

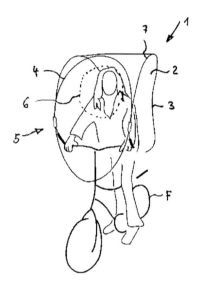

Abb. 9.6 Wetterschutzvorrichtung Fig. 1 (DE 10 2013 105423 A1)

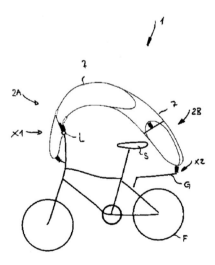

Abb. 9.7 Wetterschutzvorrichtung Fig. 2 (DE 10 2013 105423 A1)

Der Hauptanspruch lautet:

„1. Wetterschutzvorrichtung (1) zur lösbaren Anbringung an einem Zwei- oder Mehrrad **bestehend aus** [Punkt 1]

- **mindestens** [Punkt 2] *einem flexiblen und zumindest in Teilen durchsichtigen Planenelementes (2)*
- **mindestens** [Punkt 2] **einem Rahmenelement zwischen dem das Planenelement (2) angeordnet ist** [Punkt 3] *und*
- **mindestens** [Punkt 2] *einem Fixierungselement zum lösbaren Anbringen der Wetterschutzvorrichtung an einem Zwei- oder Mehrrad,*

dadurch gekennzeichnet, dass

- *ein als erster Rahmen (3) gebildetes äußeres endlos umlaufendes Rahmenelement (7)* **bestehend** [Punkt 1] *aus einem flexiblen Material das Planenelement (2) aufnimmt und*
- **zumindest** [Punkt 2] *ein zweiter weiterer Rahmen (4) eine Teilfläche des Planenelementes (2) spannt. "*

Punkt 1: Hier wurde das Wort „bestehen" verwendet. „Bestehen" wird als abschließend aufgefasst, sodass die Erfindung ausschließlich die nach dem „bestehen" folgenden Merkmale enthält. Weitere Merkmale kann die Erfindung nicht aufweisen (ansonsten hätte man statt „bestehen" „aufweisen" oder „umfassen" verwenden müssen.) Diese Formulierung hat zur Folge, dass sämtliche Wetterschutzvorrichtungen, die zwar alle Merkmale des Hauptanspruchs, aber noch zusätzliche Merkmale aufweisen, nicht mehr in den Schutzbereich des Hauptanspruchs fallen.

Punkt 2: Die Worte „mindestens ein" oder „mindestens eine" können durch „ein" oder „eine" ersetzt werden. Durch „ein" bzw. „eine" werden 1, 2, 3, 4 oder beliebig viele Gegenstände bestimmt. (Vorsicht bei der Formulierung „zwei Rahmenteile". In diesem Fall werden genau 2 Rahmenteile bestimmt und nicht 1 oder 3 oder 4 Rahmenteile.)

Punkt 3: im Oberbegriff wird ein „Rahmenelement zwischen dem das Planenelement (2) angeordnet ist" eingeführt. Im kennzeichnenden Teil wird von „ein als erster Rahmen (3) gebildetes äußeres endlos umlaufendes Rahmenelement (7) bestehend aus einem flexiblen Material das Planenelement (2) aufnimmt und zumindest ein zweiter weiterer Rahmen (4) eine Teilfläche des Planenelementes (2) spannt." Es stellt sich die Frage, warum bereits im Oberbegriff das Rahmenelement beschrieben wurde. Die Beschreibung des Merkmals im Oberbegriff erscheint überflüssig, da im kennzeichnenden Teil ausführlich das Rahmenelement erläutert wird.

Der korrigierte Anspruch lautet:

„1. Wetterschutzvorrichtung (1) zur lösbaren Anbringung an einem Zwei- oder Mehrrad aufweisend:

– ein flexibles und zumindest in Teilen durchsichtiges Planenelement (2) und
– ein Fixierungselement zum lösbaren Anbringen der Wetterschutzvorrichtung an einem Zwei- oder Mehrrad,

dadurch gekennzeichnet, dass

– ein als erster Rahmen (3) gebildetes äußeres endlos umlaufendes Rahmenelement (7) aus einem flexiblen Material das Planenelement (2) aufnimmt und
– ein zweiter weiterer Rahmen (4) eine Teilfläche des Planenelementes (2) spannt."

9.19.5 Beispiel: Fahrrad-Gepäckträger

Das Patent DE 10 2020 000514 B3 (Titel: Fahrrad-Gepäckträger-universal) wurde am 28. Januar 2020 eingereicht (siehe Abb. 9.8). Bereits am 14. Dezember 2020 wurde das Patent erteilt. Die Anmeldung wurde mit dem Hauptanspruch, so wie er eingereicht wurde, erteilt. Es waren keine Änderungen am Hauptanspruch erforderlich.

Der Hauptanspruch lautet:
„1. Der Fahrrad-Gepäckträger-universal ist dadurch gekennzeichnet, dass er unterschiedliche Behälter mit den Grundabmessungen 220*400 bis 320*400 sicher und ohne zu verrutschen transportiert und auf den meisten Fahrrädern mit stets den gleichen Teilen anstelle des bisherigen Gepäckträgers montiert werden kann, wobei ein Rahmen aus Flachmaterial mit hoher Festigkeit um das Grundmaß $a = 210$ und $b = 373$ und $c = 210$ geformt

Abb. 9.8 Fahrrad-Gepäckträger (DE 10 2020 000514 B3)

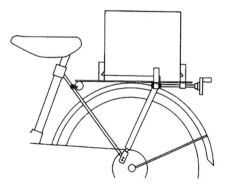

ist, in dem a und c rechtwinklig zu b stehen und somit einen 3-Seiten-Rahmen bilden; und wobei zur Bildung des Seite4-Rahmens Flachmaterial mit hoher Festigkeit an den Enden rechtwinklig soweit abgewinkelt wird, dass eine Breite von 400 mm entsteht und an dessen Rändern dem Transportgut bündig Halt geboten wird; und wobei als Rahmenträger, ein Flachstück mit hoher Festigkeit eingesetzt wird, auf dem der 3-Seiten-Rahmen und der Seite4-Rahmen montiert ist; und wobei 2 Vierkantblöcke von hoher Festigkeit den Rahmen des Fahrrad-Gepäckträger-universal mit dem Rahmenträger verbinden; und wobei der vordere Vierkantblock, der Quader-vorne, oberhalb des Rahmenträgers mittig mit diesem und dem 3Seiten-Rahmen verschraubt ist und in dem Nuten eingefräst sind, die den Ausbuchtungen verschiedener Kistentypen entsprechen, um vertikale Bewegungen dieser Transportgüter zu verhindern; und wobei der mittlere Vierkantblock, der Halter-Mitte, unterhalb des Rahmenträgers mit diesem und dem Seite4-Rahmen verschraubt ist und mittig zur Fahrtrichtung eine Bohrung für die Verschiebestange vorgesehen ist, in dem sie frei drehend gelagert ist und in dem an den Seiten zur Fahrtrichtung Gewinde eingedreht sind, um die Haltestangen aufzunehmen; und wobei ein dritter Vierkantblock, der Quader-hinten mit Nuten wie denen des Quader-vorne versehen ist, verschiebbar auf dem Rahmenträger sitzt, in dem ein Spalt mit den Abmessungen des Rahmenträgers eingefräst ist, durch den dieser durchgesteckt wird und wobei in dem Quader-hinten ein Gewinde für die Verschiebestange eingedreht ist, womit der Quader-hinten verschoben wird, damit Transportkisten unterschiedlicher Länge bündig in dem Rahmen sitzen; und wobei ein Handrad oder ein Drehgriff auf dem hintere Ende der Verschiebestange befestigt ist, um manuell den Quader-hinten bündig auf die Transportkiste zu schieben; und wobei 3 Scheiben mit hoher Festigkeit, die Haltescheiben, als Halterung zwischen Fahrradrahmen und dem Fahrrad-Gepäckträger-universal dienen und wobei im Kreismittelpunkt der Haltescheiben ein Gewinde, das Zentralgewinde eingedreht ist; und wobei in einer der Haltescheiben, der Haltescheibe-Träger, zwei weitere Gewinde parallel und radial zur Achse eingedreht sind und damit am Rahmenträger des Fahrrad-Gepäckträgers-universal verschraubt sind; und wobei in zwei der Haltescheiben, die Haltescheiben-Fahrrad, nahe dem Scheibenrand einer Seite und auf der Hälfte des Radius und quer zur Schnittfläche ein weiteres Gewinde, das Außengewinde, eingedreht ist, in das Augenschrauben eingedreht werden, um damit die Befestigung am Fahrrad oben zu bewirken; und wobei zur Befestigung an der Pletscher-Platte die Haltescheiben-Fahrrad mit dem Außengewinde nachinnen auf die Scheibenstange aufgedreht sind und bündig an der Haltescheibe-Träger anliegen und somit mit dem Außengewinde an den beiden im Abstand von 1 1/8 Zoll liegenden Bohrungen der Pletscher-Platte angeschraubt werden können; und wobei die Haltescheiben-Fahrrad bei der Befestigung an den Sattelstreben mit dem Außengewinde nachaußen auf die Scheibenstange so aufgedreht sind, dass die Außengewinde mit den eingedrehten Ringschrauben an den Befestigungen der Sattelstreben mit dem Ring verschraubt werden und die Haltescheiben-Fahrrad auf den Sattelstreben aufliegen; und wobei zwei Streifenschrauben und zwei Halterohre den Fahrradrahmen unten mit dem Fahrrad-Gepäckträger-universal verbinden; wobei jeder Stahlstreifen mit einer Gewindestange an der schmalen Seite mittig verschweißt ist und wobei es in dem Streifen unten eine Bohrung für die mögliche

Aufnahme auf der Steckachse gibt und darüber ein Gewinde eingedreht ist, um an einem Befestigungsloch am Unterrohr des Fahrrads oder am Ausfallende befestigt zu werden."

Der Hauptanspruch ist der einzige Anspruch der Patentschrift. Es gibt keine nebengeordneten Ansprüche, die zusätzlich einen Schutzumfang definieren. Der Hauptanspruch der Patentschrift umfasst sehr viele Merkmale und beschreibt bis in das letzte Detail einen konkreten Fahrrad-Gepäckträger. Hierbei sollte auch berücksichtigt werden, dass die Verletzungsgerichte (besondere Land- und Oberlandesgerichte, die sogenannten Patentstreitkammern) eine sogenannte äquivalente Patentverletzung nicht mehr akzeptieren. Eine äquivalente Patentverletzung liegt vor, falls zumindest ein Merkmal des Hauptanspruchs nicht identisch erfüllt ist. In diesem Fall muss das abweichende Merkmal technisch gleichwirkend und gleichwertig sein. Außerdem darf es keine erfinderische Tätigkeit erfordern zum äquivalenten Merkmal zu gelangen. Eine äquivalente Patentverletzung wurde bis ca. 2002 von den Verletzungsgerichten großzügig angenommen. Aktuell werden nur noch wortwörtliche Verletzungen akzeptiert.[44] Das bedeutet in diesem Fall, dass eine Verletzung nur dann vorliegt, falls alle Merkmale des Hauptanspruchs erfüllt sind. Ein potenzieller Verletzer muss daher nur ein Merkmal abweichend realisieren und dabei nicht einmal erfinderisch sein, um eine Umgehungslösung zu erhalten. Außerdem kann er von dem Know-How der Patentschrift profitieren. Der Patentinhaber hat daher sein Know-How bekannt gegeben und im Gegenzug keinen ausreichenden Schutz seiner Erfindung erhalten. An diesem Beispiel bestätigt sich der Spruch „ein gut geschriebenes Patent schützt, ein schlecht geschriebenes Patent schadet."

9.19.6   Beispiel: Licht- bzw. Linien-Laserlichtstrahl

Mit der technischen Lehre des Dokuments DE 20 2019 002356 U1 (Titel: Licht bzw. Linien-Laserlichtstrahl seitlich am Fahrrad befestigt als Abstandshinweis für andere Fahrzeuge beim Überholvorgang) soll „die Verkehrssicherheit erhöht werden, und zwar für den Radfahrenden selbst, wie auch für die übrigen Verkehrsteilnehmer" (siehe Abb. 9.9).

Der Hauptanspruch der Anmeldung lautet:
„1. Lichtstrahl bzw. Linien-Laserlichtstrahl (1) seitlich am Fahrrad, __um den gekennzeichneten Mindestabstand zum Fahrrad beim seitlichen Überholvorgang anzuzeigen und zur besseren Erkennung des Fahrrades an Straßenkreuzungen beim rechts und links Abbiegen__ [Punkt 1], dadurch gekennzeichnet, dass der Lichtstrahl bzw. Linien-Laserstrahl (1) __seitlich so angebracht wird__ [Punkt 2], dass er __in einem bestimmten Winkel__ [Punkt 3] parallel auf die Fahrbahn strahlt."

---

[44] BGH, X ZR 16/09 „Okklusionsvorrichtung", *Gewerblicher Rechtsschutz und Urheberrecht,* 2011, 701; BGB, X ZR 76/14 „V-förmige Führungsanordnung", *Gewerblicher Rechtsschutz und Urheberrecht,* 2016, 1254.

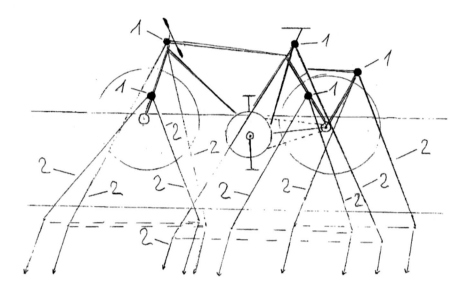

Abb. 9.9 Licht- und Linien-Laserlichtstrahl (DE 20 2019 002356 U1)

Punkt 1: Die Worte „um den gekennzeichneten Mindestabstand zum Fahrrad beim seitlichen Überholvorgang anzuzeigen und zur besseren Erkennung des Fahrrades an Straßenkreuzungen beim rechts und links Abbiegen" beschreiben, welche Aufgabe erfüllt werden soll. Diese Worte beschreiben nicht, welche Merkmale erforderlich sind, damit die Erfindung realisiert wird. Diese Textpassage kann daher entfallen.

Punkt 2: Im Oberbegriff wurde bereits beschrieben, dass der Laser seitlich am Fahrrad angeordnet ist. Das Merkmal „seitlich so angebracht wird" im kennzeichnenden Teil ist daher überflüssig.

Punkt 3: Bei dem Merkmal „bestimmter Winkel" stellt sich die Frage nach dem konkreten Winkel, denn irgendein Winkel muss gewählt werden, damit der Laser auf die Fahrbahn leuchtet. Das Merkmal des „bestimmten Winkels" ist daher unbestimmt und überflüssig.
  Der korrigierte Anspruch lautet daher:
  „1. Fahrrad mit einer Vorrichtung zum Erzeugen eines Lichtstrahls bzw. Linien-Laserlichtstrahls (1), dadurch gekennzeichnet, dass der Lichtstrahl bzw. Linien-Laserlichtstrahl (1) parallel zum Fahrrad auf die Fahrbahn strahlt."

9.19.7 Beispiel: Koffer

Die technische Lehre der Patentanmeldung DE 10 2017 129157 A1 (Titel: Koffer mit schienenartigem Verbindungsmittel zum Halten des Koffers) erfüllt die Aufgabe einer

„… Bereitstellung eines Koffers und eines Kofferhalters zum Halten des Koffers, wobei eine Verbindung und ein Lösen des Koffers am/vom Kofferhalter möglichst einfach und schnell vorgenommen werden können soll, und die Verbindung dabei sicher und auf die Bedürfnisse des Benutzers abgestimmt sein soll." Hierbei soll insbesondere das Befestigen des Koffers an einem Motorrad ermöglicht werden (siehe Abb. 9.10).

Der Hauptanspruch lautet:
„*1.* ***Ein Koffer (1) und ein zum Koffer passender Kofferhalter*** [Punkt 1], *wobei*

a) *der Koffer **eine obere Tragegriffwand, eine gegenüberliegende Bodenwand und vier dazwischen-liegende Seitenwände umfasst** [Punkt 2], wobei an **mindestens** [Punkt 3] einer der Seitenwände ein erstes Verbindungsmittel (2) angeordnet und starr mit*

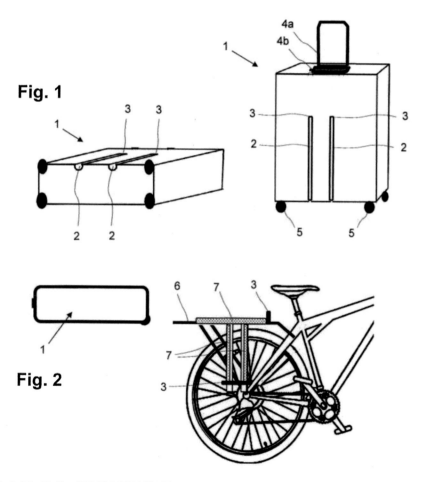

Abb. 9.10 Koffer (DE 10 2017 129157 A1)

der Seitenwand verbunden ist, **um den Koffer (1) am ersten Verbindungsmittel (2) zu**
halten und zu transportieren [Punkt 4];

b) *der Kofferhalter ein zweites Verbindungsmittel (7) aufweist, das mit dem ersten Ver-*
bindungsmittel (2) manuell verbindbar und davon lösbar ist,

dadurch gekennzeichnet, dass

c) *das erste Verbindungsmittel (2) in Längsrichtung vertikal zwischen der Tragegriffwand*
und der Bodenwand mindestens eine Außengleitschiene oder Innengleitschiene umfasst;

d) *das zweite Verbindungsmittel (7) in der Längsrichtung mindestens eine Innengleit-*
schiene oder Außengleitschiene umfasst, die jeweils mit der jeweiligen Außen- oder
Innengleitschiene des ersten Verbindungsmittels (2) **kommuniziert** [Punkt 5] *und aus-*
gebildet ist, dass sie an einer jeweiligen Einführungsposition ineinander einführbar
sind und entlang einer jeweiligen gemeinsamen Längsachse mit nur einem Freiheits-
grad entlang der Längsachse bis zu einer Endposition ineinander gleiten;

e) ***wobei die jeweilige Außengleitschiene ein C-Profil mit einem Hohlraum mit einer***
Hohlraumbreite und einem seitlich nach außen offenen Schlitz aufweist, wobei der
Schlitz enger als die Hohlraumbreite ist;

f) ***wobei die jeweilige Innengleitschiene ein zum Hohlraum passendes Innengleit-***
schienenprofil hat; und

g) ***mindestens ein Anschlag (3) am ersten Verbindungsmittel (2) oder am zweiten Ver-***
bindungsmittel (7) angeordnet ist, der ausgebildet ist, das jeweilige andere erste (2)
oder zweite Verbindungsmittel (7) an der Endposition zu stoppen, so dass der Koffer
in der Endposition gehalten wird. [Punkt 6] "

Punkt 1: Bei dem vorliegenden Anspruch werden zwei Gegenstände beansprucht, die
miteinander zusammenwirken können. In diesem Fall bietet es sich an, von einem System
zu sprechen. Die Worte „ein zum Koffer passender Kofferhalter" sind überflüssig, denn
was bedeutet es, dass der Kofferhalter zum Koffer passt? Das komplementäre Zusammenwirken wird durch nachfolgende Merkmale erläutert, sodass die Worte „ein zum Koffer
passender" entfallen können.

Punkt 2: Ein Koffer hat stets eine obere Tragegriffwand, eine gegenüberliegende Bodenwand und vier dazwischen liegende Seitenwände. Diese Merkmale sind daher überflüssig.

Punkt 3: „mindestens" ist überflüssig.

Punkt 4: In dem Anspruch wird beschrieben, dass „an **mindestens** einer der Seitenwände ein erstes Verbindungsmittel (2) angeordnet und starr mit der Seitenwand verbunden ist". Es stellt sich dann die Frage, was das nachfolgende Merkmal „um den
Koffer (1) am ersten Verbindungsmittel (2) zu halten und zu transportieren" bewirken
soll, denn das „Halten" wird ja bereits dadurch erreicht, dass das Verbindungsmittel

mit der Seitenwand verbunden ist. Das „Transportieren" stellt eine aufgabenhafte Formulierung dar, die entfallen kann.

Punkt 5: „kommunizieren" ist kein technischer Ausdruck. „Komplementär ausgebildet" wäre eventuell geeigneter formuliert.

Punkt 6: Es folgt eine konkrete Beschreibung einer speziellen Ausführungsform, die nicht in einer ersten Anspruchsformulierung eines Hauptanspruchs, sondern einem Unteranspruch aufzunehmen ist.

Korrigierter Hauptanspruch:
1. System umfassend einen Koffer (1) und einen Kofferhalter, wobei

a) an einer Seitenwand des Koffers ein erstes Verbindungsmittel (2) angeordnet und starr mit der Seitenwand verbunden ist und
b) der Kofferhalter ein zweites Verbindungsmittel (7) aufweist, das mit dem ersten Verbindungsmittel (2) lösbar verbindbar ist,

dadurch gekennzeichnet, dass

c) das erste Verbindungsmittel (2) in Längsrichtung vertikal zwischen der Tragegriffwand und der Bodenwand mindestens eine Außengleitschiene oder Innengleitschiene umfasst;
d) das zweite Verbindungsmittel (7) in der Längsrichtung mindestens eine Innengleitschiene oder Außengleitschiene umfasst, die jeweils mit der jeweiligen Außen- oder Innengleitschiene des ersten Verbindungsmittels (2) komplementär ausgebildet ist, so dass sie an einer jeweiligen Einführungsposition ineinander einführbar sind und entlang einer jeweiligen gemeinsamen Längsachse mit nur einem Freiheitsgrad entlang der Längsachse bis zu einer Endposition ineinander gleiten.

9.19.8   Beispiel: Fahrrad mit Arm- und Beinantrieb

Die technische Lehre der Anmeldung DE 10 2014 015824 A1 (Titel: Fahrrad mit Arm- und Beinantrieb) erfüllt die Aufgabe, dass ein „Fahrradfahrer seine Antriebskraft optimal auf das Fahrrad übertragen und dabei das Fahrrad sicher und präzise lenken" kann (siehe Abb. 9.11).

Der Hauptanspruch lautet:
„*1. Fahrrad* **_mit zwei Rädern_** *[Punkt 1] und mit Armantrieb,* **_insbesondere zum Durch-_**
führen des Verfahrens nach einem der Ansprüche 6 bis 8 *[Punkt 2],*
       dadurch gekennzeichnet, dass
       das Fahrrad **_wenigstens_** *[Punkt 3] einen schwenkbaren Lenker (11, 18) besitzt.* "

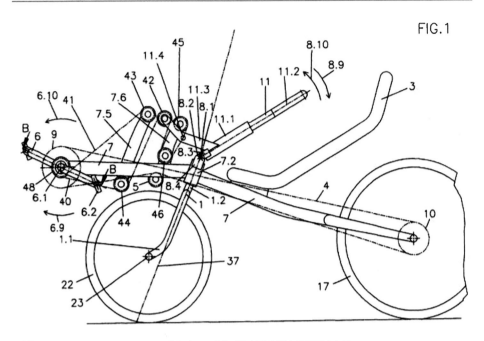

Abb. 9.11 Fahrrad mit Arm- und Beinantrieb (DE 10 2014 015824 A1)

Punkt 1: Ein Fahrrad weist zumeist zwei Räder auf. Allerdings gibt es auch Fahrräder mit drei Räder. Dreiräder sollen aber höchstwahrscheinlich nicht vom Schutzumfang ausgeschlossen werden, daher können die Worte „mit zwei Rädern" entfallen.

Punkt 2: Merkmale, die mit „insbesondere" eingeführt werden, stellen beispielhafte Ausführungsformen dar und bleiben zunächst unberücksichtigt. Ein Verweis auf nachfolgende Ansprüche ist nicht zulässig. Es kann in einem Anspruch immer nur ein Verweis auf vorausgehende Ansprüche enthalten sein.

Punkt 3: „wenigstens" ist überflüssig. Es genügt „ein". Mit „ein" oder „einem" sind immer auch 2, 3, 4, 5 oder beliebig viele Lenker mit umfasst.

Der korrigierte Anspruch, wie ihn der Prüfer eines Patentamts interpretieren wird, lautet daher:
   „1. Fahrrad mit Armantrieb,
   dadurch gekennzeichnet, dass
   das Fahrrad einen schwenkbaren Lenker (11, 18) besitzt."

Es ist unklar, was ein Armantrieb bedeutet, da dem Fachmann hierzu keine Merkmale in dem Anspruch an die Hand gegeben werden. Ansonsten handelt es sich um ein normales Fahrrad, denn ein Lenker ist stets schwenkbar. Eventuell sollte durch das Schwenken der zusätzliche Antrieb erfolgen. Das kann dem Anspruch aber nicht entnommen werden. Dieser Anspruch verschenkt die Chance auf einen guten Start in ein amtliches Prüfungsverfahren. Eine schnelle Patenterteilung ist ausgeschlossen.

Ein nebengeordneter Verfahrensanspruch ist:

„6. *Verfahren zum Fahren eines Fahrrades* [Punkt 1] *mit zwei Rädern und mit mindestens einem schwenkbaren Lenker (11, 18)* [Punkt 2], *insbesondere zum Fahren eines Fahrrades nach einem der Ansprüche 1 bis 5* [Punkt 3],
    dadurch gekennzeichnet, dass
    der Fahrradfahrer das Fahrrad mit wenigstens Armschwenkbewegungen antreibt
[Punkt 4]. "

Punkt 1: Was bedeutet denn „Verfahren zum Fahren eines Fahrrads"? Ist das Fahren des Fahrrads nicht bereits das Verfahren hierzu? Widersinnige Formulierung.

Punkt 2: „Fahrrad mit zwei Rädern und mit mindestens einem schwenkbaren Lenker": Typischerweise hat ein Fahrrad zwei Räder und einen schwenkbaren Lenker. Diese Worte können entfallen.

Punkt 3: Merkmale, die mit „insbesondere" eingeleitet werden, bleiben zunächst unberücksichtigt.

Punkt 4: „der Fahrradfahrer das Fahrrad mit wenigstens Armschwenkbewegungen antreibt": Wie macht das denn der Fahrradfahrer? Es werden keine Merkmale angegeben, die diese Aufgabe (Antrieb des Fahrrads durch Armschwenkbewegungen) erfüllen.

Korrigierter nebengeordneter Anspruch:
6. Fahren eines Fahrrades nach einem der Ansprüche 1 bis 5.

Es ergibt sich ein vollständig sinnfreier Verfahrensanspruch. Es wird für den Anmelder in einem Prüfungsverfahren schwierig werden, noch „die Kurve zu bekommen".

9.19.9 Beispiel: Fahrrad-Dynamo

Die Gebrauchsmusterschrift DE 20 2005 011231 U1 (Titel: Fahrrad-Dynamo, werkzeuglos am Fahrrad anbring- und abnehmbar) weist den nachfolgenden Schutzanspruch auf[45]:

---

[45] Bei einem Gebrauchsmuster spricht man nicht von Patentansprüchen, sondern von Schutzansprüchen.

*1. Fahrrad-Dynamo, **werkzeuglos am Fahrrad anbring- und abnehmbar** [Punkt 1], dadurch gekennzeichnet, dass **dieser Fahrrad-Dynamo an der Fahrrad-Gabel bzw. am Fahrrad-Rahmen** [Punkt 2] **mittels vorinstallierter Halterung** [Punkt 3] **werkzeuglos angebracht und wieder abgenommen werden kann** [Punkt 4].*

Punkt 1: „werkzeuglos am Fahrrad anbring- und abnehmbar": Es wird nur angegeben, was die Aufgabe ist. Es fehlen die Merkmale, mit denen die Aufgabe realisiert werden kann. Als Erfinder sollte man insbesondere bei der Abfassung der Ansprüche kritisch und distanziert sein. Wird tatsächlich das beschrieben, was die Erfindung ausmacht? Sind die Merkmale angegeben, durch die die Erfindung realisiert werden kann oder nur die Vorteile oder sogar nur die Aufgabe?

Punkt 2: Ein Fahrrad-Dynamo ist stets am Fahrrad befestigt, insbesondere am Rahmen oder an der Fahrradgabel. Dieses Merkmal ist offensichtlich und außerdem Stand der Technik und daher überflüssig.

Punkt 3: „mittels vorinstallierter Halterung": offensichtlich wird der Fahrrad-Dynamo mit einer Halterung an dem Fahrrad befestigt und diese kann vorinstalliert sein. Diese Merkmale des Hauptanspruchs sind ebenfalls Stand der Technik und daher überflüssig.

Punkt 4: „werkzeuglos angebracht und wieder abgenommen werden kann": Es handelt sich um eine aufgabenhafte Formulierung. Es fehlen die Merkmale zum Realisieren der Erfindung. Zusätzlich stehen diese aufgabenhaften Merkmale auch noch bereits im Oberbegriff. Diese Textpassage kann ersatzlos gestrichen werden.

Korrigierter Schutzanspruch:
1. Fahrrad-Dynamo.
   Das Wort „Fahrrad-Dynamo" stellt offensichtlich keinen neuen oder erfinderischen Schutzanspruch dar. Ein offensichtlich vollständig sinnloser Schutzanspruch, aus dem der Anmelder keinerlei Nutzen ziehen kann.

9.19.10   Beispiel: Schmutzhülle für Fahrrad

In der Offenlegungsschrift DE 19610832 A1 (Titel: Schmutzhülle für Fahrrad) wird eine Vorrichtung vorgestellt, in die ein verschmutztes Fahrrad gepackt werden kann, um Verunreinigungen durch das Fahrrad zu vermeiden. Diese Verunreinigungen können beispielsweise beim Transport in einem Kofferraum eines Fahrzeugs entstehen. Diese Vorrichtung soll außerdem im ungenutzten Zustand nur ein kleines Volumen aufweisen.

Die Patentanmeldung umfasst einen Anspruchsatz von neun Ansprüchen. Die ersten sechs Ansprüche lauten:

*1. Schmutzhülle **für ein Fahrrad** [Punkt 1], dadurch gekennzeichnet, dass **sie** [Punkt 2] **aus flexiblem Material besteht** [Punkt 3] und mittels einer Verschlußklappe (4) **verschlossen werden kann** [Punkt 4].*

Punkt 1: „Schmutzhülle **für ein Fahrrad**": Es ist oft sinnvoll mit einer „zum" oder „zur" Textpassage zu verdeutlichen, für was die Vorrichtung oder der Gegenstand des Anspruchs geeignet sein soll oder was er bewirken soll. Eine bessere Alternative wäre daher: Schmutzhülle zum Verhindern von Verunreinigungen durch ein verschmutztes Fahrrad. Die Textpassage nach „zum" oder „zur" beschränkt nicht den Schutzbereich, da hierdurch nur verdeutlicht wird, für was der Gegenstand des Anspruchs besonders geeignet ist. Die grundsätzliche Anwendung in anderen Situationen wird dadurch nicht ausgeschlossen.

Punkt 2: Bei „diese", „dies", „dieser", „es", „sie" oder „er" ist darauf zu achten, dass klar ist, welcher Gegenstand gemeint ist. Es ist daher zu empfehlen, statt „sie" „die Schmutzhülle" zu wiederholen, um Unklarheiten zu vermeiden.

Punkt 3: „aus flexiblem Material besteht": Dieses Merkmal definiert, dass die Schmutzhülle über ihre ganze Fläche flexibel ist, da die Schmutzhülle aus einem flexiblen Material besteht, also nur flexibles Material aufweist. Allerdings ist dies für die Funktion der Schmutzhülle nicht erforderlich, denn die Schmutzhülle müsste nur an den Abschnitten flexibel sein, an denen sie um das Fahrrad gewickelt wird. Aus dem Hauptanspruch ergibt sich daher sofort eine Umgehungslösung, nämlich eine Schmutzhülle, die nicht vollständig flexibel ist. Es sollte daher nicht das Verb „bestehen", sondern „aufweisen" oder „umfassen" verwendet werden, um Bereiche der Schmutzhülle zu ermöglichen, die nicht aus flexiblem Material sind.

Punkt 4: „verschlossen werden kann": alternative Formulierung: „verschließbar"

Der korrigierte Anspruch lautet:
1. Schmutzhülle zum Verhindern von Verunreinigungen durch ein verschmutztes Fahrrad, **dadurch gekennzeichnet, dass**
die Schmutzhülle flexibles Material umfasst und mittels einer Verschlussklappe (4) verschließbar ist.
Der Gegenstand des Hauptanspruchs ist daher eine Plane, in die ein Fahrrad gewickelt werden kann, wobei ein Rand der Plane als Verschlussklappe benutzt wird, da der Rand auf das eingewickelte Fahrrad geklappt wird. Der Gegenstand des Hauptanspruchs wird daher durch jede Plane erfüllt. Der Hauptanspruch beschreibt eine simple Plane des Stands der Technik, die groß genug ist, um ein Fahrrad einzuwickeln. Der Hauptanspruch ist daher weder neu noch erfinderisch und daher nicht rechtsbeständig.

2. Schmutzhülle für ein Fahrrad nach Anspruch 1, dadurch gekennzeichnet, dass durch **Zusammenfalten und Verbinden der Ränder eine rechteckige Einstecktasche (9) gebildet ist** *[Punkt 5].*

Punkt 5: Ein Zusammenfalten und Verbinden der Ränder einer Plane, um etwas einzuschließen, bzw. Hineinzustecken, stellt eine typische Anwendung einer Plane dar. Der Anspruch 2 ist keine sinnvolle Rückzugsposition.

3. Schmutzhülle für ein Fahrrad nach Anspruch 1 oder 2, dadurch gekennzeichnet, dass __im oberen Bereich__ [Punkt 6] *__eine Teilfläche als Verschlussklappe (4) übersteht__* [Punkt 7].

Punkt 6: „im oberen Bereich": Was ist bei einer Plane ein oberer Bereich? Eine Plane besteht aus zwei Oberflächen eines langgestreckten, dünnen Materials. Ist mit dem oberen Bereich eine der beiden Oberflächen gemeint oder ein Abschnitt innerhalb einer Oberfläche. Falls ein Abschnitt innerhalb einer Oberfläche gemeint ist, stellt sich die Frage, welcher Abschnitt beschrieben werden soll. Es handelt sich um ein unklares Merkmal.[46]

Punkt 7: „eine Teilfläche als Verschlussklappe (4) übersteht": Bei jeder Plane kann eine Teilfläche als Verschlussklappe überstehen. Es wird Stand der Technik beschrieben.

Der Anspruch 3 ist keine mögliche Rückzugsposition in einem Erteilungsverfahren, da er unklar ist („im oberen Bereich") bzw. Stand der Technik beschreibt.

4. __Schmutzhülle für ein Fahrrad nach Anspruch 1, 2 oder 3__ [Punkt 8], *dadurch gekennzeichnet, dass __an der Hülle und der Verschlussklappe Befestigungselemente vorgesehen sind (7)__* [Punkt 9].

Punkt 8: statt „nach Anspruch 1, 2 oder 3", besser: „nach einem der vorhergehenden Ansprüche"

Punkt 9: „an der Hülle und der Verschlussklappe Befestigungselemente vorgesehen sind (7)": Hier wird ein neuer Begriff „Hülle" eingeführt. Es ist anzunehmen, dass der Anmelder mit der „Hülle" die Schmutzhülle meint. Allerdings ist das nicht notwendigerweise der Fall, es könnte sich auch um einen weiteren Gegenstand handeln. Der Anspruch 4 ist daher unklar. Angenommen die Hülle ist die Schmutzhülle, so wird ein Unterschied zwischen der Schmutzhülle und der Verschlussklappe gesehen. Tatsächlich ist die Verschlussklappe jedoch ein Teil der Schmutzhülle. Außerdem ist unklar, warum an der Hülle und der Verschlussklappe Befestigungselemente anzuordnen sind. Wirken diese getrennten Befestigungselemente eventuell zusammen bzw. welche Funktion üben die Befestigungselemente an der Schmutzhülle aus und welche Funktion haben die Befestigungselemente an der Verschlussklappe? Der komplette Unteranspruch ist daher unklar. Anzunehmen ist, dass der Anmelder ein Befestigungselement meinte, das sich

---

[46] § 34 Absatz 4 PatG: „Die Erfindung ist in der Anmeldung so deutlich und vollständig zu offenbaren, dass ein Fachmann sie ausführen kann." Inhaltlich identisch: Artikel 83 EPÜ.

durch komplementäre Elemente auszeichnet, beispielsweise ein Knopf und ein Schlitz zur Aufnahme und zum Halten des Knopfs.

5. Schmutzhülle für ein Fahrrad nach Anspruch 1, 2, 3 oder 4, dadurch gekennzeichnet, dass die ***Verschlusselemente (7)*** *[Punkt 10] aus beidseitig klebenden* ***Klebebändern, Klettmaterialien, Druckknöpfen oder einem Reißverschluss bestehen*** *[Punkt 11]* ***können*** *[Punkt 12].*

Punkt 10: Es wird ein neuer Begriff „Verschlusselemente" eingeführt. Der Begriff „Verschlusselemente" wird mit einem bestimmten Artikel „die" verwendet. „Verschlusselemente" nimmt daher Bezug auf einen zuvor verwendeten Begriff. Infrage kommen die Verschlussklappe oder die Befestigungselemente. Eine andere Möglichkeit ist, dass das Setzen des bestimmten Artikels ein Fehler war und daher „Verschlusselemente" vollständig neu eingeführt wurde. Unter der Annahme, dass Verschlusselemente etwas Vorhergehendes wieder aufnimmt, kann sich der Begriff auf die Verschlussklappe der Ansprüche 1 bis 4 oder die Befestigungselemente des Anspruchs 4 beziehen. Die Verschlussklappe wird im Singular verwendet, die Verschlusselemente im Plural. Dieser Aspekt spricht dafür, dass Verschlusselemente und Befestigungselemente Synonyme sind. Andererseits bezieht sich der Anspruch 5 auf sämtliche vorhergehenden Ansprüche 1 bis 4. Das Merkmal der Verschlussklappe gibt es in den Ansprüchen 1 bis 4. Die Befestigungselemente wurden erst im Unteranspruch 4 beschrieben. Dieser Aspekt spricht wieder dafür, dass mit den Verschlusselementen die Verschlussklappe gemeint ist. Der Unteranspruch 5 kann daher nicht derart interpretiert werden, dass ein Fachmann ihn eindeutig verstehen kann.

Punkt 11: „Klebebändern, Klettmaterialien, Druckknöpfen oder einem Reißverschluss bestehen": Die Aufzählung mit „oder" in Kombination mit dem abschließenden „bestehen" führt dazu, dass nur ein Klebeband oder ein Klettmaterial oder Druckknöpfe oder ein Reißverschluss beansprucht sind. Eine Umgehungslösung wäre daher eine gleichzeitige Anordnung eines Klettmaterials und eines Druckknopfs.

Punkt 12: „können": In den Ansprüchen soll nicht beschrieben werden, was sein kann oder könnte, sondern wie der Gegenstand der Erfindung tatsächlich aussieht. Im Hauptanspruch ist ebenfalls zu beschreiben, was ist und keine möglichen Ausführungsformen darzulegen. Eine Ausnahme liegt vor, falls verschiedene Fälle, die alternativ eintreten können, behandelt werden und beschrieben wird, was jeweils gelten soll. Dies kann beispielsweise für einen Verfahrensanspruch zutreffen.

6. Schmutzhülle für ein Fahrrad nach Anspruch 1, 2, 3, 4 oder 5, dadurch gekennzeichnet, dass als ***Material PVC, PE, Baumwolle oder Mischgewebe verwendet werden*** *[Punkt 13].*

Punkt 13: Eine Schmutzhülle kann aus PVC, PE, Baumwolle oder einem Mischgewebe bestehen. Das ist bereits bekannt und daher weder neu noch basierend auf einer erfinderischen Tätigkeit. Der Unteranspruch 6 kann daher entfallen.

Zusammenfassung: Die Analyse des Anspruchssatzes hat ergeben, dass keine Erfindung vorliegt, die Aussicht auf Patenterteilung hat. Dieses Ergebnis kann als wertvoll angesehen werden, denn es können Kosten und zeitlicher Aufwand eines amtlichen Prüfungsverfahrens gespart werden. Zumindest können Jahresgebühren vermieden werden, die hier vergeudet wären.

9.19.11 Beispiel: Montagehilfe für ein Fahrrad

Die technische Lehre der Offenlegungsschrift DE 19609598 A1 (Titel: Montagehilfe für ein Fahrrad) hat die Aufgabe „ein Fahrradreparatur- und -Pflegesystem zu schaffen, das im privaten Bereich eine kipp- und schaukelsichere sowie im Wesentlichen unnachgiebige Positionierung eines Fahrrads gewährleistet und zugleich bei Nichtgebrauch mit wenigen Handgriffen in eine Bereitschaftsposition wegzuräumen ist" (siehe Abb. 9.12 und 9.13).

Die Abb. 9.12 (Fig. 3 der Offenlegungsschrift) zeigt eine Seitenansicht der Montagehilfe mit dem Fahrrad 2, einem Ausleger 7, einem Standrohr 5, wobei das Standrohr 5 nach dem Herabschwenken auf dem Boden 3 aufsitzt. Die Montagehilfe ist an der Wand 4 befestigt.

Der Hauptanspruch lautet:

1. Montagehilfe (1) für ein Fahrrad (2) mit **Haltemitteln (6)** *[Punkt 1] zum Aufnehmen des Fahrrads mit Abstand vom Boden (3)* **während einer Reparatur, Pflege** *[Punkt 2]*

Abb. 9.12 Montagehilfe
für ein Fahrrad Fig. 1 (DE
19609598 A1)

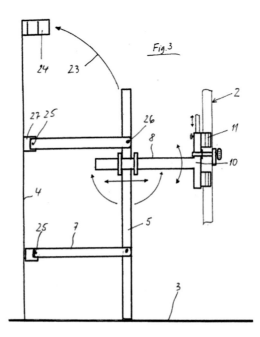

Abb. 9.13 Montagehilfe
für ein Fahrrad Fig. 2 (DE
19609598 A1)

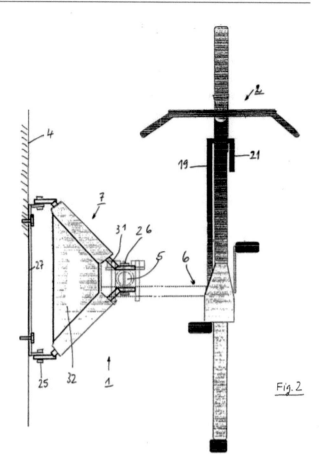

oder dergleichen [Punkt 3], *gekennzeichnet durch ein* **mit Hilfe von** [Punkt 4] *an einer Wand (4) schwenkbar zu befestigenden Auslegern (7)* **wahlweise** [Punkt 5] *auf den Boden (3) aufzustellendes oder durch Schwenken der Ausleger (7) an die Wand (4) anzulegendes Standrohr (5),* **an dessen von der Wand (4) abgewandter Seite die Haltemittel (6) vorgesehen sind** [Punkt 6].

Punkt 1: „Haltemitteln": Plural sollte nur gewählt werden, falls das betreffende Merkmal nur 2, 3, 4, 5 oder beliebig oft vorhanden sein muss. Eine Montagehilfe mit nur einem Haltemittel ist nicht im Schutzumfang umfasst, obwohl diese Variante in den Zeichnungen gezeigt ist. Hier ergibt sich die Möglichkeit einer Umgehungslösung eines Nachahmers.

Punkt 2: „während einer Reparatur, Pflege": Es wäre besser eine Formulierung mit „zum" oder „zur" zu verwenden: Montagehilfe zur Reparatur oder zur Pflege eines Fahrrads.

Punkt 3: „oder dergleichen": Man sieht in Patentanmeldungen oft derartige Floskeln wie „oder ähnliches", „etc.", „und sonstiges", „und sonstige" und „oder dergleichen". Hierdurch möchte der Anmelder Gegenstände ähnlichen Typs mit umfasst wissen. Diese Floskeln bringen allerdings nichts, da der Anmelder genau und präzise die Erfindung beschreiben muss. Merkmale, die nur mit „oder dergleichen" beschreiben sein sollen, werden nicht als präzise beschrieben angesehen und gehören daher nicht dem Schutzumfang an.

Punkt 4: „mit Hilfe von": eine unnötige Redewendung

Punkt 5: „wahlweise": Unnötige Formulierung, stattdessen können Alternativen mit „oder" verbunden werden.

Punkt 6: „an dessen von der Wand (4) abgewandter Seite die Haltemittel (6) vorgesehen sind": Es wäre ebenfalls möglich zwischen dem Haltemittel und der Wand das Fahrrad aufzubocken. Durch dieses Merkmal wird diese technische Lösung ausgeschlossen und stellt daher eine Umgehungslösung für einen Nachahmer dar. Dieses Merkmal sollte daher nicht im Hauptanspruch, sondern in einem Unteranspruch beschrieben sein.

Der korrigierte Hauptanspruch lautet:
1. Montagehilfe (1) zur Reparatur oder zur Pflege eines Fahrrads (2) mit einem Haltemittel (6) zum Aufnehmen des Fahrrads mit Abstand zum Boden (3),
   gekennzeichnet durch
   ein an einer Wand (4) schwenkbar zu befestigenden Ausleger zum Schwenken und Anlegen eines Standrohrs auf den Boden (3) oder an die Wand (4).

9.19.12 Beispiel: Automatische Steuerung von Funktionen an Fahrrädern

Die Offenlegungsschrift DE 10 2013 013406 A1 (Titel: Automatische Steuerung von Funktionen an Fahrrädern durch den Multifunktionsgriff) beschreibt eine Steuerung von Funktionen an Fahrrädern durch einen Multifunktionsgriff. Die technische Aufgabe ist es, einen Multifunktionsgriff bereitzustellen, mit dem mehrere betriebsgerecht ablaufende Funktionen mit einer Griffbewegung, z. B. Bremsen, Bremslichteinstellung, Sattel absenken zum sicheren Stand und Einlegen des Startganges, durchgeführt werden können (siehe Abb. 9.14).

Der Hauptanspruch der Anmeldung lautet:
1. __Automatische Steuerung von Funktionen an Fahrrädern__ [Punkt 1] __ohne und mit Motorunterstützung__ [Punkt 2], __während des Fahrbetriebs, sowie im Halte- und Schiebemodus__ [Punkt 3] durch einen Handgriff __1__ [Punkt 4], __(Multifunktionsgriff, Betätigungs-__

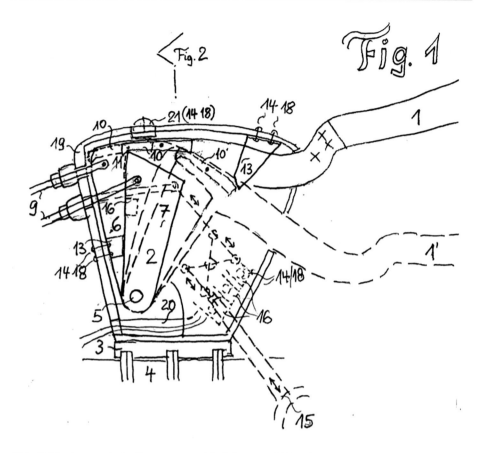

Abb. 9.14 Automatische Steuerung von Funktionen an Fahrrädern (DE 10 2013 013406 A1)

element) [Punkt 5] *mit Schaltvorrichtung 2* **_für wenigstens zwei Funktionen_** [Punkt 6], **_nachrüstbar oder integriert_** [Punkt 7], **_welcher_** [Punkt 8] *mit einem Befestigungselement 3 am Lenker oder Rahmen 4 befestigt ist, dadurch gekennzeichnet, dass die Schaltvor-richtung 2 durch Betätigung des Handgriffs 1 wenigstens zwei verschiedene,* **_betriebs-gerecht hintereinander oder zeitgleich ablaufende_** [Punkt 9] **_Funktionen an Fahrrädern auslösen und aufheben kann_** [Punkt 10].

Punkt 1: „Automatische Steuerung von Funktionen an Fahrädern": Die Bezeichnung des Gegenstands des Hauptanspruch verschenkt die Chance, der Erfindung einen klaren Namen zu geben. Ein Beispiel wäre: „Steuervorrichtung für ein Fahrrad".

Punkt 2: „ohne und mit Motorunterstützung": Dieses Merkmal besagt nichts, denn es werden alle möglichen Situationen beschrieben. Das Merkmal kann entfallen.

Punkt 3: „während des Fahrbetriebs, sowie im Halte- und Schiebemodus": Dieses Merkmal besagt, dass die Steuervorrichtung stets einsetzbar ist. Das Merkmal kann entfallen, da es stets zutrifft.

Punkt 4: Bezugszeichen in den Ansprüchen werden in Klammern gesetzt.

Punkt 5: „(Multifunktionsgriff, Betätigungselement)": In einem Anspruch sollte eine Sache mit einem einzigen Begriff tituliert werden und nicht mehrere Begriffe für dieselbe Sache verwendet werden. Ein derartiges Mehrfachbenennen eines Gegenstands erläutert die Erfindung nicht.

Punkt 6: „für wenigstens zwei Funktionen": bedeutungsloses Merkmal. Ob die Steuervorrichtung eine oder mehrere Funktionen aufweist, kann kein relevantes Merkmal sein. Es wäre viel wichtiger darzustellen, welche Funktion oder Funktionen wie realisiert werden. Dieses Merkmal kann entfallen.

Punkt 7: „nachrüstbar oder integriert": Also ist die Steuervorrichtung für jede Situation gewappnet. In diesem Fall ist dieses Merkmal ohne Bedeutung und kann entfallen.

Punkt 8: „welcher": Mit „welcher" ist wahrscheinlich der Handgriff gemeint. Um Unklarheiten zu vermeiden, wäre es besser den Handgriff tatsächlich zu nennen.

Punkt 9: „betriebsgerecht hintereinander oder zeitgleich ablaufend": Wieder wird jede Situation beschrieben. Dieses Merkmal kann entfallen. Es kann tatsächlich der Fall vorliegen, dass das Merkmal, dass eine Vorrichtung in jedem Zustand eine Funktion erfüllt, ein besonderes Merkmal ist, das Neuheit und erfinderische Tätigkeit begründet. In den anderen Fällen jedoch steuern derartige Merkmale keine Abgrenzungsmöglichkeit zum Stand der Technik bei und können weggelassen werden.

Punkt 10: „Funktionen an Fahrrädern auslösen und aufheben kann": Eine Steuervorrichtung hat eine Funktion, löst oder hebt eine Funktion jedoch nicht aus bzw. auf.

Der korrigierte Anspruch lautet daher:
1. Steuervorrichtung für ein Fahrrad mit einem Handgriff (1) und einer Schaltvorrichtung (2), wobei der Handgriff (1) mit einem Befestigungselement (3) am Lenker oder Rahmen (4) befestigt ist,
    dadurch gekennzeichnet, dass
    die Schaltvorrichtung (2) durch Betätigung des Handgriffs (1) wenigstens zwei Funktionen ausführen kann.

Eine derartige Steuervorrichtung lässt sich an einem Fahrrad in mannigfaltiger Weise finden. Beispielsweise hat eine Klingel einen Griff, der die Klingel als Steuervorrichtung in die Funktion „läuten" bzw. in die Funktion „nicht läuten" überführen kann. Der Hauptanspruch der Patentanmeldung hat daher keine Aussicht auf Patenterteilung. Ein aussichtsreicher Start in das Erteilungsverfahren wurde daher nicht erreicht.

Diese Anmeldung durchlief ein Patenterteilungsverfahren und führte zum Patent DE 10 2013 013406 B4. Der Hauptanspruch des Patents lautet:

„1. Vorrichtung zur automatischen Steuerung der Höheneinstellung eines Sattels an einem Fahrrad mit und ohne Motorunterstützung während des Fahrbetriebs, sowie im Park- und Schiebemodus durch den Bremsvorgang, mithilfe eines Bremsgriffes (1) und einer Gasdruck- oder einer anderen Feder als bewegliche Sattelstütze, sowie mithilfe einer Schalteinrichtung (2) am Bremsgriff (1) dadurch gekennzeichnet, dass die Schalteinrichtung (2) mit einer zentralen Achse (5) ausgestattet ist, um welche in einer zusätzlichen Ebene ein Hebel 2 (7) mit einem Betätigungselement für die Höheneinstellung des Sattels schwenkbar ist, wobei der Bremsgriff (1), verlängert durch einen Hebel 1 (6) mit einem Betätigungselement für die Bremse in einer ersten Ebene, und in der zweiten Ebene, mit einem justierbaren Mitnehmer (10) zur zeitgenauen Bestimmung der Sattelabsenkung versehen ist, wobei der justierbare Mitnehmer (10) den Hebel 2 (7) für die Höheneinstellung des Sattels mitbewegt."[47]

Der Gegenstand des erteilten Hauptanspruchs hat kaum mehr etwas mit dem Hauptanspruch der Patentanmeldung gemein. Außerdem handelt es sich um einen sehr speziellen Gegenstand mit einem sehr kleinen Schutzumfang. Es ist fraglich, ob das Patent einen hohen wirtschaftlichen Wert aufweist und Umgehungslösungen wirksam verhindern kann.

9.19.13   Beispiel: Montierbare Ladefläche

In der Gebrauchsmusterschrift DE 20 2020 002966 U1 (Titel: Montierbare Ladefläche mit Lenkung für Fahrräder (Lastenfahrrad)) wird die technische Aufgabe gelöst, ein Fahrrad in ein Lastenfahrrad umzubauen (siehe Abb. 9.15 und 9.16).

Abb. 9.15 Montierbare
Ladefläche Fig. 1 (DE 20 2020
002966 U1)

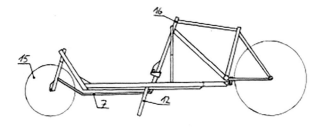

---

[47] DE 10 2013 013406 B4.

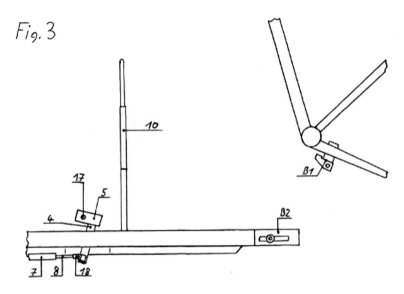

Abb. 9.16 Montierbare Ladefläche Fig. 3 (DE 20 2020 002966 U1)

Diese Aufgabe wird durch den Hauptanspruch gelöst:

*1. **Verbindungselement (B1-B2)** [Punkt 1], dadurch gekennzeichnet, dass **das Verbindungselement (B1) dauerhaft am Fahrrad (C) befestigt wird** [Punkt 2], **formschlüssig** [Punkt 3] auf das Verbindungselement (B2) passt und mittels **der** [Punkt 4] **Sterngriffschraube (14)** [Punkt 5] vom Verbindungselement (B2) **an- und abgeschraubt werden kann** [Punkt 6]. [Punkt 7] Das Verbindungselement (B2) passt wiederrum **formschlüssig** [Punkt 3] **auf das Quadratrohr der Ladefläche (A) und wird mit dieser dauerhaft verbunden** [Punkt 8].*

Punkt 1: „Verbindungselement (B1-B2)": Bei der Durchsicht des Anspruchs wird offenbar, dass es zwei Verbindungselemente gibt, nämlich B1 und B2. Verbindungselement (B1-B2) ist daher falsch. Sinnvoll wäre daher von einem System von zwei Verbindungselementen (B1, B2) zu sprechen, die lösbar verbindbar sind, wobei das eine Verbindungselement (B1) an einem Fahrrad angeordnet ist und das zweite Verbindungselement (B2) an einer Ladefläche für ein Lastenfahrrad.

Punkt 2: „das Verbindungselement (B1) dauerhaft am Fahrrad (C) befestigt wird": Das Fahrrad wird neu eingeführt, daher nicht „am Fahrrad", sondern „an einem Fahrrad". Eine dauerhafte Befestigung kann eleganter mit „unlösbar verbunden" ausgedrückt werden.

Punkt 3: „formschlüssig": sehr spezielle Ausprägung der Verbindung. Eine nicht formschlüssige, sondern kraftschlüssige, Verbindung wäre bereits eine Umgehungslösung. Die formschlüssige Verbindung sollte daher erst in einem Unteranspruch und nicht im Hauptanspruch beschrieben sein.

Punkt 4: „mittels der Sterngriffschraube": Eine Sterngriffschraube wird neu eingeführt, daher muss der unbestimmte Artikel „einer" verwendet werden.

Punkt 5: Bei der Sterngriffschraube handelt es sich um ein sehr spezielles Merkmal. Mit einer anderen Schraube ergäbe sich bereits eine Umgehungslösung für einen Nachahmer.

Punkt 6: statt „an- und abgeschraubt werden" kann die Formulierung „lösbar verbunden" verwendet werden.

Punkt 7: Ein Anspruch ist genau ein Satz. Ein Anspruch besteht nicht aus zwei oder mehreren Sätzen.

Punkt 8: „auf das Quadratrohr der Ladefläche (A) und wird mit dieser dauerhaft verbunden": Die Ladefläche wird neu eingeführt, daher muss der unbestimmte Artikel verwendet werden. Eine dauerhafte Verbindung kann als „unlösbar verbunden" bezeichnet werden. Das Quadratrohr ist ein sehr spezielles Merkmal, das eine Umgehungslösung eines Nachahmers durch ein Rohr mit anderer Querschnittsfläche ermöglicht.

Der korrigierte Anspruch lautet:
1. System von zwei Verbindungselementen (B1, B2), die lösbar verbindbar sind, wobei das eine Verbindungselement (B1) an einem Fahrrad angeordnet ist und das zweite Verbindungselement (B2) an einer Ladefläche für ein Lastenfahrrad.

Der korrigierte Anspruch kann auf einen Gepäckträger eines Fahrrads gelesen werden und ist daher nicht rechtsbeständig.

9.19.14 Beispiel: Kleiner Fahrrad-Anhänger

Die Gebrauchsmusterschrift DE 20 2019 002093 U1 (Titel: Kleiner Fahrrad-Anhänger, der auf dem Gepäckträger platziert ist, bei Bedarf abgeklappt, genutzt und wieder zurückgeklappt werden kann) stellt sich die technische Aufgabe ein Kombi-Fahrrad zur Verfügung zu stellen, das einen Anhänger aufweist, der auf einem Gepäckträger platziert werden kann. Hierdurch können insbesondere die Lebensmitteleinkäufe mit dem Fahrrad erledigt werden (siehe Abb. 9.17).

Der Hauptanspruch lautet:
*1. **Kleiner** [Punkt 1] Fahrrad-Anhänger **(Laststufe vermutlich 50 kg)** [Punkt 2], der auf dem Gepäckträger eines Fahrrads **ständig oder zeitweilig platziert** [Punkt 3] und geeignet ist, **bei Bedarf abgeklappt, für Transportaufgaben genutzt und wieder zurückgeklappt zu werden** [Punkt 4] **(Fig. 1)** [Punkt 5], dadurch gekennzeichnet, dass der **Anhänger** [Punkt 6] mittels eines Gestänges am Anhänger und am Fahrradrahmen **(Fig. 2)** [Punkt 5] sowie einer Kupplung **(Fig. 3)** [Punkt 5] auf einem **handelsüblichen***

Abb. 9.17 Kleiner Fahrrad-
Anhänger (DE 20 2019 002093
U1)

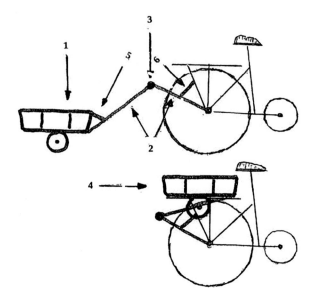

[Punkt 7] *Fahrrad-Gepäckträger **mit Klemmplatte fahrtfest mitgeführt*** [Punkt 8], *bedarfshalber **mit wenigen Handgriffen auf den Boden abgesetzt und wieder aufgesetzt werden kann*** [Punkt 9].

Punkt 1: „kleiner": Was bedeutet „kleiner", was ist dann groß? Es liegt ein unklarer Begriff vor, der zu einer Unklarheit des Anspruchs führt.

Punkt 2: „(Laststufe vermutlich 50 kg)": Außer Bezugszeichen sollte in einem Anspruch nichts in Klammern stehen, denn Klammern bedeuten, dass etwas nicht wichtig ist. Falls etwas nicht wichtig ist, kann es weggelassen werden. Das gilt insbesondere für den Hauptanspruch in dem nur die Merkmale aufgeführt sein sollen, ohne die die Erfindung nicht realisierbar ist. „Vermutlich" gehört ebenfalls nicht in einen Anspruch, denn in Ansprüchen werden nur diejenigen Merkmale aufgenommen, die genau bestimmt sind.

Punkt 3: „ständig oder zeitweilig platziert": Dieses Merkmal kann entfallen, da die Erfindung offensichtlich nicht davon abhängt, da sie für jeden Zustand geeignet erscheint.

Punkt 4: „bei Bedarf abgeklappt, für Transportaufgaben genutzt und wieder zurückgeklappt zu werden": In einem Anspruch sollten die Merkmale beschrieben werden, mit denen die Erfindung realisiert werden kann. Es wäre daher anzugeben, wie das Abklappen und Zurückklappen erfolgen soll. Ansonsten werden nur die Aufgaben aufgelistet, die die Erfindung leisten soll.

Punkt 5: „(Fig. 1)": In den Ansprüchen sollte ein Verweis auf die Zeichnungen (oder die Beschreibung) vermieden werden.[48]

Punkt 6: „Anhänger": Es ist anzunehmen, dass mit „Anhänger" der Fahrrad-Anhänger gemeint ist. Man sollte in einem Anspruchssatz die Begriffe einheitlich verwenden, um Vorwürfe der mangelnden Ausführbarkeit oder Unklarheit zu vermeiden.

Punkt 7: „handelsüblichen Fahrrad-Gepäckträger": Daraus folgt, dass die Verwendung des Fahrrad-Anhängers mit einem nicht handelsüblichen, also einem eher selten verkauften, Fahrrad-Gepäckträger keine Verletzung des Gebrauchsmusters ist. Dieses Merkmal „handelsüblich" kann den Schutzumfang dramatisch verkleinern und einem Nachahmer in die Hände spielen.

Punkt 8: „mit Klemmplatte fahrtfest mitgeführt": Es liegt ein Problem der mangelnden Ausführbarkeit vor, denn wo und wie wird die Klemmplatte angeordnet, um eine „fahrtfeste" Anordnung zu erhalten. Außerdem stellt sich die Frage, wann etwas „fahrtfest" ist.

Punkt 9: „mit wenigen Handgriffen auf den Boden abgesetzt und wieder aufgesetzt werden kann": Diese Eigenschaft, dass mit wenigen Handgriffen (was ist wenig? Was ist ein Handgriff? Greift man nur zu oder dreht oder schiebt man auch?), etwas abmontiert und wieder anmontiert werden kann, trifft für jedes Teil eines Fahrrads zu. Dieses Merkmal kann daher nicht dazu dienen, Neuheit und erfinderischen Schritt zu begründen und kann entfallen. Außerdem sollte beschrieben werden, wie diese Aufgabe, also das Absetzen und Aufsetzen mit wenigen Handgriffen, erzielt wird.

Der korrigierte Anspruch lautet:
1. Fahrrad-Anhänger, der auf dem Gepäckträger eines Fahrrads angeordnet werden kann, dadurch gekennzeichnet, dass der Fahrrad-Anhänger mittels eines Gestänges am Fahrrad-Anhänger und am Fahrradrahmen sowie einer Kupplung auf einem Fahrrad-Gepäckträger mitgeführt wird.

Der Hauptanspruch beschreibt einen Fahrrad-Anhänger, der am Fahrradrahmen und mit einer Kupplung am Fahrrad-Gepäckträger befestigt werden kann. Es stellt sich die Frage, warum der Fahrrad-Anhänger an zwei Stellen des Fahrrads fixiert wird.

9.19.15 Beispiel: Fahrrad Sattelstangen-Alarmanlage

Die technische Aufgabe der Erfindung des Gebrauchsmusters DE 20 2010 011175 U1 (Titel: Fahrrad Sattelstangen-Alarmanlage) ist es, eine Vorrichtung für ein Fahrrad zur

---

[48] § 9 Absatz 8 Patentverordnung.

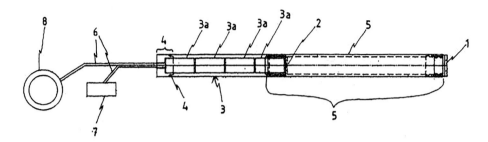

Abb. 9.18 Fahrrad Sattelstangen-Alarmanlage (DE 20 2010 011175 U1)

Verfügung zu stellen, die den Diebstahl des derart ausgerüsteten Fahrrads verhindert (siehe Abb. 9.18).

Die Gebrauchsmusterschrift umfasst zwei Ansprüche:

1. __Anordnung einer Alarmanlage__ [Punkt 1] __am Zweirad__ [Punkt 2], insbesondere am Fahrrad, zur Verhinderung des Zweiraddiebstahls, wobei die Alarmanlage in der Sattelstange __bzw.__ [Punkt 3] Sattelstütze __enthalten__ [Punkt 4] ist.

Punkt 1: Der Anspruch bezieht sich auf die Anordnung einer Alarmanlage, also das Bewegen einer Alarmanlage an ein Zweirad und das Verbinden der Alarmanlage mit dem Fahrrad. Der Hauptanspruch ist daher kein Vorrichtungsanspruch, sondern ein Verfahrensanspruch. Das war wahrscheinlich vom Anmelder nicht beabsichtigt. Der Hauptanspruch sollte daher besser lauten „Alarmanlage an einem Zweirad".

Punkt 2: „am Zweirad" entspricht „an dem Zweirad": Das Zweirad wurde neu eingeführt. Daher muss es mit dem unbestimmten Artikel „einem", und nicht mit dem bestimmten Artikel „dem", versehen werden.

Punkt 3: „bzw.": Bzw. ist sprachlich nicht eindeutig, es sollte daher eine eindeutige Formulierung genutzt werden, beispielsweise „oder", „und" oder „und/oder".

Punkt 4: „enthalten": Eine bessere Formulierung wäre „angeordnet".

Der korrigierte Anspruch lautet:
1. Alarmanlage am Zweirad, insbesondere am Fahrrad, zur Verhinderung eines Zweiraddiebstahls, wobei die Alarmanlage in der Sattelstange oder Sattelstütze angeordnet ist.

Der Anspruchssatz weist einen zweiten Anspruch auf, der sich nicht auf den vorhergehenden Anspruch bezieht. Die Gebrauchsmusterschrift weist daher einen Hauptanspruch und einen nebengeordneten Anspruch auf, die jeweils eigenständige Schutzbereiche definieren.

2. Anordnung einer Alarmanlage am Zweirad, insbesondere am Fahrrad, zur **Ermittelung** (Punkt 1) des Zweiraddiebstahls, wobei **der** (Punkt 2) GPS Empfänger **u.** (Punkt 3) Sender in der Sattelstange bzw. Sattelstütze enthalten ist.

Punkt 1: „Ermittelung": Eventuell wäre die „Verfolgung" eine bessere Wortwahl.

Punkt 2: „der": Ein GPS-Empfänger und -Sender wird neu eingeführt, daher muss der unbestimmte Artikel verwendet werden.

Punkt 3: „u.": Keine Abkürzungen in den Ansprüchen! Zur Vermeidung von Unklarheiten sind die Worte auszuschreiben. In einem Anspruch kommt es auf jedes Wort an. Es sollte daher nicht das Risiko eingegangen werden, dass etwas aufgrund einer mehrdeutigen Abkürzung missverstanden werden kann. Bei einem Anspruch handelt es sich nicht um einen normalen Fließtext, bei dem fehlerhafte oder falsch gewählte Worte anhand des (umfangreichen) Kontextes richtiggestellt werden können. Steht ein falsch gewähltes Wort im Gegensatz zum übrigen Kontext, so wird der Anspruch unklar und ist damit nicht mehr gewährbar bzw. nicht rechtsbeständig. Bei der Abfassung eines Anspruchs ist jedes Wort auf die Goldwaage zu legen!

Der korrigierte Anspruch lautet:
2. Alarmanlage am Zweirad, insbesondere am Fahrrad, zur Verfolgung eines Zweiraddiebstahls, wobei ein GPS-Empfänger und -Sender in der Sattelstange oder Sattelstütze angeordnet ist.

9.19.16   Beispiel: Diebstahlschutz für Fahrräder

Die Gebrauchsmusterschrift DE 20 2012 010902 U1 (Titel: Diebstahlschutz für Fahrräder und andere bewegliche Gebrauchsgüter) behandelt als technische Aufgabe das Anordnen eines Codes an einem Fahrrad, sodass sich ein effektiver Schutz vor einem Fahrraddiebstahl ergibt und wodurch das Wiederauffinden eines gestohlenen Fahrrads erleichtert wird (siehe Abb. 9.19).

Der Hauptanspruch lautet:
1. Ein Diebstahlschutz, der dadurch gekennzeichnet ist, dass eine reflektierende und in Signalfarben ausgeführte **Manschette** *[Punkt 1] mit dem zu schützenden Produkt* **stark haftend** *[Punkt 2]* **verklebt** *[Punkt 3] wird und einen alphanummerischen und/oder QR-Code enthält.*

Die Anordnung eines alphanumerischen oder QR-Codes, der reflektierend und in Signalfarben ausgebildet ist, dürfte sicherlich nicht neu sein. Dies gilt insbesondere, da die Anordnung des Codes für jegliche Produkte, nicht nur für Fahrräder, beansprucht wird.

Abb. 9.19 Diebstahlschutz
für Fahrräder (DE 20 2012
010902 U1)

Punkt 1: „Manschette": Ein schlichter Aufkleber umfasst ein Rohr eines Fahrrads nicht vollständig, wie dies eine Manschette tut, und wäre eine Umgehungslösung für einen Nachahmer.

Punkt 2: „stark haftend": Was ist stark, was wäre dem gegenüber „schwach"? Mit unbestimmten Begriffen gefährdet man die erforderliche Klarheit eines Anspruchs.

Punkt 3: „verklebt": Eine Verbindung mit Nieten wäre bereits eine Umgehungslösung eines Nachahmers.

Die Ansprüche 2 und 3 lauten:
2. Ein Diebstahlschutz, der dadurch gekennzeichnet ist, dass eine App für Smartphones mit entsprechender Datenbankanbindung einen „Gestohlen"- und einen „Gefunden"- Button besitzt, welcher bei Aktivierung automatisch die dazugehörigen Ortsdaten und Userdaten an die Datenbank übermittelt.
3. Ein Diebstahlschutz, der dadurch gekennzeichnet ist, dass eine Datenbank so konfiguriert ist, dass alle User der zugehörigen App in einem frei zu wählenden Umkreis vom Diebstahlsort eine entsprechende Push-Mail erhalten, wenn dies gewünscht ist.
Erst beim Lesen des zweiten Anspruchs wird offensichtlich, dass es sich um eine Softwareanmeldung handelt. Grundsätzlich kann technische Software mit einem Gebrauchsmuster geschützt werden. Es hätte sich in diesem Fall angeboten, den Hauptanspruch entsprechend zu formulieren, um die Software zu beanspruchen. Der Hauptanspruch, wie vorliegend, ist zum Scheitern verurteilt. Es wäre daher sinnvoll, die Software als ein System zu beanspruchen. Hierdurch ist ein rechtsbeständiger Hauptanspruch möglich. Eine Möglichkeit ist:

1. System zum Schutz eines Fahrrads vor einem Fahrraddiebstahl, umfassend:
   eine reflektierende und in Signalfarben ausgeführte Manschette, die einen alpha-nummerischen und/oder QR-Code aufweist, wobei die Manschette an einem Fahrrad angeordnet ist,
   ein Aufnahmegerät, insbesondere ein Smartphone, zum Lesen des Codes, wobei das Aufnahmegerät den Code an eine Software übermittelt, und
   die Software, die das Fahrrad anhand des Codes identifiziert.
2. System nach Anspruch 1, wobei die Manschette an das Fahrrad unlösbar befestigt ist.
3. System nach einem der Ansprüche 1 oder 2, wobei die Software nach der Identifikation des Fahrrads eine Nachricht an den Inhaber des Fahrrads übermittelt.
4. System nach Anspruch 3, wobei die Nachricht an den Inhaber entsprechend einstellbarer Kriterien erfolgt, insbesondere je nach Aufenthaltsort des Inhabers.
5. System nach einem der vorhergehenden Ansprüche, wobei das Aufnahmegerät eine Auswahl zwischen der Eingabe von „Gefunden" und „Gestohlen" ermöglicht.

9.19.17 Beispiel: Möbel zur Aufbewahrung eines Fahrrades

Die Gebrauchsmusterschrift DE 20 2018 005207 U1 (Titel: Möbel zur Aufbewahrung, Präsentation, Reparatur und Reinigung eines Fahrrades, sowie zur Aufbewahrung von Werkzeug, Kleidung, Accessoires und nutzungsrelevanten Gegenständen wie Helm, Handschuhe, Brille, Schutzkleidung und ähnlichem) beschreibt die technische Aufgabe, ein Möbel für eine Wohnung bereitzustellen, das als Aufbewahrungsort für ein Fahrrad dient.

Der Anspruchssatz lautet:
*1. Fahrrad-Möbel zum **ordentlichen und platzsparenden** [Punkt 1] __Aufbewahren von Fahrrädern, dadurch gekennzeichnet, dass ein Fahrrad__ [Punkt 2] innerhalb __der eigenen Wohnung/Haus__ [Punkt 3] in einem Möbel [Punkt 4] __an einer Halteklaue zu befestigen ist__ [Punkt 5].*

Punkt 1: „ordentlich und platzsparend": Bei diesen Worten handelt es sich um aufgabenhafte Angaben, die nicht in den Anspruch gehören, sondern in die Beschreibung, um die erfinderische Tätigkeit des Anspruchs zu unterstreichen. In den Anspruch sind ausschließlich die Merkmale aufzunehmen, durch die die Erfindung realisiert werden, also die Merkmale, die dazu führen, dass das Fahrrad ordentlich und platzsparend in der Wohnung aufbewahrt werden kann.

Punkt 2: „Aufbewahren von Fahrrädern, dadurch gekennzeichnet, dass ein Fahrrad": Es ist elegant im ersten Abschnitt eines Anspruchs die Gegenstände einzuführen, an denen oder mit denen die Erfindung realisiert wird. In diesem Fall kann das Aufbewahren eines Fahrrads beschrieben werden. Nicht zu verwenden ist: „Aufbewahren von Fahrrädern", denn sonst bezieht sich der Anspruch auf zwei oder mehrere Fahrräder und nicht auch auf ein Fahrrad-Möbel für nur ein einzelnes Fahrrad. Dieses Fahrrad kann dann weiter behandelt werden, wobei der bestimmte Artikel zu verwenden ist. Hierdurch wird verdeutlicht, mit welchem Gegenstand, hier ein Fahrrad, die Erfindung realisiert werden kann und wie dies vorgenommen wird.

Punkt 3: „innerhalb der eigenen Wohnung/Haus": Eine Verwendung in einem Hotel für ein Hotelgast wäre dann strenggenommen keine Verletzung des Schutzrechts. Die „eigene" Wohnung ist kein technisches Merkmal, sondern ein juristisches, das das Besitzverhältnis definiert. Das Adjektiv „eigene" gehört daher nicht in den Anspruch. Im Anspruch sollten ausschließlich Merkmale aufgenommen werden, die einen technischen Charakter aufweisen und den Sachverhalt technisch bestimmen.

Punkt 4: „in einem Möbel": Mit dem unbestimmten Artikel „einem" wird ein neues Möbel eingeführt. Allerdings ist anzunehmen, dass der Anmelder mit „einem Möbel" das Fahrrad-Möbel gemeint hat. Es sollte daher der bestimmte Artikel verwendet werden. Außerdem sollte der Schutzumfang nicht zu eng gezogen werden. Es wäre vorstellbar, dass das Möbel das Fahrrad nur teilweise umgibt. Folgende Formulierung wäre daher sinnvoll: „zumindest teilweise in dem Fahrrad-Möbel". Es sind die Begriffe einheitlich zu verwenden. Der Begriff „Fahrrad-Möbel" ist wieder aufzunehmen und kein neuer Begriff „Möbel" einzuführen.

Punkt 5: „an einer Halteklaue zu befestigen ist": Dieses Merkmal weist keine Verbindung mit dem Fahrrad-Möbel auf, denn es ist nicht beschrieben, dass die Halteklaue an dem Möbel befestigt ist. Es wäre auch möglich, dass die Halteklaue an einer Wand montiert ist. Die Halteklaue ist daher kein wesentliches Element der Erfindung. Es ginge auch ohne Halteklaue. Zusätzlich beschränkt die Halteklaue auch den Schutzumfang erheblich, denn es könnte auch ein sonstiges Haltemittel verwendet werden, beispielsweise eine Schlaufe oder ein Haken.

Das Merkmal eines „Befestigungsmittels, beispielsweise einer Halteklaue, eines Hakens oder einer Schlaufe", wäre daher in einem Unteranspruch gut aufgehoben.

Der korrigierte Hauptanspruch lautet daher:
1. Fahrrad-Möbel zum Aufbewahren eines Fahrrads, dadurch gekennzeichnet, dass das Fahrrad innerhalb einer Wohnung/Haus in dem Fahrrad-Möbel zumindest teilweise untergebracht ist.

9.19.18   Beispiel: Fahrrad mit Rückraumerkennung

Die technische Lehre der DE 20 2018 001459 U1 (Titel: Fahrrad mit Rückraumerkennung) behandelt das Problem, dass für Radfahrer von hinten schnell herannahende Autos eine Gefahr darstellen. Diese Gefahr soll durch ein Kamerasystem in den Griff bekommen werden. Die technische Aufgabe der Erfindung ist daher, für mehr Verkehrssicherheit für den Radfahrer zu sorgen, insbesondere falls von hinten Fahrzeuge herannahen.

Der Hauptanspruch der Gebrauchsmusterschrift lautet:
1. Fahrrad mit Rückraumüberwachung, dadurch gekennzeichnet, dass **an einem Fahrrad** [Punkt 1] **eine oder mehrere Kameras** [Punkt 2] **so angebracht sind, dass durch diese der Rückraum des Radfahrers permanent erfasst** [Punkt 3] *und* **auf einem ebenfalls am Fahrrad angebrachten Monitor** [Punkt 4] *so abgebildet wird, dass* **die Art eines jeden Fahrzeuges, das sich dem Radfahrer von hinten nähert, dessen Geschwindigkeit, dessen Entfernung zum Radfahrer und dessen Fahrweg erkennbar ist und durch ein ebenfalls am Fahrrad angebrachtes Abstandsmesssystem dem Radfahrer in einer für ihn wahrnehmbaren Form jedes sich ihm von hinten nähernde Fahrzeug signalisiert wird** [Punkt 5].

Punkt 1: „an einem Fahrrad": Es wurde bereits als Bezeichnung des Gegenstands des Anspruchs das Fahrrad eingeführt (Fahrrad mit Rückraumüberwachung). Aus diesem Grund ist hier der bestimmte Artikel mit „an dem Fahrrad" zu verwenden.

Punkt 2: „eine oder mehrere Kameras": Redewendungen wie „eine oder mehrere", „wenigstens eine" oder „mindestens eine" können begrifflich identisch mit „eine" oder „ein" ersetzt werden.

Punkt 3: „Kameras, so angebracht sind, dass durch diese der Rückraum des Radfahrers permanent erfasst": Das Wort „permanent" sollte aus dem Hauptanspruch entfernt werden. Ob eine Kamera zeitweise oder permanent Bilder aufnimmt, ändert nichts an der erfinderischen Tätigkeit. Das Wort „permanent" führt daher allein nicht zu einer erfinderischen Tätigkeit. Andererseits wird der Schutzumfang erheblich eingeschränkt, da eine Kamera, die nur zeitweise Bilder aufnimmt, nicht in den Schutzbereich des Hauptanspruchs fällt. Die Worte „Kameras, so angebracht sind, dass durch diese der Rückraum des Radfahrers permanent erfasst" können elegant durch eine „zum"-Konstruktion ersetzt werden: „Kameras zum Aufnehmen des Rückraums des Radfahrers".

Punkt 4: „auf einem ebenfalls am Fahrrad angebrachten Monitor": Ein Kamerasystem mit einem Monitor, der am Schutzhelm des Fahrradfahrers angeordnet ist, würde bei dieser Formulierung keine Verletzung des Hauptanspruchs bedeuten. Andererseits ist gerade diese Ausführungsform wahrscheinlich die bevorzugte.

Punkt 5: „die Art eines jeden Fahrzeuges, das sich dem Radfahrer von hinten nähert, dessen Geschwindigkeit, dessen Entfernung zum Radfahrer und dessen Fahrweg erkennbar ist und durch ein ebenfalls am Fahrrad angebrachtes Abstandsmesssystem dem Radfahrer in einer für ihn wahrnehmbaren Form jedes sich ihm von hinten nähernde

Fahrzeug signalisiert wird": Diese Merkmale sind sehr detailliert, wodurch der Hauptanspruch Umgehungslösungen Tor und Tür öffnet. Diese Merkmale sollten in den Unteransprüchen aufgenommen werden, damit nötigenfalls mit einzelnen Merkmalen eine
Abgrenzung zum Stand der Technik erfolgen kann.

Der korrigierte Hauptanspruch lautet daher:
1. Fahrrad mit Rückraumüberwachung, dadurch gekennzeichnet, dass an dem Fahrrad
eine Kamera zum Aufnehmen von Bildern des Rückraums des Fahrrads angeordnet ist,
wobei die Bilder auf einem Monitor präsentiert werden.

9.19.19   Beispiel: Halter für Fahrrad-Frontleuchten

Das Dokument DE 20 2019 000855 U1 (Titel: Halter für Fahrrad-Frontleuchten zur
Optimierung des Lichtaustrittswinkels) beschreibt das Problem, dass der Abstrahlwinkel einer Fahrrad-Frontleuchte nur beim stehenden Fahrrad eingestellt werden kann,
dass sich der Abstrahlwinkel jedoch ändert, falls ein Fahrer auf das Fahrrad steigt (siehe
Abb. 9.20).

Die Lösung dieses Problems folgt aus dem Hauptanspruch, der lautet:
*1. Halter für **Fahrrad-Frontleuchten** [Punkt 1] zur Optimierung des Lichtaustrittswinkels, dadurch gekennzeichnet, dass*

Abb. 9.20   Halter für Fahrrad-
Frontleuchten (DE 20 2019
000855 U1)

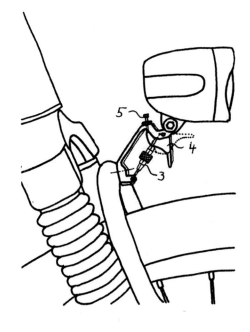

– *die Frontleuchte* [Punkt 2] *in einem für die Fahrbahnausleuchtung sinnvollen Neigungswinkel mit deren Halter* [Punkt 3] *hinreichend verdrehsicher verbunden* [Punkt 4] *ist,*
– *dies vorzugsweise durch einen Formschluss wie beispielsweise eine Vierkantachse oder durch eine hinreichend große Klemmkraft einer Schraubverbindung* [Punkt 5] *geschieht,*
–   *und dieser voreingestellte* [Punkt 6] *Neigungswinkel der Frontleuchte* [Punkt 7] *durch ein Stellelement nahezu gleichförmig stufenlos, ruckfrei und damit „zielsicher" oder für die Fahrbahnausleuchtung sinnvoll abgestuft, beides einhändig, vorzugsweise werkzeuglos und damit ggf. während der Fahrt, vom Radfahrer gemäß seinen momentanen Bedürfnissen zur Fahrbahnausleuchtung jederzeit korrigierbar* [Punkt 8] *ist.*

Punkt 1: „Halter für Fahrrad-Frontleuchten": eine bessere Formulierung ist „Halter für eine Fahrrad-Frontleuchte". Hierdurch wird die Fahrrad-Frontleuchte als weiterer Gegenstand, neben dem Halter, eingeführt und kann in den Merkmalen des Hauptanspruchs und der Unteransprüche wieder aufgegriffen werden.

Punkt 2: „die Frontleuchte": Eine Frontleuchte wurde bislang nicht eingeführt. Der Anspruch beschreibt einen Halter für Fahrrad-Frontleuchten, also eine Vielzahl von Fahrrad-Frontleuchten. Wird hingegen als Gegenstand des Anspruchs ein Halter für eine Fahrrad-Frontleuchte beschrieben, wurde die Fahrrad-Frontleuchte eingeführt und es kann von der Fahrrad-Frontleuchte gesprochen werden. Es sollten die Begriffe einheitlich verwendet werden. Ein Wechseln zwischen Fahrrad-Frontleuchte und Frontleuchte sollte unbedingt vermieden werden.

Punkt 3: „in einem für die Fahrbahnausleuchtung sinnvollen Neigungswinkel mit deren Halter": Es wird in dem Anspruch eine Aufgabe gestellt, nämlich einen „sinnvollen" Neigungswinkel bereitzustellen. Es wird allerdings nicht beschrieben, wie das erreicht werden soll. Diese Textpassage gehört nicht in den Anspruch, sondern stellt allenfalls die technische Aufgabe oder ein Teil der technischen Aufgabe dar.

Punkt 4: „hinreichend verdrehsicher verbunden": Wieder wird nur die Aufgabe gestellt, aber nicht beschrieben, wie diese Aufgabe realisiert werden soll.

Punkt 5: „dies vorzugsweise durch einen Formschluss, wie beispielsweise eine Vierkantachse, oder durch eine hinreichend große Klemmkraft einer Schraubverbindung": Es ist unklar, wie durch eine einzelne Vierkantachse ein Formschluss erzeugt wird. Was bedeutet „hinreichend", wann ist eine Klemmkraft „hinreichend groß"? Diese Textpassage kann besser formuliert werden als: „insbesondere durch Formschluss oder eine Klemmkraft".

Punkt 6: „voreingestellt": Vor welchem Ereignis oder Zustand wird etwas eingestellt? Kann denn nicht auch der Neigungswinkel „nacheingestellt" werden und ist daher das Wort „voreingestellt" nicht überflüssig?

Punkt 7: „Neigungswinkel der Frontleuchte": Der Neigungswinkel wurde bereits als Neigungswinkel der Frontleuchte definiert. Wird das Wort „Neigungswinkel" wieder aufgegriffen, ist eine erneute Spezifikation nicht erforderlich. Es genügt von dem „Neigungswinkel" zu sprechen.

Punkt 8: „Stellelement nahezu gleichförmig stufenlos, ruckfrei und damit „zielsicher" oder für die Fahrbahnausleuchtung sinnvoll abgestuft, beides einhändig, vorzugsweise werkzeuglos und damit ggf. während der Fahrt, vom Radfahrer gemäß seinen momentanen Bedürfnissen zur Fahrbahnausleuchtung jederzeit korrigierbar": Es werden ausschließlich aufgabenhafte Formulierungen angegeben, die nicht beschreiben, wie die Erfindung erreicht wird, sondern die nur beschreiben, was die Erfindung leisten soll. Diese Beschreibung der Aufgabe gehört in den einleitenden Teil der Anmeldung, in der die Aufgabe der Erfindung beschrieben ist.

Der korrigierte Anspruch lautet:
1. Halter für eine Fahrrad-Frontleuchte zur Optimierung des Lichtaustrittswinkels, dadurch gekennzeichnet, dass die Fahrrad-Frontleuchte in einem Neigungswinkel mit dem Halter, insbesondere durch Formschluss oder eine Klemmkraft, verbunden ist.

Dieser Hauptanspruch beschreibt den Stand der Technik und ist daher nicht rechtsbeständig. Eine Anwendung des Hauptanspruchs auf Schutzrechts verletzungen ist nicht möglich.

9.19.20   Beispiel: Mehrzweckanhänger für Fahrrad und Boot

Die Gebrauchsmusterschrift DE 20 2016 006583 U1 (Titel: Mehrzweckanhänger für Fahrrad und Boot zum gegenseitigen Schleppen) behandelt die technische Aufgabe, die Freizeitsportarten Fahrradfahren und Bootfahren zu verbinden. Hierbei wird als Erfindung ein Mehrzweckanhänger zur Verfügung gestellt, der ein Boot oder ein Fahrrad aufnehmen kann. Beim Fahrradfahren wird das Boot in den Mehrzweckanhänger gepackt und vom Fahrrad gezogen. Beim Bootfahren nimmt der Mehrzweckanhänger das Fahrrad auf und der Mehrzweckanhänger wird vom Boot geschleppt. Wichtige Eigenschaft des Mehrzweckanhängers ist daher, dass dieser schwimmfähig ist (siehe Abb. 9.21).

Der Hauptanspruch lautet:
1. ***Der Mehrzweckanhänger*** [Punkt 1] ***(Fig. 1)*** *[Punkt 2]* ***mit folgenden Merkmalen*** [Punkt 3]:

Abb. 9.21 Mehrzweckanhänger für Fahrrad und Boot (DE 20 2016 006583 U1)

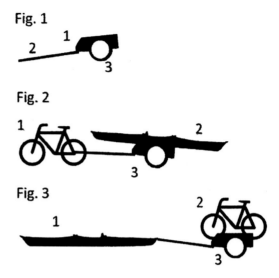

a) ***Ein- oder mehrteiliger*** [Punkt 4] *Schwimmkörper mit ausreichender Traglast im Wasser **für Anhänger** [Punkt 5] und Fahrrad (**Fig. 1–1**),*
b) *Zwei oder mehr Räder zum Fahren an Land (**Fig. 1–3**),*
c) *Befestigungsmöglichkeit für **Boote** [Punkt 6] **als Anhängelast** [Punkt 7] (Fig. 2),*
d) *Befestigungsmöglichkeit für **Fahrräder** [Punkt 8] **als Anhängelast** (Fig. 3),*
e) *Anhängekupplung für **Fahrrad als Zugmittel** [Punkt 9],*
f) *Anhängekupplung für **Boot als Zugmittel** [Punkt 10].*

Punkt 1: „Der Mehrzweckanhänger": Es wird kein Artikel bei der Bezeichnung des Gegenstands des Anspruchs verwendet. Insbesondere wird kein bestimmter Artikel verwendet, da der Gegenstand noch nicht eingeführt wurde.

Punkt 2: „(Fig. 1)": Ein Verweis auf Zeichnungen oder Textpassagen der Beschreibung sollte vermieden werden. Ein Anspruch sollte aus sich heraus verständlich sein.

Punkt 3: „mit folgenden Merkmalen": In einem Anspruch sind nur Merkmale. Diese Textpassage ist überflüssig und kann durch „aufweisend" oder „umfassend" ersetzt werden.

Punkt 4: „Ein- oder mehrteiliger": Da es keine weiteren Varianten als ein- oder mehrteilig gibt, definiert diese Textpassage kein bestimmtes Merkmal. Diese Aussage kann entfallen.

Punkt 5: „für Anhänger": Es ist anzunehmen, dass mit dem Anhänger der Mehrzweckanhänger gemeint ist. Der Mehrzweckanhänger ist bereits im Anspruchssatz eingeführt, daher ist hier der bestimmte Artikel zu verwenden. Außerdem sollten Begriffe einheitlich verwendet werden. Es sollte daher nicht von einem Anhänger, sondern eben der Begriff

„Mehrzweckanhänger" durchgehend verwendet werden. Hierdurch können Unklarheiten, die stets zulasten des Anmelders ausgelegt werden, denn dieser hätte sich ja eindeutig erklären können, vermieden werden.

Punkt 6: „Boote": Es ist eleganter den Gegenstand „Boot", also Singular, einzuführen, dann kann nachfolgend dieser Gegenstand wieder aufgenommen und weiter bestimmt werden.

Punkt 7: „als Anhängelast": überflüssig

Punkt 8: „Fahrräder": Sinnvollerweise wird der Gegenstand „Fahrrad", der bereits eingeführt wurde, wieder aufgegriffen und dann mit einem bestimmten Artikel verwendet.

Punkt 9: „als Zugmittel": ist überflüssig, da bereits beschrieben wurde, dass der Mehrzweckanhänger eine Anhängekupplung für ein Fahrrad hat.

Der korrigierte Hauptanspruch lautet daher:
1. Mehrzweckanhänger aufweisend:

a) einen Schwimmkörper mit ausreichender Traglast im Wasser für den Mehrzweckanhänger und ein Fahrrad,
b) zwei oder mehr Räder zum Fahren an Land,
c) eine Befestigungsmöglichkeit für ein Boot,
d) eine Befestigungsmöglichkeit für das Fahrrad,
e) eine Anhängekupplung für das Fahrrad und
f) eine Anhängekupplung für das Boot.

9.19.21 Beispiel: Fahrradanhänger

Die Gebrauchsmusterschrift DE 29822869 U1 (Titel: Fahrradanhänger) stellt sich die Aufgabe, einen Fahrradanhänger zur Verfügung zu stellen, der alternativ als Transportvorrichtung ohne Fahrrad, beispielsweise als Rucksack oder Rollkoffer, genutzt werden kann (siehe Abb. 9.22 und 9.23).

Der Hauptanspruch lautet:
1. Fahrradanhänger mit einem Laufrad (16), gekennzeichnet durch **_mindestens eine_** [Punkt 1] **_rucksackähnliche_** [Punkt 2] **_Trageeinrichtung_** [Punkt 3] *(34).*

Punkt 1: „mindestens eine": kann durch „eine" ersetzt werden.

Punkt 2: „rucksackähnlich": Dieses Wort hat keine eindeutige Bedeutung. Es ist daher erforderlich diesen Begriff der „Rucksackähnlichkeit" auszulegen. Hierbei kann rucksackähnlich bedeuten, dass Gegenstände aufgenommen und transportiert werden oder dass der

Abb. 9.22 Fahrradanhänger
Fig. 5 (DE 29822869 U1)

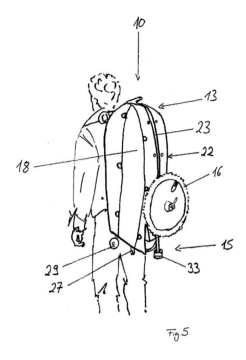

Fig. 5

Abb. 9.23 Fahrradanhänger
Fig. 6 (DE 29822869 U1)

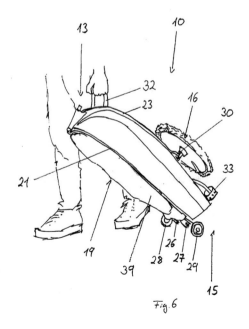

Fig. 6

rucksackähnliche Gegenstand wie ein Rucksack aussieht, also Taschen aufweist und eine gewölbte Seite und eine ebene Seite umfasst. Außerdem kann rucksackähnlich bedeuten, dass der entsprechende Gegenstand als Rucksack von einer Person genutzt werden kann. In diesem Fall wäre eine Formulierung „als Rucksack von einer Person auf dem Rücken tragbar" möglich gewesen. Zusammenfassend kann dem Begriff „rucksackähnlich" keine eindeutige Bedeutung beigemessen werden. Der Hauptanspruch ist daher unklar.

Punkt 3: „Trageeinrichtung": Eine Trageeinrichtung trägt etwas oder wird getragen. Da der Fahrradanhänger die Trageeinrichtung aufweist, ist anzunehmen, dass der Fahrradanhänger die Trageeinrichtung trägt. Allerdings ist hier eher anzunehmen, dass gemeint war, dass die Trageeinrichtung derart ist, dass der Fahrradanhänger als Rucksack von einer Person getragen wird. Diese Interpretation wird allerdings erst durch die Zeichnungen nahegelegt.

Insgesamt ist der Anspruch unklar und nicht geeignet, das beanspruchte geistige Eigentum zu definieren.

Eine verbesserte Anspruchsformulierung ist:
1. Anhänger zum Verbinden mit einem Fahrrad aufweisend ein Laufrad (16), sodass der Anhänger von einem Fahrrad gezogen werden kann, wobei der Anhänger ein Trageriemen aufweist, sodass er von einer Person in der Weise eines Rucksacks getragen werden kann.

9.19.22 Beispiel: Dreirad für Kinder

Die Gebrauchsmusterschrift DE 20 2019 001213 U1 (Titel: Dreirad für Kinder gekennzeichnet durch: 2 Räder vorn, ein Rad hinten, Autolenker, Rücktrittbremse) stellt sich die technische Aufgabe, ein Kinderdreirad fortzuentwickeln und insbesondere dessen Lenkeigenschaften zu verbessern.

Der Anspruchssatz besteht aus zwei Ansprüchen:
*1. Kinderdreirad, gekennzeichnet dadurch, dass **ein Lenkrad (wie PKW) verwendet wird*** [Punkt 1], ***anstatt Lenker wie bei einem Fahrrad*** [Punkt 2].
*2. Kinderdreirad, gekennzeichnet dadurch, **dass die Konstruktion es vorsieht** [Punkt 3], dass **zwei 12 Zoll Räder vorn sind und ein 12 Zoll Rad hinten** [Punkt 4].*

Punkt 1: „ein Lenkrad (wie PKW) verwendet wird": Ein Lenkrad wie PKW zu verwenden, setzt allerdings voraus, dass ein Lenkrad vorhanden ist. Deswegen sollte zunächst das Lenkrad als Teil des Kinderdreirads eingeführt werden. In einem Anspruch sollten keine Klammern stehen, denn Klammern bedeuten, dass etwas weniger wichtig ist. Weniger wichtige Merkmale gehören überhaupt nicht in einen Anspruch.

Punkt 2: „anstatt Lenker wie bei einem Fahrrad": Hier sollte ausgedrückt werden, dass das Kinderdreirad keine Lenkstange eines Fahrrads aufweist. In einem Anspruch sollte grundsätzlich nicht beschrieben werden, was nicht da ist, sondern das, was vorhanden ist.

Punkt 3: „dass die Konstruktion es vorsieht": Wie kann denn eine Konstruktion, also eine Sache und kein Mensch, etwas vorsehen, also planen? Außerdem ist unklar, was mit der Konstruktion gemeint ist. Falls mit der Konstruktion das Kinderdreirad gemeint ist, sollte statt der Konstruktion das Kinderdreirad erwähnt werden. Auf diese Textpassage kann verzichtet werden.

Punkt 4: „zwei 12 Zoll Räder vorn sind und ein 12 Zoll Rad hinten": Hier sind zwei Merkmale miteinander vermengt. Zum einen wird bestimmt, dass die Räder einen Durchmesser von 12 Zoll aufweisen. Außerdem wird beschrieben, dass bei dem Kinderdreirad vorne zwei Räder und hinten ein Rad angeordnet ist.

Der Anspruchssatz enthält zwei Ansprüche, die nebengeordnet formuliert sind. Es gibt daher zwei Ansprüche, die einen eigenen Schutzumfang aufweisen. Es ist jedoch anzunehmen, dass eine Abhängigkeit beabsichtigt war, und dass der Anspruch 2 abhängig vom Anspruch 1 zu formulieren ist. Der korrigierte Anspruchssatz lautet:

1. Kinderdreirad, gekennzeichnet dadurch, dass das Kinderdreirad ein Lenkrad zur Lenkung des Kinderdreirads aufweist.

In dem einleitenden Teil der Beschreibung kann erläutert werden, dass Kinderdreiräder bislang eine Lenkstange wie bei einem Fahrrad aufweisen und dass eine Lenkstange im Vergleich zu einem Lenkrad eines Pkws nachteilig ist. Der Nachteil des Stands der Technik kann insbesondere darin gesehen werden, dass mit einem Lenkrad eine genauere Lenkung im Vergleich zu der groben Lenkung durch eine Lenkstange erzielt wird.

2. Kinderdreirad nach Anspruch 1, gekennzeichnet dadurch, dass das Kinderdreirad vorne zwei Räder und hinten ein Rad aufweist und/oder dass die Räder einen Durchmesser von 12 Zoll aufweisen.

9.19.23 Beispiel: Beiwagenanbindung

In der Gebrauchsmusterschrift DE 20 2013 002713 U1 (Titel: Beiwagenanbindung für das Fahrrad) wird das technische Problem behandelt, dass aufgrund einer starren Verbindung eines Beiwagens zu einem Fahrrad analoge Neige- bzw. Kippbewegungen des Beiwagens zum Fahrrad verhindert werden (siehe Abb. 9.24).

Die Aufgabenbeschreibung des Dokuments DE 20 2013 002713 U1 ist unglücklich, da bereits in der Aufgabenstellung die Lösung des Problems, also die Erfindung, vorweggenommen wird. Es wird nämlich beschrieben, dass aufgrund einer starren Verbindung des Fahrrads mit dem Beiwagen das Problem entsteht. Es ist jedoch von „starr" zu „flexibel" nur ein kleiner Schritt, weswegen in dieser Darstellungsweise die Erfindung als nicht auf einer erfinderischen Tätigkeit basierend, erscheint. Eine naheliegende

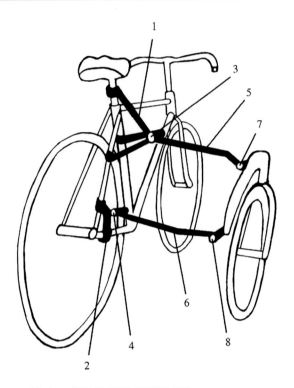

Abb. 9.24 Beiwagenanbindung (DE 20 2013 002713 U1)

Erfindung führt jedoch nicht zu einem rechtsbeständigen Gebrauchsmuster.[49] In der Aufgabenstellung sollte jeder Bezug zu der starren Verbindung vermieden werden.

Die Erfindung wird durch den Hauptanspruch realisiert:
1. __Neigungsbefähigende__ [Punkt 1] Fahrrad-Beiwagen-Anbindung __(Fig. 1)__ [Punkt 2] __zum__
__Anbinden von Seitenwägen__ [Punkt 3] an __handelsübliche__ [Punkt 4] Fahrradrahmen,
dadurch gekennzeichnet, __dass durch die Anbindung am Fahrrad (Fig. 4, Fig. 5) und am__
__Beiwagen (Fig. 7, Fig. 9) befestigte, vierfache Lagerung (Fig. 6, Fig. 7, Fig. 8, Fig. 9)__
__der oberen und unteren Schwingen (Fig. 2, Fig. 3), das Fahrrad-Beiwagengespann__
__eine Parallelneigung nach dem Pendelprinzip vollziehen kann__ [Punkt 5].

Punkt 1: „Neigungsbefähigende“: durch eine Kreation eines Adjektivs wird
beschrieben, was die Fahrrad-Beiwagen-Anbindung leisten soll. Dieses Adjektiv ist aufgabenhaft und daher überflüssig. Stattdessen sollten in dem Anspruch die Merkmale
beschrieben werden, durch die die Erfindung realisiert wird.

---

[49] § 4 Satz 1 Patentgesetz bzw. Artikel 56 Satz 1 EPÜ.

Punkt 2: „(Fig. 1)": In einem Anspruch sollten keine Verweise auf Zeichnungen und Beschreibungsanteile vorgenommen werden.[50]

Punkt 3: „Fahrrad-Beiwagen-Anbindung zum Anbinden von Seitenwägen": Unnötige Doppelung, denn durch Fahrrad-Beiwagen-Anbindung wurde bereits beschrieben, dass eine Verbindung eines Fahrrads mit einem Beiwagen der Gegenstand des Anspruchs ist.

Punkt 4: „handelsüblich": Was ist handelsüblich und was nicht? Welche Bedeutung soll dieses Merkmal überhaupt haben? Handelt es sich überhaupt um ein technisches Merkmal? Falls nein, gehört es nicht in den Anspruch. Falls ja, führt es zu einer Einschränkung des Schutzumfangs, die der Anmelder kaum gewollt haben kann. In diesem Fall müsste ein Nachahmer einfach einen nicht handelsüblichen, also selten verkauften, Fahrradrahmen verwenden, um eine Umgehungslösung zu erhalten.

Punkt 5: Was sind die oberen und die unteren Schwingen? Was ist eine befestigte Lagerung? Wie sieht eine unbefestigte Lagerung aus? Was ist das Fahrrad-Beiwagen-gespann? Handelt es sich hierbei um das Fahrrad mit dem Beiwagen, der mit dem Fahrrad verbunden ist? Was ist eine Parallelneigung? Was ist das Pendelprinzip? Der Anspruch ist im kennzeichnenden Teil unklar.

Ein korrigierter Anspruch könnte lauten:
1. Fahrrad-Beiwagen-Anbindung, dadurch gekennzeichnet, dass die Anbindung des Beiwagens am Fahrrad durch eine Lagerung erfolgt, sodass der Beiwagen zum Fahrrad schwenkbar ist.
   Die Ausgestaltung mit vier Lagerungen kann in einem Unteranspruch beschrieben werden.

9.19.24 Beispiel: Fahrrad-Stand und Sicherungssystem

Die Gebrauchsmusterschrift DE 20 2017 000081 U1 (Titel: Neues Fahrrad-Stand- und Sicherungssystem) beschreibt die Aufgabe, ein Sicherungssystem für ein Fahrrad gegen Diebstahl bereitzustellen (siehe Abb. 9.25).

Der Hauptanspruch lautet:
*1. **Neues** [Punkt 1] Fahrrad-Stand und Sicherungssystem, gekennzeichnet durch **Zweiteilung bisheriger Sicherungssysteme, (Seile, Ketten, Faltschlösser)** [Punkt 2]. [Punkt 3] Ein Teil ist fest mit **dem** Rad [Punkt 4] verbunden. Ein Teil ist fest mit **der** Standanlage [Punkt 5] verbaut. **Zeichnung A (2) (4) (11)** [Punkt 6]. Die **ineinander geführten Teile***

---

[50] § 9 Absatz 8 Patentverordnung.

Abb. 9.25 Fahrrad-Stand
und Sicherungssystem (DE 20
2017 000081 U1)

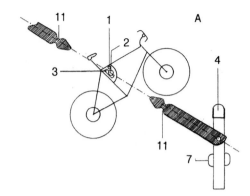

(2) und (11) [Punkt 7] *stellen den Stand und die Sicherung des Rades her.* ***Je nach Standanlage kann Zapfen (11) am Rad oder der Standanlage fest angebaut sein. Ebenso geht
das mit der Zapfen-Aufnahme (2) je nach Bauartwunsch der Standanlage*** [Punkt 8].

Punkt 1: „neues": Die Neuheit des Gegenstands des Hauptanspruchs ist Voraussetzung
der Rechtsbeständigkeit des Gebrauchsmusters. Es wundert nicht, dass der Anmelder die
Neuheit annimmt. Allerdings wird ein Anspruch nicht dadurch neu, dass der Anmelder
ihn als solchen bezeichnet. Die Neuheit eines Gebrauchsmusters zeigt sich letzten Endes
in einem Gebrauchsmusterlöschungsverfahren.[51] Ein amtliches Prüfungsverfahren auf
Neuheit und erfinderischen Schritt ist bei einem Gebrauchsmuster nicht vorgesehen.[52]
Allerdings kann eine amtliche Recherche nach relevanten Dokumenten des Stands der
Technik beantragt werden.[53]

Punkt 2: „Zweiteilung bisheriger Sicherungssysteme, (Seile, Ketten, Faltschlösser)":
In einem Anspruch sollte nicht der Stand der Technik beschrieben werden, auch nicht
in welcher Form er weiterentwickelt werden kann, sondern die Merkmale angegeben
werden, die die Erfindung realisieren.

Punkt 3: Ein Anspruch ist ein Satz und nicht mehrere Sätze. Hierdurch soll auch
symbolisiert werden, dass durch einen Anspruch eine einzige Erfindung geschützt
werden kann und nicht mehrere.

Punkt 4: „dem Rad": Ein Rad wird in den Anspruchssatz neu eingeführt, daher ist der
unbestimmte Artikel zu verwenden. Wird in einem Unteranspruch ein Gegenstand neu eingeführt, der noch nicht in einem der rückbezogenen Ansprüche bereits eingeführt wurde,

---

[51] § 15 Gebrauchsmustergesetz.
[52] § 8 Absatz 1 Satz 2 Gebrauchsmustergesetz.
[53] § 7 Absatz 1 Gebrauchsmustergesetz.

so ist ebenfalls der unbestimmte Artikel zu verwenden. Wurde in einem rückbezogenen Anspruch, beispielsweise im Hauptanspruch, ein Begriff bereits eingeführt, der in einem Unteranspruch wieder aufgenommen wird, so ist der bestimmte Artikel zu verwenden.

Punkt 5: „der Standanlage": Der Gegenstand wird im Anspruchssatz neu eingeführt, daher muss der unbestimmte Artikel verwendet werden.

Punkt 6: Verweise auf Zeichnungen oder Beschreibungsanteile wie beispielsweise „Fig. 1" oder „siehe Beschreibung zur Fig. 1" oder „siehe Beschreibung auf Seite 1" sollten vermieden werden.[54] Dies widerspricht dem Grundsatz, dass ein Anspruch aus sich heraus verständlich sein soll.[55]

Punkt 7: „die ineinander geführten Teile (2) und (11)": Hier stellt sich als erstes die Frage, welche Teile gemeint sind. Zwar wurde zuvor „ein" Teil und danach noch einmal „ein" Teil beschrieben. Allerdings ist nicht klar, dass diese Teile die zwei Teile sein sollen, die dann ineinander geführt sind. Es wäre möglich gewesen, zuvor ein „erstes" Teil und ein „zweites" Teil zu definieren und danach diese Teile aufzugreifen und zu beschreiben, dass das erste Teil in das zweite Teil eingeführt wird. Die nächste Frage ist, warum die Teile ineinander geführt werden sollen? Soll dadurch eine Verbindung ermöglicht werden? In diesem Fall wäre es sinnvoll, eine lösbare Verbindung des ersten Teils mit dem zweiten Teil zu beschreiben. Das „Ineinanderführen" führt erstens nicht zwangsläufig zu einer festen Verbindung. Außerdem würde hierdurch der Schutzumfang erheblich beschränkt werden. Es könnten sich Umgehungslösungen ergeben, die nicht durch den Hauptanspruch bekämpft werden können.

Punkt 8: Es wird eine Lösung mit einem Zapfen und einer Zapfenaufnahme beschrieben. Hierdurch wird der Hauptanspruch derart in seinem Schutzbereich beschränkt, dass er nahezu wertlos erscheint. Eine Umgehungslösung wäre eine beliebige Hervorhebung, die in eine komplementäre Aufnahme eingeführt werden kann und von dieser gehalten wird. Eine mögliche Variante, die nicht in den Schutzbereich fallen würde, wäre statt eines Zapfens eine zylinderförmige oder schwalbenschwanzförmige Hervorhebung. Die spezielle Ausführungsform als Zapfen wäre ein typisches Merkmal für einen Unteranspruch, da mit dieser speziellen Ausführungsform besondere Vorteile einhergehen, die eine Abgrenzung zum Stand der Technik ermöglichen.

Der korrigierte Hauptanspruch lautet:
1. Fahrrad-Stand- und Sicherungssystem, **gekennzeichnet durch:**

---

[54] § 9 Absatz 8 Patentverordnung.
[55] § 14 Satz 1 Patentgesetz.

ein erstes Teil, das fest mit einem Rad verbunden ist und

ein zweites Teil, das fest mit einer Standanlage verbunden ist, wobei das erste Teil mit dem zweiten Teil lösbar verbunden werden kann, um einen Diebstahl des Rads zu verhindern und/oder um dem Rad einen festen Stand zu ermöglichen.

9.19.25   Beispiel: Rucksack zum Tragen eines Fahrrads

Das Dokument DE 20 2017 004477 U1 (Titel: Rucksack mit Aufnahmen zum Tragen eines Fahrrads) beschreibt die Aufgabe, ein Fahrrad mit einem Rucksack derart zu tragen, dass das Gewicht des Fahrrads auf den Körper des Trägers gleichmäßig verteilt ist. Hierdurch kann der Träger über eine lange Zeit und ohne eine große Beeinträchtigung der Balance das Fahrrad durch unwegsames Gelände tragen (siehe Abb. 9.26 und 9.27).

Der Hauptanspruch der Gebrauchsmusterschrift lautet:
1. Rucksack mit **_Aufnahmen zum Tragen eines Fahrrads_** *[Punkt 1], der*

einen Rahmen und
mindestens zwei Schultergurte aufweist,

dadurch gekennzeichnet, dass *[Punkt 2]*
    der Rahmen (200) durch eine oder mehrere flexible oder starre Verbindungen mit **_dem_** **_Hüftgurt_** *[Punkt 3] (201) und den Schultergurten (301) verbunden ist, sodass die Last des Fahrrads (101) zwischen Schultergurten und Hüftgurt (201) verteilt* **_werden kann_** *[Punkt 4].*

Abb. 9.26 Rucksack zum
Tragen eines Fahrrads Fig. 4
(DE 20 2017 004477 U1)

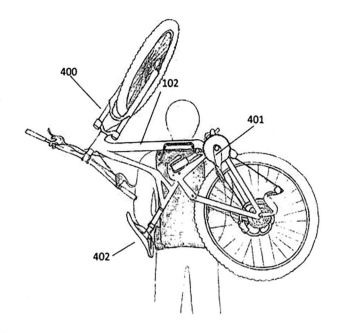

Abb. 9.27 Rucksack zum
Tragen eines Fahrrads Fig. 6
(DE 20 2017 004477 U1)

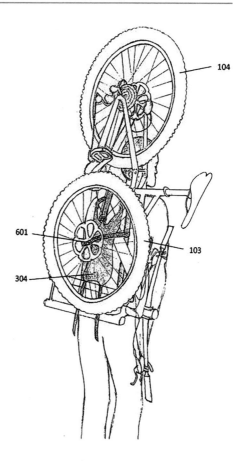

Punkt 1: „Aufnahmen zum Tragen eines Fahrrads": Es werden „Aufnahmen" eingeführt, die bei den nachfolgenden Merkmalen nicht benötigt werden. Diese Aufnahmen sind daher für die Realisierung der Erfindung nicht erforderlich und können entfallen.

Punkt 2: „dadurch gekennzeichnet, dass": Es sollte grundsätzlich statt dieser Formulierung das Wort „wobei" verwendet werden.[56]

Punkt 3: „dem Hüftgurt": Dieser Begriff wurde neu eingeführt und sollte daher mit dem unbestimmten Artikel verwendet werden.

Punkt 4: „werden kann": In einem Anspruch sollte nicht beschrieben werden, was sein kann, sondern was ist. Es sind die Merkmale anzugeben, die tatsächlich benötigt werden, um die Erfindung zu realisieren. Hiermit wird zum Ausdruck gebracht, dass durch die

---

[56] § 9 Absatz 1 Satz 1 Patentverordnung.

aufgezählten Merkmale nicht möglicherweise, sondern regelmäßig die Erfindung realisiert wird.[57]

Der korrigierte Anspruch lautet:
1. Rucksack zum Tragen eines Fahrrads, der

> einen Rahmen,
> mindestens zwei Schultergurte und
> einen Hüftgurt aufweist,

wobei der Rahmen (200) durch eine oder mehrere flexible oder starre Verbindungen mit dem Hüftgurt (201) und den Schultergurten (301) verbunden ist, sodass die Last des Fahrrads (101) zwischen Schultergurten und Hüftgurt (201) verteilt wird.

9.19.26 Beispiel: Trolley mit einem Schlauchboot

In der Gebrauchsmusterschrift DE 20 2019 102622 U1 (Titel: Trolley mit integriertem Zubehör, an dem ein Schlauchboot montiert ist) wird die technische Aufgabe gelöst, einen Trolley derart weiterzuentwickeln, dass aufblasbare Wasserfahrzeuge, beispielsweise Kanus oder Kajaks, damit transportiert werden können. Es soll außerdem ein schneller Auf- und Abbau des aufblasbaren Wasserfahrzeugs ermöglicht werden.

Der wesentliche Kern der Erfindung ist die Anbindung eines aufblasbaren Wasserfahrzeugs an einen Trolley. Die Erfindung wird durch die Aufgabenstellung weitgehend vorweggenommen, wodurch sich der Eindruck ergibt, als hätte die Erfindung keinen erfinderischen Schritt. Die Erfindung wird durch die Aufgabenstellung nahegelegt und das Gebrauchsmuster erscheint daher nicht rechtsbeständig.[58] Die Beschreibung der Aufgabe sollte sich darauf beschränken, dass eine „zeitlich effektive Nutzung von aufblasbaren Wasserfahrzeugen erreicht werden soll", um genügend Raum für einen erfinderischen Schritt durch die Erfindung zu lassen (siehe Abb. 9.28).

Der Anspruchssatz mit den Ansprüchen 1 bis 4 lautet:
*1. Trolley **mit integriertem Zubehör** [Punkt 1], **an dem ein Schlauchboot montiert ist** [Punkt 2], dadurch gekennzeichnet, dass **er** [Punkt 3] durch Magnetflächen, Klettstrukturen **oder** [Punkt 4] **Teleskopstangen** [Punkt 5] mit dem **Boot** [Punkt 6] verbunden ist.*

Punkt 1: „mit integriertem Zubehör": Was ist denn das integrierte Zubehör? Es handelt sich um ein unverständliches Merkmal, das keinen positiven Effekt für den Anmelder hat, sondern allenfalls den Schutzbereich verkleinert.

---

[57] § 34 Absatz 4 Patentgesetz bzw. Artikel 83 EPÜ.
[58] § 1 Absatz 1 Gebrauchsmustergesetz.

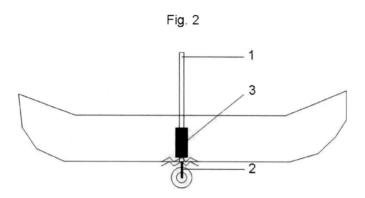

Abb. 9.28   Trolley mit einem Schlauchboot (DE 20 2019 102622 U1)

Punkt 2: „an dem ein Schlauchboot montiert ist": Das Merkmal, dass ein Trolley mit einem Schlauchboot verbunden ist, kann bereits als die Erfindung betrachtet werden. Der Anmelder hat dieses Merkmal jedoch in den Oberbegriff gesetzt, weswegen es nach Ansicht des Anmelders zum Stand der Technik gehört, also bereits bekannt war. Durch die Verwendung der „gekennzeichnet, dass"-Formulierung kann daher ein für den Anmelder nachteiliger Eindruck eines mangelnden erfinderischen Schritts erzeugt werden. Es ist empfehlenswert, nicht die „gekennzeichnet, dass"-Formulierung, sondern das Wort „wobei" zu verwenden, das keine Unterteilung zwischen dem Stand der Technik und der Erfindung suggeriert.

Punkt 3: „er": Mit „er" ist höchstwahrscheinlich der Trolley gemeint. Um Unklarheiten vorzubeugen, ist es empfehlenswert, die Begriffe auszuschreiben.

Punkt 4: „oder": Durch die oder-Verbindung ist beispielsweise ein Trolley mit einem Magneten zusammen mit einem Klettverschluss aus dem Schutzumfang ausgeschlossen. Diese Variante stellt jedoch bereits eine brauchbare Umgehungslösung dar. Statt „oder" ist „und/oder" besser.

Punkt 5: „Teleskopstangen": Unklar und daher nicht ausführbar. In welcher Weise werden Teleskopstangen verwendet? Immerhin ergibt sich mit Teleskopstangen nicht automatisch eine Verbindung zwischen Schlauchboot und Trolley. Wahrscheinlich beabsichtigte der Anmelder eine Kombination von Magnet- oder Klettverschluss und Teleskopstangen. Eine derartige Ausführungsform wird jedoch durch die oder-Verbindung ausgeschlossen (siehe Punkt 4).

Punkt 6: „Boot": Es ist empfehlenswert statt „Boot" wieder das Wort „Schlauchboot" zu verwenden, um Unklarheiten von vorne herein auszuschließen.

2. *Trolley mit integriertem Zubehör, an dem ein Schlauchboot montiert ist, nach* **Anspruch 1** [Punkt 1], *dadurch gekennzeichnet, dass die* **Hülle des Bootes** [Punkt 2] *an den* **Verbindungsflächen** [Punkt 3] *für* **die Räder** [Punkt 4] **verstärkt** [Punkt 5] *sind.*

Punkt 1: „Trolley mit integriertem Zubehör, an dem ein Schlauchboot montiert ist, nach Anspruch 1": Es genügt „Trolley nach Anspruch 1".

Punkt 2: „Hülle des Bootes": Was ist denn eine „Hülle" eines Bootes?

Punkt 3: „Verbindungsflächen": Was sind die Verbindungsflächen?

Punkt 4: „die Räder": Räder wurden noch nicht eingeführt. Aus diesem Grund kann hier nicht der bestimmte Artikel „die" verwendet werden. Außerdem ist unklar, welche Räder gemeint sind. Es könnten sich um die Räder des Trolleys handeln, allerdings muss dies nicht zwangsläufig der Fall sein. Leider bietet der Anspruch einen großen Raum für Spekulationen, was nachteilig ist. Es sollte auf eine eindeutige und präzise Beschreibung geachtet werden. In den Ansprüchen ist jedes Wort genau abzuwägen.

Punkt 5: „verstärkt": Es ist unklar, auf welche Weise etwas verstärkt werden soll. Es handelt sich daher um eine aufgabenhafte Formulierung.

3. *Trolley mit integriertem Zubehör, an dem ein Schlauchboot montiert ist nach* **Anspruch 2** [Punkt 1], *dadurch gekennzeichnet, dass die Magnetflächen mit den* **korrespondierenden Flächen** [Punkt 2] *am* **Fahrgestell** [Punkt 3] *kongruent sind.*

Punkt 1: Es ist nicht nachvollziehbar, warum sich der Anspruch 3 nicht auf die Ansprüche 1 und 2 rückbezieht. Eine Formulierung „Trolley nach einem der Ansprüche 1 oder 2" wäre geeignet. Durch diese Formulierung „nach einem der Ansprüche 1 oder 2" können die Merkmale des Anspruchs 3 mit denen des Anspruchs 1 oder denen des Anspruchs 2 oder mit denen des Anspruchs 1 und 2 kombiniert werden, um einen neuen Hauptanspruch zu bilden.

Punkt 2: „korrespondierenden Flächen": Was sind die korrespondierenden Flächen bzw. wo sind diese korrespondierenden Flächen?

Punkt 3: „Fahrgestell": Was ist das Fahrgestell? Das Fahrgestell könnte ein Teil des Trolleys oder des Schlauchboots oder eine sonstige Vorrichtung an einem weiteren Gegenstand sein.

4. *Trolley mit integriertem Zubehör, an dem ein Schlauchboot montiert ist,* **nach Anspruch 1 und 2** [Punkt 1], *dadurch gekennzeichnet, dass* **das Fahrgestell** [Punkt 2] *auf zwei* **freilaufenden Rädern** [Punkt 3] *bewegt wird.*

Punkt 1: „nach Anspruch 1 und 2": Diese Formulierung bedeutet, dass die Merkmale des Anspruchs 4 nur mit den Merkmalen des Anspruchs 1 zusammen mit den Merkmalen des Anspruchs 2 kombiniert werden können, um einen neuen Hauptanspruch zu bilden. Es ist daher nicht möglich, die Merkmale des Anspruchs 4 nur mit denen des Hauptanspruchs zu kombinieren. Es müssen zwangsläufig auch die Merkmale des Anspruchs 2 hinzugenommen werden. Eine Kombination der Merkmale des Anspruchs 4 mit denen des Anspruchs 3 ist ebenfalls ausgeschlossen. Bezüglich dem Rückbezug kann man es sich dadurch relativ einfach machen, dass man stets die Formulierung „nach einem der vorhergehenden Ansprüche" verwendet. Dies kann in einem Einzelfall falsch sein, da ein Gegenstand verwendet wird, der beispielsweise erst im Anspruch 3 eingeführt wurde. Ein derartiger Fehler kann jederzeit in einem Patenterteilungsverfahren oder einem Klageverfahren korrigiert werden. Es ist jedoch nicht möglich, einen Rückbezug auf Ansprüche auszudehnen, auf die sich der betreffende Anspruch nicht von Anfang an rückbezogen hat.

Punkt 2: „das Fahrgestell": Das Fahrgestell wurde erst im Anspruch 3 eingeführt. Ein Rückbezug auf die Ansprüche 1 und 2 und nicht auf den Anspruch ist daher falsch. Ein Mangel, der jedoch problemlos in einem amtlichen Verfahren korrigiert werden kann und daher folgenlos ist.

Punkt 3: „freilaufenden Rädern": Es ist unklar, was „freilaufende" Räder sind. Handelt es sich um Räder, an denen keine Bremse angeordnet ist oder um Räder, deren Bremse gelöst ist, oder soll etwas vollständig anderes beschrieben werden?

Der korrigierte Hauptanspruch lautet:

1. Trolley an dem ein Schlauchboot montierbar ist, wobei der Trolley durch Magnetflächen, Klettstrukturen und/oder Teleskopstangen mit dem Schlauchboot verbindbar ist.

Durch die Verwendung der Begriffe „montierbar" und „verbindbar" wird der Schutzbereich erweitert, da bereits ein entsprechend geeigneter Trolley beansprucht wird und nicht nur ein Trolley an dem aktuell ein Schlauchboot angebunden ist.

Die Ansprüche 2 bis 4 sind unklar. Es kann daher keine korrigierte Version präsentiert werden.

9.19.27 Beispiel: E-Steg-Bootsanhänger

In dem Dokument DE 20 2015 008800 U1 (Titel: E-Steg-Bootsanhänger) wird die technische Aufgabe behandelt, ein elektrisch betriebenes Wasserfahrzeug bereitzustellen, das zusätzlich eine Transportmöglichkeit über Land ermöglicht (siehe Abb. 9.29).

Der Hauptanspruch der Gebrauchsmusterschrift lautet:

1. __Kombination aus Bootsanhänger und schwimmender Anlegesteg für elektrisch betriebene Wasserfahrzeuge/-sportgeräte__ [Punkt 1], dadurch gekennzeichnet, dass

Abb. 9.29 E-Steg-
Bootsanhänger (DE 20 2015
008800 U1)

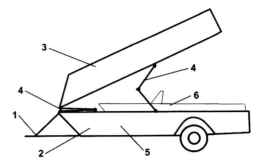

der **_Kfz-Bootsanhänger_** [Punkt 2] **_sowohl zum Straßentransport dient, als auch als
schwimmende Anlegestelle_** [Punkt 3].

Punkt 1: „Kombination aus Bootsanhänger und schwimmender Anlegesteg für
elektrisch betriebene Wasserfahrzeuge/-sportgeräte": In der Bezeichnung wird bereits
das erfinderische beschrieben, nämlich die Kombination eines Bootsanhängers mit einem
Anlegesteg. Durch die Verwendung der „gekennzeichnet, dass"-Formulierung wird der
Hauptanspruch in einen Oberbegriff, der vom Anmelder als Stand der Technik angesehen
wird, und einen kennzeichnenden Teil unterteilt. Die Bezeichnung des Gegenstands, die
bereits das erfinderische offenbart, ist im Oberbegriff. Hierdurch wird das eigentlich
Erfinderische als bereits bekannt deklariert, wodurch ein nachteiliger Eindruck erweckt
wird.

Dass die Kombination aus Bootsanhänger und Anlegesteg für ein elektrisch betriebenes
Wasserfahrzeug vorgesehen ist, erscheint willkürlich, denn warum ist der Gegenstand
des Anspruchs nicht auch für anders angetriebene Wasserfahrzeuge geeignet? Hierdurch
wird ohne Not der Schutzbereich erheblich eingeschränkt.

Punkt 2: „Kfz-Bootsanhänger": Bislang wurde nur ein Bootsanhänger beschrieben. Für
denselben Gegenstand sollte zumindest innerhalb des Anspruchssatzes derselbe Begriff
genutzt werden.

Punkt 3: „sowohl zum Straßentransport dient, als auch als schwimmende Anlegestelle":
Dieses aufgabenhafte Merkmal wurde bereits bei der Bezeichnung des Gegenstands des
Anspruchs verwendet. Es handelt sich um eine unnötige Wiederholung. Allerdings wäre
es erforderlich zu beschreiben, welche Merkmale der Bootsanhänger aufweist, damit er
als schwimmende Anlegestelle anwendbar ist. Der Anspruch ist nicht ausführbar und
daher nicht schutzfähig bzw. rechtsbeständig.

Der korrigierte Hauptanspruch lautet:
    1. Bootsanhänger zur Ankopplung an ein Fahrzeug, insbesondere Pkw oder Lkw,
wobei der Bootsanhänger als schwimmende Anlegestelle verwendbar ist.

9.19.28   Beispiel: Automatisches Notfallmeldesystem

In dieser Gebrauchsmusterschrift DE 20 2015 005961 U1 (Titel: Automatisches Notfall-meldesystem mit Unfallerkennung und Bewusstlosigkeitserkennung) wird die technische Aufgabe gestellt, einen Unfall eines Motoradfahrers mit seinem Motorrad zuverlässig festzustellen und einen Alarm auszulösen.

Die Ansprüche 1 bis 3 der DE 20 2015 005961 U1 lauten:
1. Automatisches Notfallmeldesystem mit Unfallerkennung und Bewusstlosigkeits-erkennung, __das einen Unfall mittels einem oder mehreren Sensoren detektiert__ [Punkt 1]*, dadurch gekennzeichnet, dass __einer oder mehrere Sensoren__* [Punkt 2] *und __das Funk-system__* [Punkt 3] *mit __einem weiteren System__* [Punkt 4] *__verbunden ist__* [Punkt 5]*, __das die Bewusstlosigkeit der verunfallten Person feststellt__* [Punkt 6]*, um den detektierten Unfall zu verifizieren.*

Punkt 1: „das einen Unfall mittels einem oder mehreren Sensoren detektiert": Es ist eine Selbstverständlichkeit, dass ein Unfall mit einem Sensor festgestellt wird. Dieser Sensor wird im kennzeichnenden Teil leider nicht beschrieben. Es wird nur angegeben, dass der Sensor „mit einem System verbunden" sein soll. Insgesamt kann dieses Merkmal weggelassen werden.

Punkt 2: „einer oder mehrere Sensoren": Sollten die Sensoren vom Oberbegriff gemeint sein, ist der bestimmte Artikel zu verwenden. Es wird nicht ausgeführt, was mit den Sensoren geschehen soll oder wie diese wirken. Das Merkmal kann daher entfallen.

Punkt 3: „das Funksystem": Es wurde bislang kein Funksystem eingeführt. Aus diesem Grund muss das Funksystem mit dem unbestimmten Artikel verwendet werden.

Punkt 4: „einem weiteren System": Es wird ein neues System eingeführt, ohne anzu-geben, wie dieses aufgebaut ist. Es handelt sich um ein aufgabenhaftes Merkmal, wes-wegen der Anspruch nicht ausführbar ist.

Punkt 5: „verbunden": Es sind die Sensoren, das Funksystem und das „System" ver-bunden. Warum diese Elemente des Notfallmeldesystems verbunden sind und was sich daraus ergeben kann, bleibt ungeklärt.

Punkt 6: „das die Bewusstlosigkeit der verunfallten Person feststellt": Es scheint das wesentliche Element der Erfindung zu sein, dass erst nach festgestellter Bewusstlosigkeit ein Alarm ausgelöst wird. Allerdings wird nicht beschrieben, wie die Bewusstlosigkeit festgestellt wird. Es bleibt daher bei der Angabe der Aufgabe, nämlich ein System bereit-zustellen, das die Bewusstlosigkeit des Motorradfahrers sicher feststellt. Der Anspruch ist nicht ausführbar.

2. System nach Anspruch 1, dadurch gekennzeichnet, dass zur Bewusstlosigkeitserkennung mindestens eine, mehrere oder eine Kombination aus den folgenden Technologien verwendet wird: Sensoren, mechanische Vorrichtungen, optische Systeme.

Der Anspruch 2 ist aufgabenhaft, da nur mögliche Sensoren angegeben werden, ohne zu bestimmen, wie diese anzuwenden sind, um die Bewusstlosigkeit festzustellen.

3. System nach Anspruch 1 oder 2, dadurch gekennzeichnet, dass zur Bewusstlosigkeitserkennung die Kopfbewegung erfasst wird.

Der Anspruch 3 ist für den Fachmann nicht reproduzierbar, denn wie soll aus einer Kopfbewegung oder dem Fehlen einer Kopfbewegung auf die Bewusstlosigkeit des Motorradfahrers geschlossen werden?

9.19.29   Beispiel: Gleitende Sportgeräte

Die Gebrauchsmusterschrift DE 20 2011 106216 U1 (Titel: Gleitende Sportgeräte, Ski, Kufen, Vehikel o. dgl.) stellt sich die Aufgabe, bei Skiern oder Kufen eine Optimierung und Verbesserung der Gleitfähigkeit herbeizuführen (siehe Abb. 9.30, 9.31 und 9.32).

Abb. 9.30 Gleitende
Sportgeräte Fig. 3, 4 und 5 (DE
20 2011 106216 U1)

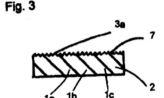

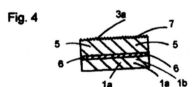

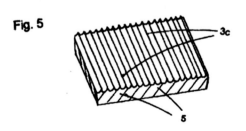

Abb. 9.31 Gleitende
Sportgeräte Fig. 11 und 12 (DE
20 2011 106216 U1)

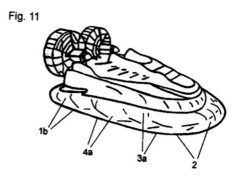

Fig. 11

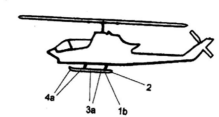

Fig. 12

Abb. 9.32 Gleitende
Sportgeräte Fig. 14 und 15 (DE
20 2011 106216 U1)

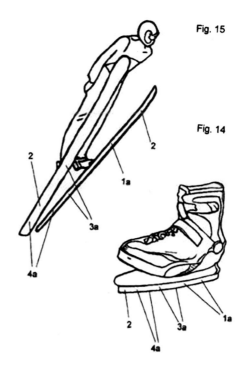

Fig. 15

Fig. 14

In diesem Gebrauchsmuster werden oft Formulierungen wie „oder dergleichen", „oder ähnlicher Art", „aller Arten", „und dergleichen" verwendet. Diese Formulierungen helfen wenig, da sie keine konkreten Angaben an den Fachmann zur Realisierung der Erfindung geben. Sie führen auch nicht zu einer Erweiterung des Schutzbereichs, da unklare Angaben keine Bestimmung eines Schutzumfangs erlauben.

Der Hauptanspruch lautet:

1. *Gleitfähige Sportgeräte **1a** [Punkt 1], Ski 1a, Skier 1a, oder Kufen 1a, zur Fort-bewegung und Vehikel 1b **oder dergleichen** [Punkt 2], welche auf ihrer Unterfläche 2 und/oder Oberfläche 2 und/oder Außenfläche 2, teilflächig und/oder ganzflächig ein **Sandfischhaut-Oberflächenprofil** [Punkt 3] 3a und/oder ein Negativ-Sandfischhaut-Oberflächenprofil 3b aufweisen, wobei diese **die Gleitfähigkeit erhöhen durch eine Widerstandsverringerung ihrer Kontaktfläche, auf Schneeflächen, auf Eisflächen, auf Landflächen, auf Sandflächen oder Wasserflächen oder dergleichen und diese günstig beeinflussen und/oder hierbei eine Erhöhung der Geschwindigkeit und Stabilisierung und/oder eine Geräuschminderung, angebracht bewirken** [Punkt 4].*

Punkt 1: Bezugszeichen werden in Ansprüchen in Klammern gesetzt und in der „kurzen Beschreibung der Zeichnungen" und in der „detaillierten Beschreibung beispiel-hafter Ausführungsformen" nicht in Klammern.

Punkt 2: „oder dergleichen": Mit unbestimmten Angaben kann kein Schutzbereich definiert werden. Derartige Formulierungen können aus den gesamten Anmeldeunter-lagen weggelassen werden.

Punkt 3: „Sandfischhaut-Oberflächenprofil": In einem Anspruch sind die Merkmale genau zu beschreiben. Es ist unklar, welches Oberflächenprofil eine „Sandfischhaut" aufweist.

Punkt 4: „die Gleitfähigkeit erhöhen durch eine Widerstandsverringerung ihrer Kontakt-fläche, auf Schneeflächen, auf Eisflächen, auf Landflächen, auf Sandflächen oder Wasser-flächen oder dergleichen und diese günstig beeinflussen und/oder hierbei eine Erhöhung der Geschwindigkeit und Stabilisierung und/oder eine Geräuschminderung, angebracht bewirken": Bei dieser Textpassage handelt es sich um die Angabe von Vorteilen. Die Vor-teile können in dem Abschnitt „Zusammenfassung der Erfindung" oder in der „Detaillierten Beschreibung beispielhafter Ausführungsformen" erläutert werden. Vorteile sollten in der Regel nicht in einen Anspruch aufgenommen werden, da ansonsten der Anspruch aufgabe-nhaft wird, falls nicht zuvor genau erklärt wurde, wie der Vorteil realisiert wird.

9.19.30   Beispiel: Notfallboje

Die Gebrauchsmusterschrift DE 20 2011 002521 U1 (Titel: Notfallboje) stellt sich die Aufgabe, einen Behälter für den Notfall bereitzustellen, der kompakt ist und relativ

Abb. 9.33 Notfallboje Fig. 1
(DE 20 2011 002521 U1)

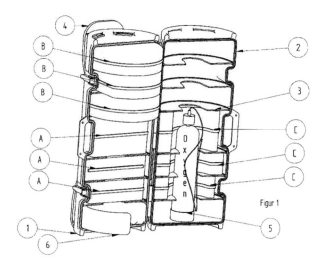

Abb. 9.34 Notfallboje Fig. 4
(DE 20 2011 002521 U1)

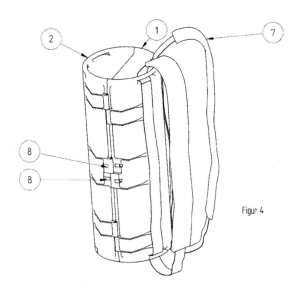

komfortabel von einer Person auf dem Rücken oder in der Hand getragen werden kann. Durch die Erfindung soll eine Notfallversorgung von Verletzten, die sich in räumlich engen, schwierigen Situationen befinden, ermöglicht werden (siehe Abb. 9.33 und 9.34).

Der Hauptanspruch lautet:
1. Verschließbare Boje zur Aufnahme von Erste Hilfe Mitteln und Medikamenten zur Erstversorgung von Patienten und Unfallopfern. [Punkt 1] *Dadurch gekennzeichnet Dass* **die beiden Halbschalen** *(1.+2.)* [Punkt 2] *durch ein Scharnier in geschlossenem*

*Zustand einen Zylinder bilden und eine Möglichkeit besteht diese **wahlweise auf dem Rücken oder in der Hand zu transportieren*** [Punkt 3]. ***In geschlossenem Zustand kann durch eine Bohrung im Griff (Einzelheit B) eine Plombe angebracht werden*** [Punkt 4].

Punkt 1: Ein Anspruch umfasst nur einen einzigen Satz. Eine Erfindung muss durch einen Satz beschrieben werden. Hierbei kommt auch zum Ausdruck, dass durch einen Anspruch nur ein erfinderischer Gedanke ausgedrückt wird.

Punkt 2: „die beiden Halbschalen (1.+2.)“: Statt (1. + 2.) besser: (1, 2). Es werden Halbschalen neu eingeführt, daher ist der unbestimmte Artikel und nicht der bestimmte Artikel zu verwenden.

Punkt 3: „wahlweise auf dem Rücken oder in der Hand zu transportieren“: Das sind eben die beiden klassischen Möglichkeiten für eine Person einen Behälter zu transportieren. Richtig wäre es, die Merkmale anzugeben, die dies ermöglichen bzw. für die Person erleichtern, beispielsweise besondere Tragegriffe. Es liegt daher nur eine aufgabenhafte Beschreibung vor, die einem Fachmann nicht ermöglicht, die Erfindung auszuführen.

Punkt 4: „In geschlossenem Zustand kann durch eine Bohrung im Griff (Einzelheit B) eine Plombe angebracht werden“: Dieses Merkmal ist kein wesentliches Element der Erfindung. Es sollte keinesfalls im Hauptanspruch stehen. Dieses Merkmal kann allenfalls in einem Unteranspruch aufgenommen werden.

9.19.31 Beispiel: Trinkhilfe

Die Gebrauchsmusterschrift DE 20 2008 000979 U1 (Titel: Trinkhilfe) beschreibt eine Vorrichtung, die ein Verschütten einer Flüssigkeit aus einem Becher, beispielsweise bei schwankendem Untergrund, verhindern soll (siehe Abb. 9.35).

Die ersten drei Schutzansprüche des Anspruchssatzes lauten:
*1. **Trinkhilfe** [Punkt 1], dadurch gekennzeichnet, dass ein Trinkbecher **(Fig. 2–6)** [Punkt 2] in einer **Becheraufnahme** [Punkt 1] (Fig. 1–1) über zwei gegenüberliegende Drehpunkte (Fig. 1–2) und einem Schwenkring (Fig. 1–5) der um 90 Grad versetzt zwei gegenüberliegende Drehpunkte (Fig. 1–3) aufweist, kardanisch aufgehängt ist.*

*2. **Trinkhilfe** nach Anspruch 1 dadurch gekennzeichnet, dass der Trinkbecher (Fig. 2–6) als **auswechselbares, thermoisoliertes Gefäß** [Punkt 3] ausgeführt ist.*

*3. Trinkhilfe **nach einem oder mehreren der vorgenannten Ansprüche,** [Punkt 4] dadurch gekennzeichnet, dass die Außenklaue (Fig. 1–4) mit einem Handgriff versehen ist, der in Henkelform oder ösenförmig (Fig. 2–7) ausgelegt **sein kann** [Punkt 5].*

Abb. 9.35 Trinkhilfe Fig. 1 und 2 (DE 20 2008 000979 U1)

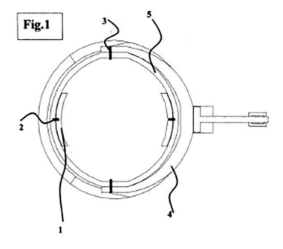

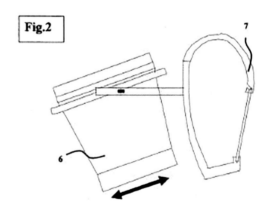

Punkt 1: Es wird eine Trinkhilfe beansprucht. Andererseits werden ein Trinkbecher und eine Becheraufnahme beschrieben. Es wäre eventuell sinnvoll, nicht einen zusätzlichen Begriff einer Becheraufnahme einzuführen, sondern diesen zu beanspruchen statt der Trinkhilfe. Der Begriff der Trinkhilfe kann dann entfallen. In diesem Fall läge ein übersichtliches System einer Becheraufnahme und eines Trinkbechers vor, wobei die Becheraufnahme den Trinkbecher aufnehmen kann. Es wäre außerdem sinnvoll, in einem weiteren Anspruch den Becher mit der Becheraufnahme zu beanspruchen. Auf diese Weise wäre eine Becheraufnahme und ein Becher eine direkte potenzielle Verletzungsform. Ein entsprechender Anspruch könnte lauten: „9. Becher umfassend eine Becheraufnahme nach einem der vorhergehenden Ansprüche, ferner aufweisend ....."

Punkt 2: „(Fig. 2–6)": Es ist ausreichend das Bezugzeichen anzugeben, also (6). Es ist nicht erforderlich, und auch nicht üblich, die Figurennummer zu benennen.

Punkt 3: „auswechselbares, thermoisoliertes Gefäß": Es wird der Eindruck erweckt, als gehöre der Trinkbecher zur Trinkhilfe. Das stimmt jedoch nicht. Es wäre besser nach einem Anspruch „9. Becher umfassend eine Becheraufnahme nach einem der vorhergehenden Ansprüche …" einen Anspruch: „10. Becher nach Anspruch 9, wobei der Becher ein thermoisoliertes Gefäß ist." vorzusehen. Was bedeutet „auswechselbar"? Es sollten die Merkmale beschrieben werden, damit die Auswechselbarkeit ermöglicht wird. Ansonsten liegt eine aufgabenhafte Formulierung vor, die nicht in einen Anspruch gehört.

Punkt 4: „nach einem oder mehreren der vorgenannten Ansprüche": Es genügt „nach einem der vorhergehenden Ansprüche". Da die vorhergehenden Ansprüche ebenfalls Rückbezüge haben, ist hierdurch das „nach mehreren der vorgenannten Ansprüche" inkludiert.

Punkt 5: „sein kann": In Ansprüchen sollte keine Möglichkeit aufgezeigt werden, sondern was tatsächlich ist. Es sollte beschrieben werden, welche Merkmale die Erfindung aufweist und nicht, welche Merkmale die Erfindung aufweisen kann oder könnte.

9.19.32 Beispiel: Babyflasche-Schwammaufsatz

Das Gebrauchsmuster DE 20 2021 000115 U1 (Titel: Trinkhilfe, Babyflasche-Schwammaufsatz, Lätzchenersatz, Lätzchenhalter, Nuckelhilfe) stellt sich die technische Aufgabe, eine Erleichterung beim „Fläschchen geben" für Babys zu bieten. Hierbei wird insbesondere eine Alternative zu einem Lätzchen zur Verfügung gestellt. Das Problem, dass ein Lätzchen von Babys oft weggerissen wird, wird dadurch ebenfalls gelöst. Die Trinkhilfe umfasst einen Schwamm, der beim Trinken um den Mund des Säuglings liegt (siehe Abb. 9.36).

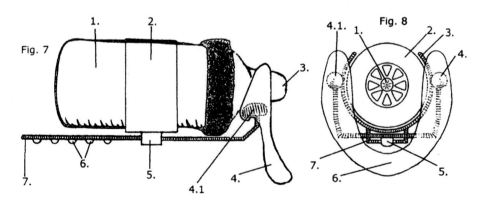

Abb. 9.36 Babyflasche-Schwammaufsatz (DE 20 2021 000115 U1)

Bezugszeichenliste

1. Sauger der Babyflasche
2. Babyflasche
3. Schienenhalter
4. Pilzkopf zur Schwammaufnahme
5. Noppen der Verstellhilfe
6. ergonomisch in Richtung des Babys geformter Schwammaufsatz
7. Schienenführung

Die Bezeichnung der Bezugszeichen gilt für die Figur 8. Bei der Figur 7 wurden die Bezugszeichen anders benannt. Es liegt wohl ein Fehler des Anmelders vor.

Der Anspruchssatz des Gebrauchsmusters umfasst neun Schutzansprüche:

*1. **Die** [Punkt 1] **Kombination** [Punkt 2] aus einer verstellbaren Schiene, an deren Ende ein aufgesetzter Schwamm befestigt ist, **um als Tropfschutz bei Babyflaschen zu fungieren** [Punkt 3].*

Punkt 1: „Die": Eine Kombination wird neu in den Anspruchssatz eingeführt. Aus diesem Grund ist hier ein unbestimmter Artikel („eine") statt dem bestimmten Artikel („die") zu verwenden. Allerdings wird bei der Bezeichnung des Gegenstands des Anspruchs auf einen Artikel grundsätzlich verzichtet.

Punkt 2: „Kombination": Eine Kombination umfasst zwei oder mehr Elemente. Im Anspruch ist nur eine Schiene beschrieben, also nur eine Sache. Das Wort Kombination wird daher falsch verwendet.

Punkt 3: „um als Tropfschutz bei Babyflaschen zu fungieren": Der Anspruch ist unklar. Es wird nicht verständlich, wie die Schiene an der Babyflasche angeordnet ist und wie die Schiene als Tropfschutz wirken soll. Eventuell soll der Schwamm als Tropfschutz genutzt werden. Das kann dem Anspruch jedoch nicht entnommen werden. Es ist auch unklar, in welcher Weise die Schiene verstellbar ist und warum die Verstellbarkeit ein erfindungswesentliches Merkmal ist, das im Hauptanspruch aufgenommen werden muss.

Eine alternative Anspruchsformulierung wäre:
1. Tropfschutz für eine Babyflasche (2), umfassend:

einen Schienenhalter (3) zum zumindest teilweisen Umgreifen der Babyflasche (2)
eine Schiene (7), die an dem Schienenhalter (3) befestigt ist, und
ein Schwamm (6), der an einem Ende der Schiene (7) angeordnet ist,

wobei der Schwamm (6) in der Nähe des Saugers (1) angeordnet ist, sodass der Schwamm (6) beim Trinken eines Babys aus der Babyflasche (2) als Tropfschutz wirkt.

*2. Die Kombination aus einer verstellbaren Schiene, an deren Ende **handelsübliches*** [Punkt 1] *Lätzchen in **die*** [Punkt 2] ***Ringösen*** [Punkt 3] *eingeführt werden können, um als Tropfschutz bei Babyflaschen zu fungieren.*

Punkt 1: „handelsüblich": Die Verwendung des Merkmals „handelsüblich" verkleinert den Schutzbereich unnötigerweise. Die Verwendung eines nicht handelsüblichen Lätzchens wäre für einen Nachahmer eine einfache Art, das Schutzrecht zu umgehen.

Punkt 2: „die": Ringösen wurden noch nicht in den Anspruchssatz eingeführt. Es ist daher der unbestimmte Artikel zu verwenden.

Punkt 3: „Ringösen": Es ist unklar, wo Ringösen angeordnet sind und wie diese verwendet werden sollen.

Der Anspruch bezieht sich nicht auf den Hauptanspruch. Sämtliche neun Ansprüche weisen keinen Rückbezug auf. Der Anspruchssatz umfasst daher neun unabhängige Ansprüche. Allein aus diesem Grund hätte der Anspruchssatz in einem Löschungsverfahren gegen das Gebrauchsmuster keine Chance auf Bestand. Es können je Anspruchskategorie (Vorrichtung, Verfahren und Anwendung) jeweils nur ein unabhängiger Anspruch in einen Anspruchssatz aufgenommen werden. Die übrigen Ansprüche sind mit einem Rückbezug auf die unabhängigen Ansprüche zu versehen und daher als abhängige Ansprüche zu formulieren. Andererseits ließen sich hier geeignete Rückbezüge einfach formulieren, die dem Anspruchssatz eine sinnvolle innere Struktur geben würden.

Eine alternative Anspruchsformulierung wäre:
2. Tropfschutz nach Anspruch 1, wobei ein Lätzchen für ein Baby an der Schiene angeordnet ist.
 Die Befestigung des Lätzchens an der Schiene mit Ringösen ist nur eine Lösung. Eine weitere Befestigungsmöglichkeit wäre ein Klettverschluss. Die Möglichkeiten der Befestigung des Schwamms und des Lätzchens können in der Beschreibung oder in einem weiteren Unteranspruch beschrieben werden.

*3. Der **gewölbte** [Punkt 1] (ergonomisch nach vorne gewölbt – in Richtung Kind zeigend) **Schwammaufsatz** [Punkt 2] (**konisch bzw. konvex je nach Blickrichtung** [Punkt 3]), welcher der unteren Gesichtsform im Bereich des Mundes nachempfunden ist – sowie hautneutral (hautfreundlich), saugstark und auswaschbar ist – sorgt **aufgrund seiner Form** [Punkt 4], dass durch das Ansetzen der Babyflasche, der Mund seitlich und nach unten umschlossen ist, sodass keine Milch in die Halsfalte des Babys rinnen kann.*

Punkt 1: „gewölbt": Es wäre sinnvoll zu beschreiben, wie der Schwamm insgesamt geformt ist und dann zusätzlich zu erläutern, wie diese besondere Auswölbung des Schwamms gebildet wird.

Punkt 2: „Schwammaufsatz": Im Anspruch 1 wurde ein Schwamm 6 eingeführt. Ein Schwammaufsatz ist ein neu eingeführter Begriff. Es kann davon ausgegangen werden, dass mit zwei unterschiedlichen Begriffen dasselbe gemeint ist. Derartige Unklarheiten müssen unbedingt vermieden werden. Sie gehen immer zulasten des Anmelders.

Punkt 3: „(konisch bzw. konvex je nach Blickrichtung)": Konisch bedeutet kegelförmig. Konvex bedeutet nach außen gewölbt. Konvex könnte je nach Blickrichtung als nach außen oder nach innen gewölbt interpretiert werden. Diese Bezeichnungen machen allesamt wenig Sinn. Eventuell war gemeint, dass der Schwamm gewölbt ausgebildet sein kann, um beispielsweise Flüssigkeit aus der Babyflasche besser aufzufangen. Allerdings ist dieses Merkmal äußerst mangelhaft beschrieben, weswegen der Anspruch nicht verständlich ist. Außerdem gilt, dass in Ansprüchen, außer Bezugszeichen, nichts in Klammern zu setzen ist. Wird etwas in Klammern gesetzt, wird dadurch signalisiert, dass es nicht wichtig ist. Ein Anspruch sollte jedoch ausschließlich wichtige Merkmale enthalten. Eine Verwendung von Klammern in einem Anspruch ist daher abzulehnen.

Punkt 4: „aufgrund seiner Form": Aufgrund welcher Form? Eventuell wegen einer Form des Schwamms, die „der unteren Gesichtsform im Bereich des Mundes nachempfunden ist". Das ist allerdings nicht eindeutig, es könnte auch aufgrund einer anderen Form sein.

Eine alternative Anspruchsformulierung wäre:
3. Tropfschutz nach einem der Ansprüche 1 oder 2, wobei der Schwamm (6) zumindest teilweise zur unteren Gesichtshälfte des Babys komplementär ausgeformt ist und/oder wobei der Schwamm (6) saugstark und/oder hautneutral und/oder auswaschbar ist.
   Die Merkmale „saugstark", „hautneutral" und „auswaschbar" sind wahrscheinlich keine wertvollen Rückzugspositionen. Diese Merkmale können daher alternativ entfallen.

*4. Die **wie in** [Punkt 1] **Fig. 3 Pkt. 2 beschriebenen** [Punkt 2] „Noppen" der Verstellhilfe* [Punkt 3], *welche das Verstellen der Schiene mit nur einem Finger – der gerade die Flasche haltenden Hand – ermöglichen* [Punkt 4]. *Durch eine andere „Lochwahl" – durch Versetzen der Noppen der Verstellhilfe in die Schiene – ist eine Verlängerung der Schiene möglich, sodass auch größere Flaschen mit der Trinkhilfe verwendet werden können* [Punkt 5].

Punkt 1: „wie in": Also „ähnlich wie". In einem Anspruch ist eine exakte, keine ähnliche, Beschreibung der Erfindung erforderlich.

Punkt 2: „Fig. 3 Pkt. 2 beschriebenen": Ein Verweis auf die Zeichnungen sollte möglichst vermieden werden.

Punkt 3: „,Noppen' der Verstellhilfe": Es wird ein neuer Begriff eingeführt, nämlich den der Verstellhilfe. Das ist nicht erforderlich, es genügen die bisherigen Begriffe, denn eigentlich ist die Verstellhilfe ein integrales Element der Schiene. Eine Anpassung an unterschiedlich lange Babyflaschen wird tatsächlich durch eine Möglichkeit der Verschiebung des Schienenhalters, der eigentlich eine Befestigung an der Babyflasche darstellt, und der Schiene ermöglicht.

Punkt 4: „welche das Verstellen der Schiene mit nur einem Finger – der gerade die Flasche haltenden Hand – ermöglichen": Aufgabenhafte Formulierung. Eine derartige Formulierung ist nicht ausreichend zur Bestimmung eines Merkmals. Es sind die konstruktiven Eigenschaften der Merkmale zu beschreiben, und danach folgt eine Erläuterung, wie diese Merkmale zusammenwirken. Wird die Beschreibung der konstruktiven Merkmale weggelassen, ergibt sich eine rein aufgabenhafte Formulierung, die in aller Regel nicht als klare und eindeutige Beschreibung eines Merkmals akzeptiert wird.

Punkt 5: „Durch eine andere „Lochwahl" – durch Versetzen der Noppen der Verstellhilfe in die Schiene – ist eine Verlängerung der Schiene möglich, so dass auch größere Flaschen mit der Trinkhilfe verwendet werden können": Diese besondere Ausgestaltung kann in der Beschreibung aufgenommen werden, um zu erläutern, wie die Verschiebbarkeit und ein Einrasten ermöglicht werden. Eine erfinderische Tätigkeit lässt sich allein mit den „Noppen" nicht erreichen, da es das übliche Können des Durchschnittsfachmanns ist, eine derartige Einrastmechanik zu nutzen.

Eine alternative Anspruchsformulierung wäre:
4. Tropfschutz nach einem der vorhergehenden Ansprüche, wobei der Schienenhalter (3) zur Schiene (7) verschiebbar ist, sodass der Tropfschutz an die Länge der Babyflasche (2) angepasst werden kann.

5. Die gesamte Darstellung der Trinkhilfe in seiner dargestellten Form sowie Funktion soll geschützt werden. Hierzu zählen die Schiene, die Verstellhilfe sowie die Ring-Ösen für Lätzchen bzw. Pilzkopfaufnahmen für einen Schwamm. Ebenso schützenswert ist die Funktion der Verstellhilfe in Kombination mit der verstellbaren Schiene.
In einem Anspruch sind die erfinderischen Merkmale zu beschreiben. Verweise auf beanspruchte Gegenstände gehören nicht in einen Anspruch. Der Schutzanspruch 5 kann gestrichen werden.

6. Die gegabelte Formgebung der verstellbaren Schiene (Fig. 2 und Fig. 2.1), sowie die Aufnahme des Schwammes durch Pilzköpfe (Fig. 5 + Fig. 6 Pkt. 5), bzw. die Aufnahme für Lätzchen durch die Ring-Ösen für ein stressfreies Fläschchen geben.
Ein weiteres, interessantes Merkmal der Erfindung ist die Aufspaltung der Schiene an einem Ende und die Ausformung von Verdickungen an den Endpunkten der aufgespaltenen Teile der Schiene. Allerdings sollte die besondere Ausgestaltung der Erfindung geeignet beansprucht werden.

Eine alternative Anspruchsformulierung wäre:

5. Tropfschutz nach einem der vorhergehenden Ansprüche, wobei die Schiene (7) an einem Ende eine Verdickung aufweist, um dem aufgesetzten Schwamm (6) einen besseren Halt zu geben und/oder wobei die Schiene (7) an diesem Ende sich aufspaltet und/oder wobei die Enden der aufgespaltenen Abschnitte Verdickungen zum besseren Halt des aufgesetzten Schwamms (6) aufweisen.

7. Die Ring-Ösen zur Aufnahme von handelsüblichen Lätzchen, welche ein Wegreißen bzw. Wegziehen der Lätzchen erschweren bzw. gar nicht erst ermöglichen.

Anspruch 7 beschreibt die Vorteile, nämlich dass ein Wegreißen bzw. Wegziehen des Lätzchens verhindert wird. Es werden jedoch keine Merkmale beschrieben, wie die Ringösen anzuordnen sind und wie diese mit der Schiene zusammenwirken.

8. Die Anbringung eines Tropfschutzes in der dargestellten Form als Ganzes ist zu schützen.

Im Anspruch 8 wird lapidar ein Tropfschutz beansprucht. Es kann keine Rede davon sein, dass in dem Anspruch die Erfindung präzise und eindeutig beschrieben wird, damit sie ein Fachmann ausführen kann. Der Anspruch ist unklar und nicht rechtsbeständig.

9. Die dargestellte Formgebung aller in dieser Anmeldung dargebrachten Zeichnungen.

Der Anspruch 9 ist an mangelnder Klarheit nicht mehr zu übertreffen. Es werden „Formgebungen aller Zeichnungen" beansprucht. Der Anspruch kann gestrichen werden, da er vollständig unklar ist. Außerdem werden „Formgebungen" beansprucht. Formgebungen, also ästhetische Ausgestaltungen, sind dem Patentrecht und dem Gebrauchsmusterrecht nicht zugänglich.[59] Ästhetische Gestaltungen können durch das Designrecht geschützt werden.

9.19.33   Beispiel: Mobile Trinkhilfe

Die Gebrauchsmusterschrift DE 20 2017 002000 U1 (Titel: Mobile – Trinkhilfe, zweifach und einfach) stellt sich die Aufgabe, eine Trinkhilfe bereitzustellen, sodass in ihrer Motorik eingeschränkte Personen ohne fremde Hilfe trinken können (siehe Abb. 9.37).

Der Anspruchssatz lautet:

*1. **Mobile Trinkhilfe mit einer oder zwei Stück Trinkflaschen** [Punkt 1]. **Die Flaschenkörbe** [Punkt 2] sind montiert auf einem **fahrbaren und höhenverstellbaren Untersatz** [Punkt 3].*

Punkt 1: „Mobile Trinkhilfe mit einer oder zwei Stück Trinkflaschen": Dieser Satz erfüllt keine Voraussetzungen eines Anspruchs. Es werden keine Merkmale genannt, um

---

[59] § 1 Absatz 3 Nr. 2 Patentgesetz bzw. § 1 Absatz 2 Nr. 2 Gebrauchsmustergesetz.

Abb. 9.37 Mobile Trinkhilfe
(DE 20 2017 002000 U1)

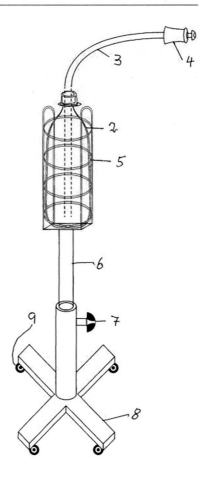

die Trinkhilfe zu realisieren. Stattdessen wird nur beschrieben, dass die Trinkhilfe eine oder zwei Trinkflaschen enthalten soll. Das bedeutet, dass das Nebeneinanderstellen von zwei Flaschen bereits eine mobile Trinkhilfe entsprechend dem Hauptanspruch darstellt. Sogar nur eine einzelne Trinkflasche gilt nach dem Wortlaut als mobile Trinkflasche, denn sowohl eine einzelne als auch zwei Flaschen können bewegt werden, sind daher mobil. Es ist evident, dass die Anordnung von zwei Trinkflaschen eine Verletzung des Schutzanspruchs 1 des Gebrauchsmusters darstellt. Es ist allerdings ebenso offensichtlich, dass der Hauptanspruch nicht rechtsbeständig sein kann. Ein Anspruch wird durch einen Satz beschrieben. Der erste Satz kann daher als der Hauptanspruch aufgefasst werden. Der zweite Satz kann als Unteranspruch interpretiert werden.

Punkt 2: „Die Flaschenkörbe": Es werden Flaschenkörbe neu eingeführt, daher ist der unbestimmte Artikel zu verwenden. Außerdem stellt sich die Frage, warum mehrere Flaschenkörbe beschrieben werden? Falls die Trinkhilfe nur eine Flasche umfasst, benötigt man doch nur einen Flaschenkorb? Außerdem wird im Anspruch 2 ausgeführt, dass in einem Flaschenkorb sogar zwei Flaschen angeordnet werden können. Der Plural erscheint daher vor dem Hintergrund der technischen Lehre des Anspruchs 2 noch rätselhafter.

Punkt 3: „fahrbaren und höhenverstellbaren Untersatz": Was hat der Untersatz mit der Trinkhilfe zu tun? Ist er ein Teil der Trinkhilfe?

Eine alternative Anspruchsformulierung wäre:
1. Trinkhilfe zum Versorgen einer Person mit Flüssigkeit aus einer Flasche (2), umfassend:

einen Korb (5), in dem die Flasche (2) angeordnet werden kann, und
eine Vorrichtung, an der der Korb (5) angeordnet ist, wobei die Vorrichtung auf Rollen gelagert ist, sodass die Vorrichtung fahrbar ist und/oder wobei die Vorrichtung derart ausgeformt ist, dass der Korb (5) höhenverstellbar ist.

2. *Trinkhilfe nach Anspruch 1. dadurch gekennzeichnet, dass eine oder zwei Trinkflaschen in **einem** [Punkt 1] Flaschenkorb [Punkt 2] gehalten werden.*

Punkt 1: Im Anspruch 1 wurde für die Flaschenkörbe der bestimmte Artikel verwendet. Im Anspruch 2 wird der unbestimmte Artikel verwendet. Das ist falsch herum. Es sollte der unbestimmte Artikel genutzt werden, wenn ein Begriff zum ersten Mal in einem Anspruchssatz eingeführt wird. Wird der bereits eingeführte Begriff wieder aufgenommen, ist der bestimmte Artikel zu verwenden.

Punkt 2: „eine oder zwei Trinkflaschen in **einem** Flaschenkorb gehalten werden": Es werden keine Merkmale angegeben, wie ein Flaschenkorb ausgestaltet ist, damit der Flaschenkorb alternativ einen oder zwei Trinkflaschen aufnehmen kann.

Die Merkmale des Anspruchs 2 sind bereits im Hauptanspruch enthalten. Der Anspruch 2 kann daher entfallen.

3. *Trinkhilfe nach Anspruch 1 [Punkt 1], dadurch gekennzeichnet, dass ein **flexibler** [Punkt 2] **Trinkschlauch mittels Flaschenverschluss in der Trinkflasche eingesenkt ist** [Punkt 3].*

Punkt 1: Alle abhängigen Ansprüche des Anspruchssatzes beziehen sich ausschließlich auf den Hauptanspruch („…nach Anspruch 1…"). Hierdurch können in einem Löschungsverfahren auch nur der jeweilige abhängige Anspruch und der Hauptanspruch kombiniert werden, um einen neuen Hauptanspruch zu erhalten. Es ist dann nicht zulässig, beispielsweise den Anspruch 3, den Anspruch 2 und den Anspruch 1 zu kombinieren. Es ist daher besser, Rückbezüge zu verwenden, die jegliche Kombination der Ansprüche ermöglichen, insbesondere durch die Formulierung „…nach einem der vorhergehenden Ansprüche…".

Punkt 2: „flexibler": Die Verwendung eines starren Trinkschlauchs, der beispielsweise eine Biegung bzw. nur einen flexiblen Abschnitt umfasst, wäre bereits eine mögliche

Umgehungslösung. Das Adjektiv „flexibler" bringt für den Anspruch keinen erhöhten erfinderischen Schritt. Andererseits wird der Schutzbereich erheblich eingeschränkt. Es ist daher nicht sinnvoll, dieses Adjektiv zu verwenden.

Punkt 3: „Trinkschlauch mittels Flaschenverschluss in der Trinkflasche eingesenkt ist": Wie wird durch einen Flaschenverschluss ein Trinkschlauch eingesenkt? Warum wird ein sogenannter „Flaschenverschluss" vorgesehen und hat ein „Flaschenverschluss" nicht zur Folge, dass aus der Flasche nicht mehr getrunken werden kann, auch wenn ein Trinkschlauch noch vorhanden ist? Was soll also ein Flaschenverschluss, denn ein Flaschenverschluss widerspricht der Anwendung eines Trinkschlauchs. Derartige Unklarheiten sind zu vermeiden.

Alternative Formulierung des Anspruchs 3:
2. Trinkhilfe nach Anspruch 1, wobei ein Trinkschlauch (3) an der Trinkflasche (2) derart angeordnet ist, dass die Person aus der Flasche (2) trinken kann.

4. Trinkhilfe nach Anspruch 1. dadurch gekennzeichnet, dass am Ausgang der flexiblen **_Trinkröhre_** *[Punkt 1], ein* **_ergonomisches_** *[Punkt 2] Mundstück angebracht ist.*

Punkt 1: „Trinkröhre": Es wird ein neuer Begriff eingeführt. Es ist daher ein unbestimmter Artikel zu verwenden. Allerdings kann angenommen werden, dass mit der Trinkröhre der Trinkschlauch gemeint ist. Es ist darauf zu achten, dass die Begriffe im Anspruchssatz, aber auch in der gesamten Anmeldung, einheitlich verwendet werden.

Punkt 2: „ergonomisch": Es wäre sinnvoll, etwas genauer zu beschreiben, wie das Mundstück ausgeformt ist.

Alternative Formulierung des Anspruchs 4:
3. Trinkhilfe nach einem der Ansprüche 1 oder 2, wobei am Ausgang des Trinkschlauchs (3) ein Mundstück zum Saugen der Flüssigkeit aus der Flasche (2) angeordnet ist und/ oder wobei das Mundstück ergonomisch ausgeformt ist.

Durch die „und/oder"-Verbindung kann das Mundstück ohne das Merkmal der ergonomischen Ausformung in den Hauptanspruch aufgenommen werden. Allerdings können sich bei einer „und/oder"-Kombination unsinnige Alternativen ergeben. Was soll die ergonomische Ausformung des zweiten Halbsatzes ohne das Mundstück zum Saugen der Flüssigkeit des ersten Halbsatzes? Diese Problematik kann in einem amtlichen oder gerichtlichen Verfahren leicht dadurch aufgehoben werden, dass auf die unsinnige Alternative verzichtet wird. Allerdings kann nichts hinzugenommen werden, was zuvor nicht enthalten war. Es ist daher immer empfehlenswert eine „und/oder"-Verbindung zweier Merkmale zu verwenden, statt einer „und"- oder „oder"-Verbindung.

*5. Trinkhilfe nach Anspruch 1, dadurch gekennzeichnet, dass **ein oder zwei** [Punkt 1]*
***Metallgitterkörbe** [Punkt 2] auf einem **Untergestell** [Punkt 3] angeordnet sind.*

Punkt 1: „ein oder zwei": Es genügt einen Metallgitterkorb zu beschreiben. Bei „ein"
oder „einen" sind auch zwei, drei, vier oder beliebig viele Metallgitterkörbe mitumfasst.
Soll jedoch eine bestimmte Anzahl als besonders erfinderisch dargestellt werden, so sind
tatsächlich beispielsweise zwei Metallkörbe zu beschreiben. Es ist hier jedoch nicht
erkennbar, dass zwei und nicht drei oder vier oder fünf Metallkörbe relevant sind. Eine
Anordnung mit zwei Metallkörben weist keinen höheren erfinderischen Schritt als eine
Anordnung mit einem oder drei Metallkörben auf.

Punkt 2: „Metallgitterkörbe": Es werden Metallgitterkörbe eingeführt. Es stellt sich die
Frage, ob damit der Flaschenkorb des Hauptanspruchs gemeint ist. Es ist daher unklar,
ob ein zusätzliches Merkmal, dass der Korb als Metallgitter ausgebildet ist, beschrieben
werden soll. Es sollte stets bedacht werden, dass eine Einheitlichkeit der Begriffe innerhalb des Anspruchssatzes eine Grundvoraussetzung für ein wertvolles Schutzrecht ist.

Punkt 3: „Untergestell": Es wird ein neuer Begriff „Untergestell" eingeführt. Es stellt
sich die Frage, ob und in welcher Weise das Untergestell mit der Trinkhilfe verbunden
ist. Es stellt sich auch die Frage, ob ein Untergestell überhaupt ein neues Merkmal ist, da
ein Untersatz im Hauptanspruch beschrieben wurde. Es stellt sich außerdem die Frage,
warum die Metallgitterkörbe an dem Untergestell angeordnet sind. Welche Funktion
erfüllt daher das Untergestell? Schließlich erscheint das Merkmal des Untergestells im
Anspruch 5 überflüssig, da bereits im Hauptanspruch enthalten ist, dass die Flaschenkörbe auf einem Untersatz montiert sind.

Eine alternative Formulierung des Anspruchs 5 wäre:
4. Trinkhilfe nach einem der vorhergehenden Ansprüche, wobei der Flaschenkorb als
Metallgitter ausgebildet ist.

*6. Trinkhilfe nach Anspruch 1, dadurch gekennzeichnet, dass der **einfache oder doppelte***
***Metallgitterkorb** [Punkt 1] auf ein **zweiteiliges** [Punkt 2] **Teleskop** [Punkt 3] festmontiert*
ist. Das Teleskop ist höhenverstellbar.

Punkt 1: „einfache oder doppelte Metallgitterkorb": Was ist ein einfacher Metallgitterkorb? Was ist dann ein komplizierter Metallgitterkorb? Was ist ein doppelter Metallgitterkorb? Welche Merkmale müssen in welcher Form ausgestaltet werden, damit sich
ein doppelter Metallgitterkorb ergibt?

Punkt 2: „zweiteiliges": Was ist ein zweiteiliges Teleskop? Besteht ein zweiteiliges
Teleskop einfach nur aus zwei Teilen oder ist damit auch mehr gemeint? Ist damit
eventuell gemeint, dass sich eine Höhenverstellbarkeit durch die Zweiteiligkeit ergibt?

Es ergeben sich aus dem Anspruch 6 nur Mutmaßungen. Damit ein Anspruch vor einem Verletzungsgericht durchgesetzt werden kann, muss er klar und eindeutig formuliert sein. Diese notwendige Klarheit liegt beim Anspruch 6 nicht vor, sodass der Anspruch 6 rechtlich ohne Bedeutung ist.

Punkt 3: „Teleskop": Es wird wieder ein neues Element eingeführt, ähnlich wie bei dem Untergestell des Anspruchs 5. Ebenso stellt sich die Frage, in welchem Zusammenhang das Teleskop mit der Trinkhilfe steht.

Eine alternative Formulierung des Anspruchs 6 wäre:
5. Trinkhilfe nach einem der vorhergehenden Ansprüche, wobei der Korb teleskopartig höhenverstellbar ist.

9.19.34   Beispiel: Hot-Dog-Trinkbecher

Die Gebrauchsmusterschrift DE 20 2016 002669 U1 (Titel: Hot-Dog- (Curry-) Wurst Croissants-Trinkbecher) behandelt die technische Aufgabe, in nur einer Hand einen Trinkbecher und eine Wurst oder ein Croissant halten zu können. Vorteilhafterweise kann mit der freien Hand eine Einkaufstüte, eine Handtasche oder ein Koffer getragen werden (siehe Abb. 9.38 und Tab. 9.1).

Der Anspruchssatz umfasst drei Schutzansprüche:
*1. Trinkbecher **mit inklusive** [Punkt 1] Aufsatz-Deckel für Halterung von **Wurst, Hot Dogs, Croissants** [Punkt 2] **dadurch gekennzeichnet, dass** [Punkt 3] der Trinkbecher mit inklusive Aufsatz-Deckel (2), der das Halten von Hot Dogs, Würsten aller Art, Croissants möglich macht.*

Punkt 1: „mit inklusive": Mit und inklusive sind Synonyme. Es ist daher ausreichend das Wort „mit" zu verwenden und auf das Wort „inklusive" zu verzichten.

Punkt 2: „Wurst, Hot Dogs, Croissants": Die Verletzungsgerichte erkennen nur noch Verletzungen an, falls eine wortwörtliche Verletzung vorliegt. Ein Kaffeebecher-Aufsatz, auf den eine Brezel aufgelegt werden kann, wäre daher bereits keine Verletzung des Hauptanspruchs.

Punkt 3: „dadurch gekennzeichnet, dass": Durch die zweiteilige Anspruchsformulierung wird ein Oberbegriff von einem kennzeichnenden Teil abgegrenzt. Der Oberbegriff stellt den nächstliegenden Stand der Technik dar, also das, was bereits bekannt war und wovon der Erfinder bei der Schaffung seiner Erfindung ausgegangen ist. Der kennzeichnende Teil beschreibt die eigentliche Erfindung. Hier ist der Oberbegriff: „Trinkbecher mit inklusive Aufsatz-Deckel für Halterung von Wurst, Hot Dogs,

Abb. 9.38 Hot-Dog-
Trinkbecher (DE 20 2016
002669 U1)

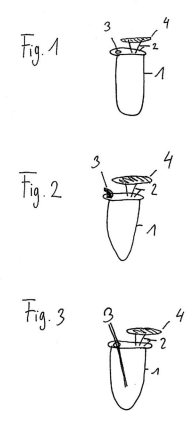

Tab. 9.1 Hot-Dog-Trinkbecher
– Bezugszeichenliste (DE 20
2016 002669 U1)

Bezugszeichenliste

1 Halterung für Wurst Hot Dog Currywurst oder
Croissant
2 Der Aufsatz-Deckel
3 Öffnung für z. b. den Trinkhalm
4 Wurst oder Croissant
5 (Plastik, Papp-)Trinkbecher aus

Croissants". Der kennzeichnende Teil ist: „der Trinkbecher mit inklusive Aufsatz-Deckel (2), der das Halten von Hot Dogs, Würsten aller Art, Croissant möglich macht". Inhaltlich sind daher der Oberbegriff und der kennzeichnende Teil identisch, sodass der Anmelder einem Verletzungsgericht oder einem Patentamt mitteilt, dass die Erfindung bereits bekannt ist, also zum Stand der Technik gehört, was natürlich vonseiten des Anmelders nicht gewollt sein kann.

Eine alternative Formulierung des Hauptanspruchs wäre:

1. Aufsatz-Deckel (2) für einen Trinkbecher (1), umfassend eine Halterung für ein Lebensmittel (4), insbesondere eine Wurst, ein Hot-Dog oder ein Croissant.

Durch eine „insbesondere"-Formulierung können Beispiele aufgenommen werden, die nötigenfalls genutzt werden können, um sich von einem relevanten Stand der Technik abzugrenzen.

2. *Aufsatz* [Punkt 1] *nach Anspruch 1, dadurch gekennzeichnet, dass **der Trinkbecher mit inklusive Aufsatz-Deckel (2) eine Öffnung (3) aufweist** [Punkt 2], wodurch man die Flüssigkeit über den Mund aufnehmen kann.*

Punkt 1: „Aufsatz": Es wird ein neuer Begriff eingeführt. Es stellt sich die Frage, ob mit dem Aufsatz der Aufsatz-Deckel gemeint ist. Derartige Unklarheiten sollten unbedingt vermieden werden. Begriffe sind im Anspruchssatz, aber auch in der kompletten Anmeldung, einheitlich zu verwenden.

Punkt 2: „der Trinkbecher mit inklusive Aufsatz-Deckel (2) eine Öffnung (3) aufweist": Wer weist denn jetzt die Öffnung auf? Der Trinkbecher und der Aufsatz-Deckel, oder nur der Aufsatz-Deckel?

Anspruch 2 bezieht sich auf einen neuen Gegenstand, nämlich auf einen Aufsatz-Deckel und nicht wie der Anspruch 1 auf einen Trinkbecher. Bei dem Anspruch 2 handelt es sich daher um einen Nebenanspruch.

Eine alternative Formulierung des Anspruchs 2 könnte lauten:

2. Aufsatz-Deckel (2) für einen Trinkbecher nach Anspruch 1, wobei der Aufsatz-Deckel (2) eine Öffnung (3) zum Trinken aufweist.

3. *Aufsatz-Deckel **nach einem der vorhergehenden Ansprüche** [Punkt 1] dadurch gekennzeichnet, dass der Aufsatz-Deckel (2) eine Öffnung (3) aufweist, wodurch ein Trinkhalm **unproblematisch** [Punkt 2] durchpasst.*

Punkt 1: Der Anspruch 3 kann sich nicht auf den Hauptanspruch beziehen, da dieser einen Trinkbecher zum Inhalt hat. Der Rückbezug des Anspruchs 3 muss daher lauten: „nach Anspruch 2".

Punkt 2: Was bedeutet unproblematisch? Ist bei unproblematisch noch etwas Quetschen erlaubt oder muss der Trinkhalm ohne Reibung in den Trinkbecher durch die Öffnung durchfallen können. An dieser Stelle wäre eventuell die Angabe von Durchmesserbereichen der Öffnung sinnvoll. Beispielsweise könnte formuliert werden: „Öffnung mit einem Durchmesser zwischen 5 mm und 20 mm, insbesondere mit einem Durchmesser zwischen 10 mm und 15 mm, im weiteren insbesondere mit einem Durchmesser von 13 mm".

9.19.35 Beispiel: Trinkhilfe für mobilen und stationären Einsatz

Das Gebrauchsmuster DE 20208487 U1 (Titel: Trinkhilfe für mobilen und stationären Einsatz) beschreibt die technische Aufgabe, eine Trinkhilfe für Behinderte und ältere Personen in der Weise bereitzustellen, dass eine Getränkeaufnahme in normaler Sitzposition ermöglicht wird. Insbesondere soll die Notwendigkeit eines Herabbeugens zum Trinken durch die Trinkhilfe vermieden werden. Die Trinkhilfe soll einer orthopädisch gesunden Haltung beim Trinken dienen (siehe Abb. 9.39).

Der Anspruchssatz umfasst 12 Schutzansprüche. Es werden die ersten drei Schutzansprüche diskutiert:
*1. Trinkhilfe in Form eines mobilen Getränkehalters **zur Verwendung** [Punkt 1] für Behinderte, Ältere und in ihrer motorischen Bewegungsfreiheit eingeschränkte Personen. **Durch die Erfindung soll insbesondere, eine Getränkezunahme in normaler Sitzposition eines jugendlichen oder erwachsenen Menschen ermöglicht werden. Ein Herabbeugen zu einem Trinkgefäß, in Form eines Glases, Bechers oder einer Flasche, entfällt dadurch. Dies sichert eine orthopädisch korrekte Haltung und mindert Fehlbelastungen durch falsche Sitzpositionen** [Punkt 2]. **Zusätzlich sichert die Erfindung einen stabilen Stand des Trinkgefäßes** [Punkt 3], dadurch gekennzeichnet: dass die Trinkhilfe **im Wesentlichen** [Punkt 4] aus fünf Komponenten, dem Standfuß, dem beweglichen Metallgliederrohr – nachfolgend Schwanenhals genannt -, dem Gefäßhalter,*

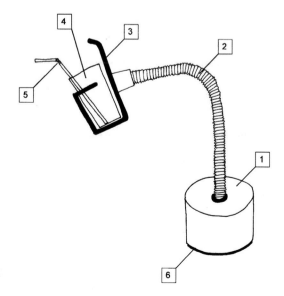

Abb. 9.39 Trinkhilfe für mobilen und stationären Einsatz (DE 20208487 U1)

*dem Trinkgefäß und dem **Trinkhalm** [Punkt 5] **besteht** [Punkt 6]. **Entsprechend der erfindungsgemäßen Anordnung der Trinkhilfe steht der Standfuß auf einer Unterlage, welcher üblicherweise ein Tisch oder ähnliches ist. An der Oberseite des Standfußes ist ein Ende des beweglichen Metallgliederrohres – Schwanenhalses – befestigt. Am anderen Ende des beweglichen – Schwanenhalses – ist der Gefäßhalter befestigt. Der Gefäßhalter kann dadurch in jede beliebige Position geschwenkt werden** [Punkt 7].*

Grundsätzlich umfasst ein Anspruch nur einen Satz. In einem Anspruch sind die Merkmale aufzunehmen, durch die die Erfindung realisiert werden. Nach einer Beschreibung eines einzelnen Merkmals kann zusätzlich die vorteilhafte Wirkung folgen oder der Zweck des Merkmals und sein Zusammenwirken mit anderen Merkmalen des Anspruchs (beispielsweise: Rollen zum …). Es ist keinesfalls ausreichend, ausschließlich die vorteilhaften Wirkungen in einem Anspruch zu beschreiben, denn ein Anspruch soll eine Anleitung für den Fachmann darstellen, die Erfindung auszuführen.[60]

Punkt 1: „zur Verwendung": Überflüssig. Kann gestrichen werden.

Punkt 2: Es werden die Aufgabe und die Vorteile erläutert, ohne die Merkmale zur Realisierung der Erfindung anzugeben.

Punkt 3: „Zusätzlich sichert die Erfindung einen stabilen Stand des Trinkgefäßes": Nach diesem Hinweis auf den stabilen Stand folgen die Merkmale der Erfindung. Hierdurch wird der Eindruck erweckt, dass die Erfindung die Aufgabe hat, einen stabilen Stand der Trinkhilfe sicherzustellen. Das ist offensichtlich irreführend.

Punkt 4: „Im Wesentlichen": In einem Hauptanspruch sind alle Merkmale zu beschreiben, die erforderlich sind, damit die Erfindung realisiert werden kann. Eine Formulierung „im Wesentlichen" ist daher sinnlos.

Punkt 5: „Trinkhalm": Ein Trinkhalm ist ein Teil der Erfindung? Etwas kurios. Eventuell wäre ein Means-plus-function-Merkmal sinnvoll, das als „Mittel zum Saugen der Flüssigkeit aus der Trinkflasche" bestimmt werden könnte. Es sollten dann konkrete Ausführungsformen in der Beschreibung aufgenommen werden, beispielsweise ein Trinkhalm und ein Schlauch. Alternativ können besondere Ausgestaltungen einzelner Merkmale in den Unteransprüchen beschrieben werden.

Punkt 6: „besteht": „Bestehen" bedeutet, dass die aufgeführten Merkmale abschließend aufgezählt sind. Eine Umgehungslösung ergäbe sich daher bereits dadurch, dass ein zusätzliches Merkmal aufgenommen wird. Durch die Wortwahl „bestehen" können Nachahmer sehr leicht eine Umgehungslösung entwickeln.

---

[60] § 34 Absatz 4 Patentgesetz bzw. Artikel 83 EPÜ.

Punkt 7: Diese Textpassage gehört in die Beschreibung, aber nicht in den Anspruch.

Eine alternative Formulierung des Hauptanspruchs wäre:
1. Trinkhilfe für Behinderte, Ältere und in ihrer motorischen Bewegungsmöglichkeit eingeschränkte Personen, umfassend:

einen Gefäßhalter zur Aufnahme eines Trinkglases,
ein Metallgliederrohr, an dem beliebige dauerhafte Biegungen vorgenommen werden können und
ein Mittel zum Saugen einer Flüssigkeit aus dem Trinkglas.

*2. Trinkhilfe nach Anspruch 1, dadurch gekennzeichnet, dass diese über einen **Standfuß** **(1) oder Standplatte** [Punkt 1] verfügt, der oder die **keine feste Verbindung zu einem Tisch oder ähnlichem haben muss** [Punkt 2].*

Punkt 1: „Standfuß oder Standplatte": Welcher Unterschied soll denn zwischen einem Standfuß und einer Standplatte bestehen?

Punkt 2: „keine feste Verbindung zu einem Tisch oder ähnlichem haben muss": Das bedeutet, dass die Standplatte eine feste Verbindung haben kann oder auch nicht. Es ist also beides, also jede Variante, möglich. Aus diesem Grund ist diese Textpassage ohne Aussage und kann gestrichen werden.

Eine alternative Formulierung des Anspruchs 2 wäre:
2. Trinkhilfe nach Anspruch 1, wobei die Trinkhilfe einen Standfuß aufweist.

*3. Trinkhilfe nach Anspruch 1 und 2, dadurch gekennzeichnet, dass der Standfuß (1) als Zylinder, Würfel, Quader, Kegel oder Pyramide **ausgeführt sein kann** [Punkt 1].*

Punkt 1: „ausgeführt sein kann": In einem Anspruch ist zu beschreiben, was ist und nicht, was sein kann oder könnte.

Die Merkmale des Anspruchs 3 können mit dem Merkmal des Anspruchs 2 zusammengefasst werden, wodurch die Anzahl der Ansprüche reduziert wird:
Alternative Formulierung der Ansprüche 2 und 3:
2. Trinkhilfe nach Anspruch 1, wobei die Trinkhilfe einen Standfuß aufweist und/oder wobei der Standfuß als Zylinder, Würfel, Quader, Kegel oder Pyramide ausgeführt ist.
„Und/oder"-Formulierung: Die „oder"-Verbindung ist vorteilhaft, da hierdurch der Standfuß nicht unbedingt ein Zylinder, ein Würfel, ein Quader, ein Kegel oder eine Pyramide sein muss. Allerdings ergibt sich durch die „oder"-Verbindung auch die Alternative, dass der erste Nebensatz nicht gilt, aber der zweite. Diese Alternative ist unsinnig, kann aber in einem amtlichen oder gerichtlichen Verfahren, beispielsweise

einem Löschungsverfahren, einem Patenterteilungsverfahren oder einem Verletzungsverfahren, leicht korrigiert werden, indem auf diese Variante verzichtet wird und der Anspruch in zwei Ansprüche aufgesplittet wird. Grundsätzlich kann man sich merken, dass immer auf etwas verzichtet werden kann. Es kann allerdings nichts hinzugefügt werden.

9.19.36 Beispiel: Pneumatische Trinkhilfe

Das Gebrauchsmuster DE 20107400 U1 (Titel: Pneumatische Trinkhilfe) beschreibt eine Vorrichtung, bei der das Trinken einer Flüssigkeit durch das Erzeugen eines Überdrucks in einem Behälter erleichtert wird (siehe Abb. 9.40 und Tab. 9.2).

Der Anspruchssatz lautet:
Ich erhebe __Schutzansprüche__ [Punkt 1] auf folgende Merkmale der pneumatischen Trinkhilfe __(Positionsnummern beziehen sich auf die Zeichnung im Schreiben vom 19.08.01)__ [Punkt 2]:

Punkt 1: In einem Patent oder einem Gebrauchsmuster müssen von dem Anmelder die Schutzansprüche selbst formuliert werden. Kein Verletzungsgericht oder Patentamt wird aus einer Aufeinanderfolge von Merkmalen diejenigen zusammensuchen, die sinnvollerweise einen Hauptanspruch ergeben können. Dieses Gebrauchsmuster ist daher für den Anmelder kein Schutz vor Nachahmer, denn es gibt keinen ausformulierten Schutzanspruch.

Punkt 2: In einer Anmeldung sind sämtliche Offenbarungsbestandteile aufzunehmen. Ein Verweis auf eine Korrespondenz mit dem Patentamt ist nicht zulässig. Hierdurch wird eine eventuell eingereichte Zeichnung, die nicht mit den Anmeldeunterlagen zusammen eingereicht wurde, nicht Bestandteil der Offenbarung der Anmeldung.

– Luftdichtes Abschließen eines Gefäßes (06) mit Hilfe eines __Deckels__ [Punkt 1] (07) __aus Metall, Kunststoff, Keramik oder Holz__ [Punkt 2].

Punkt 1: „Deckel": Ein Gefäß könnte alternativ dadurch abgeschlossen werden, dass zwei symmetrische Teile zusammengefügt werden. Dieses Merkmal eröffnet daher einem Nachahmer eine Umgehungslösung.

Punkt 2: „aus Metall, Kunststoff, Keramik oder Holz": Es macht keinen Sinn, sämtliche Varianten aufzuzählen, dann können diese Merkmale vollständig entfallen. Aus welchem Material der Deckel ist, erscheint außerdem nicht ein erfindungswesentliches Merkmal. Aus diesem Grund können diese Merkmale ebenfalls weggelassen werden. Die Verwendung von „aus" ist nachteilig, denn daraus folgt, dass der Deckel ausschließlich aus

Abb. 9.40 Pneumatische
Trinkhilfe (DE 20107400 U1)

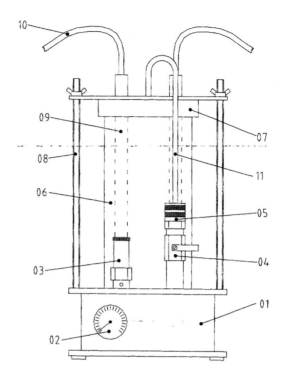

Tab. 9.2 Pneumatische Trinkhilfe –
Bezugszeichenliste (DE 20107400 U1)

Bauteile:

01	Druckluftbehälter
02	Manometer
03	Überdruckventil
04	Ventil
05	Druckluftkupplung
06	Gefäß
07	Deckel
08	Spannstange
09	Rohr
10	Trinkschlauch
11	Druckluftschlauch

Metall oder Kunststoff oder Keramik oder Holz besteht. Ein Deckel, der sowohl Holz-
als auch Metallbestandteile aufweist, würde zu einem Gegenstand führen, der nicht in
den Schutzbereich des Gebrauchsmusters fällt. Eine Formulierung „Deckel aufweisend
Metall und/oder Kunststoff und/oder ..." vermeidet diese Beschränkung des Schutzbereichs.

– Beaufschlagung des Gefäßes (06) mit Druckluft.

Es wird ein Vorgang beschrieben. Der vorliegende Anspruch ist jedoch ein Vorrichtungsanspruch. Es wäre daher sinnvoll, ein Merkmal wie: „wobei innerhalb des Gefäßes ein erhöhter Druck besteht" zu verwenden. Allerdings sollte der „erhöhte Druck" noch präzisiert werden, beispielsweise durch: „…, insbesondere ein Druck größer als …".

Die Schläuche (10) werden von einer festzulegenden Anzahl von Personen (abhängig von der Ausbaustufe der pneumatischen Trinkhilfe) in den Mund genommen. Bei Beaufschlagung der Flüssigkeit mit Druckluft gelangt diese so innerhalb kürzester Zeit in den Mund der Personen.

Diese Textpassage kann in die Beschreibung aufgenommen werden. Sie ist nicht für einen Anspruch geeignet.

– Die Betankung des Druckbehälters (01) erfolgt je nach Ausbaustufe der pneumatischen Trinkhilfe über eine handelsübliche oder eine von FPE modifizierte Handpumpe, über CO2-Patronen (oder andere Treibgase), über Pressluftflaschen, Kompressoren oder chemische Reaktionen.

Die Bereitstellung eines Druckbehälters zur Erzeugung des Drucks innerhalb des Gefäßes und die Betankung des Druckbehälters sind wahrscheinlich nicht erfinderisch. Diese Merkmale können in die Beschreibung aufgenommen werden.

– Um eine Verletzung von Personen auszuschließen, wird ein Überdruckventil (03) an den Druckbehälter (01) angebracht, der den Druck auf ein verträgliches Maß reduziert. Je nach Ausbaustufe der pneumatischen Trinkhilfe muss das Überdruckventil (03) eingestellt werden. Üblich sind bei einem 1.5 L Druckbehälter (01) ca. 0,8 bis 1,4 bar, je nach Erfahrungswert der betroffenen Personen. – Um den Druck nach Erfahrungswert der betroffenen Personen kontrollieren zu können, wird an den Druckbehälter (01) ein Manometer (02) angebracht. Dieses kann je nach Ausbaustufe der pneumatischen Trinkhilfe entfallen. – Die Freigabe der Luft aus dem Druckbehälter (01) in das Gefäß (06) erfolgt über ein Ventil (04). Je nach Ausbaustufe der pneumatischen Trinkhilfe kann dieses pneumatisch, elektronisch oder mechanisch gesteuert werden.

- Zum Entfernen des Deckels (07) vom Gefäß (06) (Reinigung der pneumatischen Trinkhilfe) kann der Druckschlauch (11) vom Druckbehälter (01) entfernt werden. Dazu ist eine Druckluftkupplung (05) angebracht. Diese kann je nach Ausbaustufe der pneumatischen Trinkhilfe durch eine Steck-, Quetsch-, oder Schraubverbindung ersetzt werden.

Es wird zumindest teilweise der Stand der Technik erläutert. Diese Textpassagen sollten in die Beschreibung eingefügt werden.

Eine alternative Formulierung eines Hauptanspruchs könnte lauten:
1. Trinkhilfe zum Versorgen einer Person mit einer Flüssigkeit, umfassend:

ein Gefäß, das druckdicht abschließbar ist, wobei in dem Gefäß eine Flüssigkeit ist, die durch einen Druck in dem Gefäß durch eine Röhre (10) gepresst wird, wodurch die Person durch die Röhre (10) mit der Flüssigkeit versorgt wird.

9.19.37 Beispiel: Essgeschirr für Kinder und Senioren

Die Gebrauchsmusterschrift DE 20111403 U1 (Titel: Essgeschirr für Baby/Kinder, Behinderte und Senioren) beschreibt eine Esslern- bzw. Trinkhilfe, die in einem befestigten Zustand ein Herunterwerfen bzw. Umstoßen verhindert.

Der Anspruchssatz umfasst vier Ansprüche, wobei keiner der Ansprüche als ein vollständiger Satz formuliert ist. Eine derartige Formulierung der Ansprüche ist falsch. Jeder Anspruch ist in einem kompletten Satz auszudrücken.

Die „Schutzansprüche" lauten:

Essgeschirr, **bestehend aus** *[Punkt 1]* ***flachen und tiefen*** *[Punkt 2] Tellern, Schüsseln, Becher-, Tassen- und Glashaltern, für Babys/Kinder, Behinderte und Senioren, welches mit* ***Saugnäpfen*** *[Punkt 3] auf Babystühlen, Tischen oder anderen glatten Flächen befestigt wird, dadurch gekennzeichnet,*

Punkt 1: „bestehend aus": ist eine abschließende Aufzählung. Ein Essgeschirr-Set, das zusätzlich eine Untertasse enthalten würde, wäre daher bereits keine Verletzung des Gebrauchsmusters.

Punkt 2: „flachen und tiefen": also jede Art von Teller, dann kann dieses Merkmal auch weggelassen werden, da es offensichtlich nicht darauf ankommt.

Punkt 3: „Saugnäpfe": Die Saugnäpfe werden vor dem „dadurch gekennzeichnet" beschrieben. Daraus ergibt sich, dass die Saugnäpfe nicht die erfinderische Tätigkeit begründen sollen. Das ist wohl ein Irrtum.

Eine alternative Formulierung des Hauptanspruchs wäre:
1. Essgeschirr, insbesondere ein Teller, eine Schüssel, ein Becher, eine Tasse oder ein Glashalter, für ein Kind, einen Behinderten oder eine ältere Person, wobei an dem Essgeschirr ein Saugnapf zum Befestigen des Essgeschirrs auf einem Babystuhl, einem Tisch oder eine glatte Oberfläche angeordnet ist.

1. daß dieses Geschirr und die Getränkehalter, auf dem Boden bzw. den Stellflächen angebrachte, eine oder mehrere, Erhöhungen mit runden oder viereckigen Löchern bzw. Vertiefungen aufweist, in die entsprechend ein Saugnapf oder mehrere Saugnäpfe eingesteckt/befestigt werden.

Eine alternative Anspruchsformulierung wäre:
2. Essgeschirr nach Anspruch 1, wobei das Essgeschirr auf dessen Unterseite eine Erhebung aufweist, wobei an der Erhebung der Saugnapf angeordnet ist.

2. daß dieses Geschirr und die Getränkehalter, in einem doppelten oder dicken Boden bzw. den Stellflächen ein oder mehrere runde oder viereckige Löcher bzw. Vertiefungen hat, in die entsprechend ein Saugnapf oder mehrere Saugnäpfe eingesteckt/befestigt werden.

Eine alternative Anspruchsformulierung wäre:
3. Essgeschirr nach einem der Ansprüche 1 oder 2, wobei das Essgeschirr auf dessen Unterseite eine Vertiefung oder Ausnehmung zum Aufnehmen des Saugnapfs aufweist.

3. dass auf dem Boden bzw. der Stellfläche des Geschirrs und der Getränkehalter, einen Saugnapf oder mehrere Saugnäpfe, fest angebracht sind.
Eine alternative Anspruchsformulierung wäre:
4. Essgeschirr nach einem der vorhergehenden Ansprüche, wobei der Saugnapf lösbar oder unlösbar an dem Essgeschirr angeordnet ist.

4. dass das Geschirr aus allen, soweit technisch möglich, üblichen Materialien hergestellt werden soll.
Dieser Anspruch kann gelöscht werden, da es keine präzise Beschreibung eines zu schützenden Gegenstands darstellt, wenn sämtliche möglichen Variationen, ohne diese zu nennen, beansprucht werden.

9.19.38 Beispiel: Verpackung mit einem Zweitnutzen als Kinderspielzeug[61]

Die Gebrauchsmusterschrift DE 20 2017 006000 U1 (Titel: Verpackung mit einem Zweitnutzen als Kinderspielzeug) stellt sich die technische Aufgabe, eine Verpackung derart zu gestalten, dass sie neben ihrer Funktion als Verpackung auch als Kinderspielzeug genutzt werden kann. Hierbei soll die Verpackung nach dem Auspacken des Inhalts der Verpackung eine besondere Spielgestalt annehmen (siehe Abb. 9.41 und 9.42 und Tab. 9.3).

Der einzige Anspruch lautet:
1. *Einer* [Punkt 1] *Verpackung mit einem Zweitnutzen als Kinderspielzeug dadurch gekennzeichnet, dass nach dem Entnehmen des ursprünglichen Inhaltes der Verpackung, diese sich durch ihre besondere Gestalt als Kinderspielzeug zu einem oder mehreren Kinderspielthemen empfiehlt.*

---

[61] Der § 1 Absatz 3 Nr. 3 Patentgesetz befasst sich mit Spielen: „Als Erfindungen im Sinne [des Patentgesetzes] … werden insbesondere nicht angesehen: … 3. Pläne, Regeln und Verfahren für gedankliche Tätigkeiten, für Spiele oder für geschäftliche Tätigkeiten sowie Programme für Datenverarbeitungsanlagen". Spielregeln können daher nicht patentiert werden. Allerdings ist es möglich, ein Konzept zu patentieren, durch das ein Spiel in einem anderen Gegenstand, wie hier in einer Verpackung, integriert werden kann.

Abb. 9.41 Verpackung mit einem Zweitnutzen Fig. 1 und 2 (DE 20 2017 006000 U1)

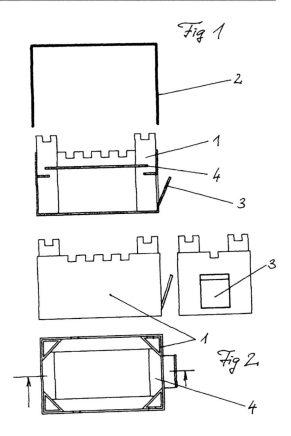

Punkt 1: „einer": unnötig, kann weggelassen werden.

Es ist fraglich, ob der Anspruch neu ist. Immerhin kann jede Schachtel in gewisser Weise als Spielzeug genutzt werden. Der Anspruch ist außerdem aufgabenhaft formuliert. Es wurden nicht Merkmale aufgenommen, die die entsprechende Verwendung ermöglichen, sondern einfach gefordert, dass die Verpackung geeignet gestaltet ist. Es drängt sich der Verdacht auf, dass die Erfindung eigentlich noch nicht geschaffen ist, denn es konnten keine Merkmale angegeben werden, die zur Realisierung der Erfindung führen.

Eventuell kann der Anspruch auf ein konkretes Kinderspielthema ausgerichtet werden, beispielsweise eine mittelalterliche Burg oder ein Wildwest-Fort. Alternativ sollte überlegt werden, wie ein abstraktes Merkmal der Erfindung aussehen kann. Zumindest wäre ein Merkmal aufzunehmen, das zur Abgrenzung von üblichen Paketen des Stands der Technik geeignet ist, denn diese können auch bereits als Kinderspielzeug verwendet werden.

Vorschlag für einen abgeänderten Anspruchssatz:
1. Verpackung zur Verwendung als Kinderspielzeug, wobei die Verpackung eine Wand mit einem Wandrand aufweist, der nicht durchgängig horizontal zum Boden der Verpackung

Abb. 9.42 Verpackung mit
einem Zweitnutzen Fig. 3 (DE
20 2017 006000 U1)

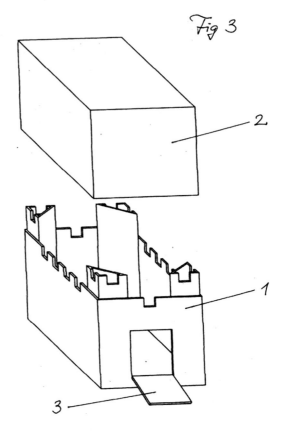

Fig 3

Tab. 9.3 Verpackung mit einem
Zweitnutzen – Bezugszeichenliste
(DE 20 2017 006000 U1)

Bezugszeichenliste

1 Unterteil
2 Oberteil
3 herausklappbare Elemente (hier: Zugbrücke)
4 zusätzliche Elementen (hier: Wehrgang)

verläuft, sondern insbesondere stufenförmig, konvex oder konkav, oder wobei diese Wand
eine Ausnehmung umfasst, wobei diese Wand ein Teil eines Kinderspielzeugs ist.
2. Verpackung nach Anspruch 1, wobei die Wand eine Darstellung einer mittelalterlichen
Burg oder eines Wildwest-Forts ist.

9.19.39 Beispiel: Flexible Halterung für ein Kinderspielzeug

Das Gebrauchsmuster DE 20 2007 001551 U1 (Titel: Flexible Halterung für Kinderspielzeug, welches an Kinderwägen montiert wird) löst die technische Aufgabe, eine
Spielgerätehalterung zur Verfügung zu stellen, die an einen Kinderwagen montiert

werden kann. Die erfinderische Spielgerätehalterung soll sich insbesondere dadurch auszeichnen, dass die Bewegungsfreiheit der Kinder durch die Spielgerätehalterung nicht eingeschränkt wird (siehe Abb. 9.43 und 9.44).

Der Anspruchssatz lautet:

*1. Flexible Gelenkrohrhalterung **(Schwanenhals, Fig. 3a)** [Punkt 1] zur Befestigung von Kinderwagenspielgeräten, insbesondere für ein Spielzeuglenkrad (Fig. 3b), **am Kinderwagenrahmen** [Punkt 2] (Fig. 2d) **in Fahrtrichtung** [Punkt 3].*

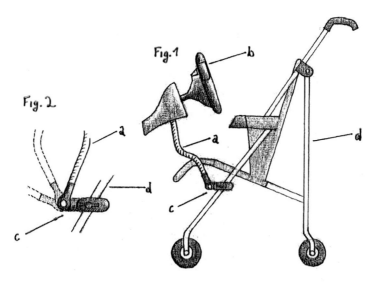

Abb. 9.43 Flexible Halterung für ein Kinderspielzeug Fig. 1 und 2 (DE 20 2007 001551 U1)

Abb. 9.44 Flexible Halterung
für ein Kinderspielzeug Fig. 3
(DE 20 2007 001551 U1)

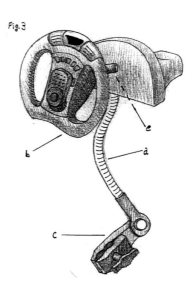

Punkt 1: „(Schwanenhals, Fig. 3a)": In einem Anspruch sollten außer Bezugszeichen nichts in Klammern gesetzt werden, da ein in Klammern setzen signalisiert, dass die geklammerte Textpassage weniger bedeutsam ist. Unwichtige Merkmale sollen überhaupt nicht in einen Anspruch aufgenommen werden. Außerdem soll ein Verweis auf Zeichnungen in einem Anspruch unterbleiben.

Punkt 2: „am Kinderwagenrahmen": Es stellt sich die Frage, an welchem Kinderwagen die Gelenkrohrhalterung angeordnet werden soll. Tatsächlich wurde bislang kein Kinderwagen eingeführt. Außerdem gibt es alternative Befestigungsorte für die Gelenkrohrhalterung an einem Kinderwagen, außer der Montage am Rahmen des Kinderwagens. Es ergeben sich Umgehungslösungen für einen Nachahmer, die verhindert werden sollten.

Punkt 3: „in Fahrtrichtung": Unklares Merkmal, das Umgehungslösungen für Nachahmer ermöglicht.

*2. Flexible Gelenkrohrhalterung nach Anspruch 1, dadurch gekennzeichnet, dass **das flexible Gelenkrohr** [Punkt 1] (Fig. 3a) mittels einer Schnellspannschraubklemme (Fig. 3c) **an einem Punkt** [Punkt 2] **am Rahmen des Kinderwagens** [Punkt 3] (Fig. 1d) befestigt ist.*

Punkt 1: „das flexible Gelenkrohr": Ein Gelenkrohr wurde bislang nicht eingeführt. Es wäre daher der unbestimmte Artikel zu verwenden. Eventuell ist mit dem Gelenkrohr die Gelenkrohrhalterung oder ein Teil der Gelenkrohrhalterung gemeint. Der Anmelder muss unbedingt sauber formulieren und jede Unklarheit vermeiden. Unklare Ansprüche haben regelmäßig keinen Bestand vor einem Patentamt bzw. erweisen sich als wertlos vor einem Verletzungsgericht.

Punkt 2: „an einem Punkt": Eine flächige Befestigung wäre bereits eine zulässige Umgehungslösung für einen Nachahmer.

Punkt 3: „am Rahmen des Kinderwagens": Ein Rahmen des Kinderwagens wurde bislang nicht eingeführt. Es wäre daher mit einem unbestimmten Artikel zu formulieren: „an einem Rahmen des Kinderwagens". Eventuell ist mit dem Rahmen des Kinderwagens der Kinderwagenrahmen des Anspruchs 1 gemeint, dann sollte bei der Begrifflichkeit des „Kinderwagenrahmens" geblieben werden. Eine Einheitlichkeit der Begriffe des Anspruchssatzes sollte unbedingt sichergestellt werden.

*3. Flexible Gelenkrohrhalterung nach **Anspruch 1** [Punkt 1] dadurch gekennzeichnet, dass an einem Ende des flexiblen Gelenkrohrs (Fig. 3a) ein **Schraubadapter** [Punkt 2] (Fig. 3e) als Befestigungsmöglichkeit für ein Spielzeuglenkrad (Fig. 3b) vorhanden ist.*

Punkt 1: Der Rückbezug ist auf den Anspruch 1 beschränkt. Eine Kombination der Ansprüche 1, 2 und 3 ist daher nicht offenbart. Eine derartige Merkmalskombination könnte nicht genutzt werden, um sich vom Stand der Technik abzugrenzen. Folgender Rückbezug wäre zu empfehlen, um sämtliche Anspruchskombinationen zu ermöglichen: „…nach einem der Ansprüche 1 oder 2, …".

Punkt 2: „Schraubadapter": Was ist ein Schraubadapter? Hier könnte eine Merkmalsbeschreibung folgender Art erfolgen: „…Schraubadapter, wobei der Schraubadapter umfasst: … zum…".

*4. Flexible Gelenkrohrhalterung nach **Anspruch 1** [Punkt 1], dadurch gekennzeichnet, dass die flexible Gelenkrohrhalterung (Schwanenhals) **am Ende** [Punkt 2] auch einen Karabinerhaken zur Befestigung von hängendem Spielzeug aufweist.*

Punkt 1: Der Anspruch 4 bezieht sich nur auf den Hauptanspruch. Eine Kombination der Ansprüche 1, 2 und 4 oder der Ansprüche 1, 3 und 4 oder der Ansprüche 1, 2, 3 und 4 ist daher nicht möglich. Folgender Rückbezug wäre zu empfehlen, um sämtliche Anspruchskombinationen zu ermöglichen: „… nach einem der vorhergehenden Ansprüche …".

Punkt 2: „am Ende": Eine Umgehungslösung eines Nachahmers wäre das Anordnen des Karabinerhakens nicht am Ende, sondern etwas entfernt vom Ende der Gelenkrohrhalterung.

Vorschlag für einen verbesserten Anspruchssatz:

1. Flexible Gelenkrohrhalterung zur Anordnung eines Kinderspielgeräts, insbesondere eines Spielzeuglenkrads, an einem Kinderwagen.

2. Gelenkrohrhalterung nach Anspruch 1, wobei die Gelenkrohrhalterung mittels einer Schnellspannschraubklemme am Kinderwagen lösbar befestigt ist.

3. Gelenkrohrhalterung nach einem der Ansprüche 1 oder 2, wobei an einem Ende der Gelenkrohrhalterung ein Schraubadapter zur Befestigung eines Spielzeuglenkrads angeordnet ist, wobei der Schraubadapter durch Schrauben mit dem Spielzeuglenkrad verbunden ist, wobei der Schraubadapter mit der Gelenkrohrhalterung verbunden ist.

4. Gelenkrohrhalterung nach einem der vorhergehenden Ansprüche, wobei die Gelenkrohrhalterung einen Karabinerhaken zur Befestigung eines Spielzeugs aufweist.

9.19.40 Beispiel: Roller-Kinderspielzeug

Die Gebrauchsmusterschrift DE 20 2006 006537 U1 (Titel: Roller-Kinderspielzeug, Sportgeräte) behandelt die technische Aufgabe, einen Eisschlittenroller als Wintersportgerät zur Fortbewegung auf dem Eis zur Verfügung zu stellen. Hierzu wird ein Roller mit Kufen zum Gleiten vorgeschlagen. Der Roller ermöglicht das Eislaufen durch Abstoßen vom Boden. Vorteilhafterweise können Schuhe mit Spikes das Abstoßen unterstützen (siehe Abb. 9.45).

Die Schutzansprüche 1 bis 4 lauten:

*1. Eisschlittenroller, dadurch gekennzeichnet, dass er über eine **Standfläche** [Punkt 1] und eine Rollerlenkstange verfügt.*

Im Anspruch 1 würde man erwarten, dass beschrieben wird, dass der Roller fürs Gleiten über das Eis geeignet ist, und welche Merkmale er hierzu aufweist. Stattdessen werden die Merkmale eines Tretrollers des Stands der Technik beschrieben, nämlich Standfläche und Lenkstange. Dieser Anspruch lässt sich auf jeden Tretroller „lesen" und ist daher nicht rechtsbeständig.

Punkt 1: „Standfläche": Was bedeutet die „Standfläche"? Handelt es sich um eine Fläche, damit der Roller stehend abgestellt werden kann oder damit eine Person auf einer Fläche des Rollers stehen kann?

*2. Eisschlittenroller nach Anspruch 1., dadurch gekennzeichnet, dass unter der Standfläche und unter der Lenkerstange **Kufen montierbar** [Punkt 2] sind.*

Punkt 2: „Kufen montierbar": Grundsätzlich können an jeden Tretroller Kufen montiert werden. Der Gegenstand des Anspruchs 2 ist daher nicht neu. Es wäre anders, falls beansprucht würde, dass „Kufen montiert sind". Ein derartiger Roller ist kein herkömmlicher Tretroller und könnte daher neu und erfinderisch sein.

*3. Eisschlittenroller **nach Anspruch 1. und 2.** [Punkt 1], dadurch gekennzeichnet, dass Lenkergriff, Lenkerstange, Lenkergelenk und Standfläche aus Stahl, Aluminium, Kunststoff, Carbon, Holz oder einer Kombination dieser Materialien gefertigt ist.*

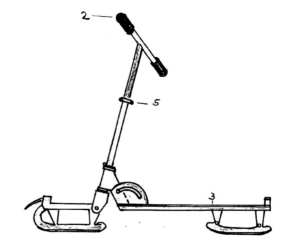

Abb. 9.45 Roller-Kinderspielzeug (DE 20 2006 006537 U1)

Punkt 1: „nach Anspruch 1. und 2.": Hierdurch ergibt sich, dass nur die Kombination der Ansprüche 1, 2 und 3 offenbart ist. Eine Kombination der Ansprüche 1 und 3 (ohne die Merkmale des Anspruchs 2) ist ausgeschlossen. Eine vorteilhafte Formulierung der Rückbezüge, die sämtliche Kombinationen erlaubt, wäre: „nach einem der Ansprüche 1 oder 2".

Die Merkmale des Anspruchs 3 beschreiben übliche Materialien zum Herstellen eines Tretrollers. Es sollte in der Zusammenfassung der Erfindung erläutert werden, wie diese Materialien bzw. eine Kombination dieser Materialien zu besonderen Effekten führen, beispielsweise dadurch, dass sich ein besserer Halt beim Greifen ergibt oder dass der Tretroller weniger leicht beschädigt wird oder leichter ist, und dadurch einfacher zu transportieren ist, etc.

*4. Eisschlittenroller **nach Anspruch 1. und 2. und 3.** [Punkt 1], dadurch gekennzeichnet, **dass Lenkergelenk ein Langloch enthält, welches das Zusammenklappen der bei Benutzung bis zu 90 Grad von der Standfläche ausfahrbaren Lenkerstange ermöglicht** [Punkt 2].*

Punkt 1: „nach Anspruch 1. und 2. und 3.": Hierdurch ist nur die Kombination der Merkmale der Ansprüche 1, 2, 3 und 4 möglich. Sämtliche anderen Kombinationen, beispielsweise die Zusammenfassung der Merkmale der Ansprüche 1 und 4 zu einem neuen Hauptanspruch, sind ausgeschlossen. Eine bessere Formulierung des Rückbezugs wäre: „… nach einem der vorhergehenden Ansprüche …".

Punkt 2: Der Anspruch ist unverständlich und damit für den Fachmann nicht ausführbar.[62]

9.19.41 Beispiel: Wischmopp

Die Gebrauchsmusterschrift DE 20 2018 005521 U1 (Titel: Wischmopp) stellt sich die technische Aufgabe, einen Wischmopp zur Verfügung zu stellen, der eine große Schmutzaufnahmefläche aufweist (siehe Abb. 9.46).

Der Anspruchssatz umfasst zwei Schutzansprüche:
*1. Wischmopp dadurch gekennzeichnet, dass er aus einem schraubenförmigen Adapter **(Fig. 2)** [Punkt 1] **besteht** [Punkt 2]. [Punkt 3] Der Adapter **kann** aus Kunststoff, Metall oder Holz **gefertigt werden** [Punkt 4]. …*

Punkt 1: Im Anspruch sollen keine Verweise auf die Beschreibung oder Zeichnungen enthalten sein.

---

[62] § 34 Absatz 4 Patentgesetz bzw. Artikel 83 EPÜ.

Abb. 9.46 Wischmopp (DE
20 2018 005521 U1)

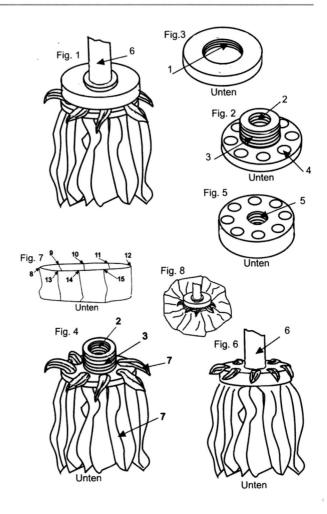

Punkt 2: Das Verb „bestehen" ist abschließend. Es sollte nur verwendet werden, falls die Erfindung auch darin zu sehen ist, dass keine zusätzlichen Elemente enthalten sind. Ansonsten sind stets die Verben „aufweisen" oder „umfassen" vorzuziehen.

Punkt 3: Ein Anspruch entspricht einem einzigen Satz.

Punkt 4: „kann … gefertigt werden": Ein Anspruch soll beschreiben was ist und nicht, was sein kann oder könnte. Daher sollte besser formuliert werden: „Der Adapter weist Kunststoff, Metall und/oder Holz auf."

2. Wischmopp nach Anspruch 1, dadurch gekennzeichnet, dass der Adapter (Fig. 5 und Fig. 6) _**keine schraubenförmige, sondern eine einstufige Form aufweist**_ [Punkt 5].
   Punkt 5: Unverständliche Textpassage. Ein Anspruch muss als Mindestvoraussetzung verständlich sein.

9.19.42 Beispiel: Klappbare Handytasche an Textilien

Die Gebrauchsmusterschrift DE 20 2017 001820 U1 (Titel: Auf und zu klappbare Handytasche (Smartphone Tasche) an Textilien) schlägt ein erfinderisches Kleidungsstück vor, das ein Herunterfallen eines Handys beim Herausholen aus dem Kleidungsstück verhindert (siehe Abb. 9.47 und 9.48 und Tab. 9.4).

Der Anspruchssatz lautet:
*1. **Die auf und zu klappbare** [Punkt 1] **befestigte** [Punkt 2] Handytasche (Smartphone Tasche) an Textilien **Fig. 1** [Punkt 3] **Innenstoff (1) ist ein Stoff oder Textilfolie** [Punkt 4] **der Benutzer kann durch den Innenstoff (1) lesen** [Punkt 5]. **Das Handy kann ohne das Handy herausnehmen benutzen** [Punkt 6] werden.*

Punkt 1: „Die auf und zu klappbare": Es ist eleganter, zunächst den Gegenstand zu nennen, nämlich „Handytasche" und danach die Eigenschaften zu beschreiben, nämlich dass die Handytasche klappbar ausgebildet ist.

Punkt 2: „befestigte": Es ist nicht klar, wie oder wo die Handytasche befestigt ist. Eine geeignete Formulierung wäre beispielsweise: „Handytasche zur Aufnahme eines Handys", wobei die Handytasche an einem Kleidungsstück, insbesondere Hemd, T-Shirt oder Pulli, befestigt ist.

Punkt 3: „Fig. 1": Ein Verweis auf die Zeichnungen oder die Beschreibung soll nicht in einen Anspruch aufgenommen werden.

Abb. 9.47 Klappbare Handytasche an Textilien Fig. 1 (DE 20 2017 001820 U1)

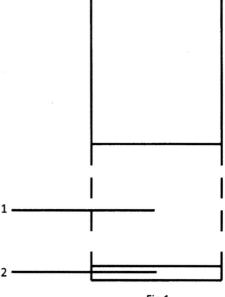
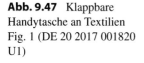

Fig.1

Abb. 9.48 Klappbare
Handytasche an Textilien
Fig. 2 (DE 20 2017 001820
U1)

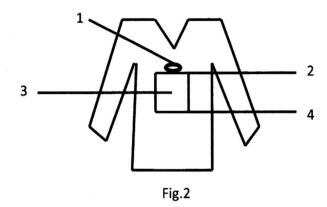

Fig.2

Tab. 9.4 Klappbare
Handytasche an Textilien –
Bezugszeichenliste (DE 20
2017 001820 U1)

Bezugszeichenliste

Fig. 1

1 Innenstoff
2 Verschlussvorrichtung

Fig. 2

1 Verschlussvorrichtung zum auf und zu klappen
2 Verschlussvorrichtung zum auf und zu machen
    zum Handy aufbewahren
3 Oberstoff
4 Befestigung der auf und zu klappbaren Handyta-
    sche

Punkt 4: „Innenstoff (1) ist ein Stoff oder Textilfolie": Es ist nicht klar, wo der Innenstoff angeordnet ist und welche Funktion er haben soll.

Punkt 5: „der Benutzer kann durch den Innenstoff (1) lesen": Es wird nicht
beschrieben, wie diese Aufgabe gelöst wird. Ist der Innenstoff transparent oder weist er
Ausnehmungen auf?

Punkt 6: „Das Handy kann ohne das Handy herausnehmen benutzen": Es könnte klarer
formuliert werden, dass eine Verwendung des Handys möglich ist, ohne dass das Handy
aus der Handytasche entnommen wird. Allerdings sollte zusätzlich beschrieben werden,
wie diese Aufgabe erfüllt wird.

Ein verbesserter Anspruch könnte lauten:
1. Kleidungsstück, insbesondere Hemd, Hose, T-Shirt oder Pullover, umfassend:

eine Handytasche zur Aufnahme eines Smartphones, wobei die Handytasche eine Klappe aufweist, wobei die Klappe aufklappbar ist, um das Display des Smartphones zu sehen und zu bedienen.

9.19.43 Beispiel: Leuchtband für Baby- und Kindertrinkflasche

Das Gebrauchsmuster DE 20 2021 000262 U1 (Titel: Leuchtband für Baby- und Kindertrinkflasche) beschäftigt sich mit dem technischen Problem, eine Babyflasche in der Dunkelheit, beispielsweise nachts, schnell zu finden, um einem schreienden Baby die Flasche geben zu können (siehe Abb. 9.49).

Der Anspruchssatz lautet:
1. Leuchtband für Baby- und Kindertrinkflaschen, dadurch gekennzeichnet, dass in dunkler Umgebung das damit ausgerüstete Trinkgefäß wegen des Nachleuchteffektes des bandförmigen Ringes leicht aufzufinden und zu greifen ist.
Der Anspruch beschreibt eigentlich nur die Aufgabe: „dass in dunkler Umgebung das damit ausgerüstete Trinkgefäß wegen des Nachleuchteffektes des bandförmigen Ringes leicht aufzufinden und zu greifen ist". Nur durch die Angabe des Gegenstands des Anspruchs „Leuchtband" wird die Lösung der Aufgabe angedeutet.
Im Hauptanspruch wird ein Leuchtband beansprucht und dessen Verwendung an einer Trinkflasche beschrieben. Der Hauptanspruch ist offensichtlich nicht neu, denn Leuchtbänder gibt es bereits und diese können natürlich entsprechend verwendet werden. Der Hauptanspruch müsste sich daher auf eine Trinkflasche, insbesondere Babyfläschchen, richten, um eventuell neu und erfinderisch zu sein.
Der Hauptanspruch ist außerdem zu eng formuliert, da er eine nur ganz spezielle Ausführungsform der Erfindung beansprucht. Die grundsätzliche Erfindung ist, dass eine Trinkflasche eigenständig leuchtet, um im Dunkeln gefunden zu werden. Die Trinkflasche

Abb. 9.49 Leuchtband für Baby- und Kindertrinkflasche (DE 20 2021 000262 U1)

Leuchtband

Trinkflasche

muss daher einen Abschnitt aufweisen, der im Dunkeln leuchtet. Das könnte auch ein Ring aus Leuchtdioden sein oder ein sonstiges Leuchtmittel in einer beliebigen Form oder Gestaltung.

Ein verbesserter Hauptanspruch wäre:
1. Trinkflasche, insbesondere Babyflasche, umfassend einen leuchtenden Bereich, sodass die Trinkflasche im Dunkeln erkennbar ist.

9.20 Tipps für die Anspruchsformulierung

Die Anspruchsformulierung stellt regelmäßig eine große Hürde bei der Ausarbeitung einer Patent- oder Gebrauchsmusteranmeldung dar. Es werden daher Tipps gegeben, um einen geeigneten Anspruchssatz zu erhalten.

Tipp: Im Hauptanspruch stehen nur die Merkmale einer Erfindung, die zur Realisierung der Erfindung unbedingt erforderlich sind.

Im Hauptanspruch sollen keine unnötigen Merkmale enthalten sein. Nur diejenigen Merkmale, die erforderlich sind, um die technische Aufgabe zu lösen, sind in den Hauptanspruch bzw. in einen nebengeordneten Anspruch aufzunehmen. Andernfalls wird ein zu geringer Schutzbereich beansprucht.

Tipp: Die Ansprüche sind klar zu formulieren.

Ein künstlich juristisch anmutender Sprachstil ist zu vermeiden. Die Ansprüche müssen klar, eindeutig und präzise sein. Unklare Formulierungen gehen immer zulasten des Anmelders.

Tipp: Im Hauptanspruch und den nebengeordneten Ansprüchen sollen Begriffe genutzt werden, die nicht ähnliche, naheliegende Realisierungen ausschließen. Means-plus-function-Anspruchsformulierungen sind oft sinnvoll.

Das klassische Beispiel einer zu engen Formulierung ist der Nagel zum Befestigen einer Vorrichtung. Eine Befestigung mit einem Klettverschluss wäre eventuell naheliegend und könnte ebenfalls zur Realisierung der Erfindung führen. Allerdings wäre der Klettverschluss bereits eine legitime Umgehungslösung eines Nachahmers. Sinnvoll wäre die Verwendung des Begriffs eines „Befestigungsmittels" oder eines „Mittels zur Befestigung", wodurch ein Nagel, ein Dübel und ein Klettverschluss mit umfasst wäre. In der Beschreibung sollte bei derartigen Means-plus-funktion-Begriffen immer ein konkretes Beispiel enthalten sein. Hierdurch käme man dem Einwand der mangelnden

Ausführbarkeit zuvor. Konkrete Ausführungsbeispiele, beispielsweise ein Nagel und ein Klettverschluss, können zusätzlich in den Unteransprüchen genannt werden.

Tipp: Auf Einheitlichkeit der Begriffe im Anspruchssatz ist zu achten.

Eine „Gelenkrohrhalterung" ist nicht identisch mit einer „Halterung". Ein „Gelenkrohr" ist nicht automatisch ein Teil einer Gelenkrohrhalterung. In einem Anspruchssatz müssen die Begriffe sauber verwendet werden. Wurde eine „Gelenkrohrhalterung" eingeführt, sollte durchgängig dieser Begriff verwendet werden. Wird ein Begriff „Gelenkrohr" verwendet, sollte beschrieben werden, dass und welches Teil der Gelenkrohrhalterung das Gelenkrohr ist.

Tipp: Ansprüche sollen keine Verweise auf die Beschreibung oder die Zeichnungen enthalten.

In Ansprüche gehören keine Verweise auf Zeichnungen. Ein Anspruch soll aus sich selbst heraus verständlich sein.

Tipp: In den Unteransprüchen können konkrete Ausführungsformen der Erfindung beschrieben sein.

Unteransprüche sind dazu da, die technische Lehre des Hauptanspruchs fortzubilden und spezielle Ausführungsformen der erfindungswesentlichen Merkmale zu beschreiben. Allerdings sollte darauf verzichtet werden, Merkmale zu beschreiben, mit denen keine Chance besteht, einen Hauptanspruch gegenüber dem Stand der Technik abzugrenzen. Merkmale, die keinesfalls Neuheit und erfinderische Tätigkeit begründen können, gehören nicht in einen Unteranspruch.

Tipp: Die Rückbezüge der Unteransprüche sollten immer zu allen vorhergehenden Ansprüchen gesetzt werden. Typische Formulierung: „... nach einem der vorhergehenden Ansprüche...". Wird von einem Anspruch 10 auf einen nebengeordneten Anspruch (beispielsweise Anspruch 4) rückbezogen, dann kann formuliert werden: „nach einem der Ansprüche 4 bis 9...".

Die Rückbezüge der Unteransprüche sind derart zu formulieren, dass keine sinnvolle Kombinationsmöglichkeit ausgeschlossen ist.

Information der Öffentlichkeit: die Zusammenfassung

10

In der Zusammenfassung ist der Titel der Anmeldung und eine Kurzbeschreibung der Erfindung in einem Satz anzugeben. Außerdem ist der Zusammenfassung eine Zeichnung beizufügen, der die wesentlichen Elemente der Erfindung zu entnehmen sind. Bei einer Gebrauchsmusteranmeldung ist keine Zusammenfassung notwendig.

Die Zusammenfassung dient ausschließlich der technischen Unterrichtung der Öffentlichkeit. Die Zusammenfassung stellt kein Bestandteil der Beschreibung der Erfindung dar. Es ist daher nicht möglich, in einem amtlichen Erteilungsverfahren auf ein Merkmal zurückzugreifen, das ausschließlich in der Zusammenfassung enthalten ist. Es sollten daher auf keinen Fall Merkmale der Erfindung ausschließlich in der Zusammenfassung und nicht zusätzlich in der Beschreibung oder den Ansprüchen beschrieben werden.

Falls die Patentanmeldung Zeichnungen umfasst, fügt der Anmelder der Zusammenfassung eine Zeichnung bei. In der Praxis ist es sinnvoll, eine Zeichnung zu wählen, die diejenigen Bezugszeichen enthält, die auch im Text der Zusammenfassung verwendet werden.

10.1 Beispiel: Fräswerkzeug zum Fräsen von faserverstärkten Kunststoffen

Die Anmeldung DE 10 2019 109692 A1 (Titel: Fräswerkzeug zum Fräsen von faserverstärkten Kunststoffen) weist folgenden Hauptanspruch auf:

1. Fräswerkzeug (1) zum Fräsen von faser-verstärkten Kunststoffen, mit einem Schaftabschnitt(12) und einem Schneidabschnitt (11), welcher Schneidabschnitt (11) mehrere von Spannuten (2) getrennte Stege (31, 32) umfasst, wobei mindestens ein Steg (31) eine Mantelfläche mit einer Vielzahl von Zähnen (4) umfasst, und wobei mindestens ein Steg(32) eine Mantelfläche mit eine Vielzahl von Schneiden (5) umfasst, und wobei die

T. H. Meitinger, *Ohne Anwalt zum Patent,* https://doi.org/10.1007/978-3-662-63823-1_10

*Schneiden (5) auf den Steg (32) spiralsegmentförmig jeweils unter einem unterschied-
lichen Steigungswinkel (αn) zueinander angeordnet sind.*

Als Zusammenfassung wurde der Hauptanspruch verwendet:

Zusammenfassung: *[Punkt 1] Fräswerkzeug 1 zum Fräsen von faserverstärkten
Kunststoffen, mit einem Schaftabschnitt 12 und einem Schneidabschnitt 11, welcher
Schneidabschnitt 11 mehrere von Spannuten 2 getrennte Stege 31, 32 umfasst, wobei
mindestens ein Steg 31 eine Mantelfläche mit einer Vielzahl von Zähnen 4 umfasst,
und wobei mindestens ein Steg 32 eine Mantelfläche mit eine Vielzahl von Schneiden 5
umfasst, und wobei die Schneiden 5 auf den Steg 32 spiralsegmentförmig jeweils unter
einem unterschiedlichen Steigungswinkel αn zueinander angeordnet sind.*[1]

Es ist üblich, dass als Text der Zusammenfassung der Hauptanspruch angegeben wird.

Punkt 1: Es ist nicht erforderlich „Zusammenfassung:" an den Anfang des Textes der
Zusammenfassung zu setzen.

10.2   Beispiel: Gepäckträger für ein Einspurfahrzeug

In der Patentanmeldung DE 19853172 A1 (Titel: Gepäckträger für ein Einspurfahrzeug)
wird eine sehr detaillierte und umfassende Zusammenfassung angegeben:

***Die Erfindung bezieht sich auf einen Gepäckträger für Einspurfahr-
zeuge insbesondere für Fahrräder mit einem Rohrrahmen oder ähnlichen
Konstruktionselementen.*** *[Punkt 1] Der Gepäckträger weist eine auf einem Trag-
element 4 angeordnete Gepäckauflage 5 und eine Spannschelle zur Verbindung an das
Fahrzeug auf.* ***Die bekannten Gepäckträger haben den Nachteil, dass die Art der
Befestigung eine latent vorhandene Überlastungsgefahr für das Fahrzeug wie für
den Gepäckträger darstellen, darüber hinaus stellt sie keinen ausreichenden Schutz
gegen das Verdrehen des Gepäckträgers inkl. des Gepäcks um die Einspannstelle
sicher, so daß die Fahrstabilität und damit die Verkehrssicherheit in erheblichem Maße
beeinträchtigt werden kann, zudem lässt sich der Gepäckträger nicht ausreichend
positionieren.*** *[Punkt 2]* ***Die Erfindung stellt sich die Aufgabe, einen Gepäckträger
für Einspurfahrzeuge zu schaffen, der eine Sicherung gegen eine zu hohe Gepäcklast
sowie gegen unerwünschtes Verdrehen aufweist und der die Positionierung desselben
an die unterschiedlichen Gegebenheiten erlaubt.*** *[Punkt 3] Erfindungsgemäß verhindert eine Überlastsicherung eine mechanische Beschädigung des Gepäckträgers oder
des Fahrzeugs, sie ist derart ausgebildet, daß sie bei Überschreiten einer vorgegebenen*

---

[1] DE 10 2019 109.692 A1.

Gepäckträgernennlast selbsttätig nachzugeben vermag. Zudem sichern stützende Elemente das seitliche Verdrehen, wobei über ein Stellelement 13 die Ausrichtung auf die Fahrzeugmittelebene und über den Stützbügel 16 die Anpassung auf die Horizontale … [Punkt 4].

Punkt 1: Die Textpassage „Die Erfindung bezieht sich auf…" stellt den ersten Abschnitt in einer Anmeldung dar. Dieser Abschnitt gehört nicht in die Zusammenfassung, sondern in den Abschnitt „Gebiet der Erfindung" der Patent- oder Gebrauchsmusteranmeldung.

Punkt 2: In diesem Abschnitt der Zusammenfassung werden die Nachteile des Stands der Technik erläutert. Diese Diskussion des Stands der Technik gehört nicht in eine Zusammenfassung, sondern stellt den ersten Abschnitt der „Zusammenfassung der Erfindung" dar.

Punkt 3: Es wird die technische Aufgabe der Erfindung beschrieben. Diese Textpassage ist ein zentraler Teil des Abschnitts „Zusammenfassung der Erfindung". Es ist nicht erforderlich und auch nicht üblich, diesen Abschnitt in der Zusammenfassung zu wiederholen.

Punkt 4: Eine Zusammenfassung darf maximal 1500 Zeichen umfassen.[2] Eine Zusammenfassung sollte daher nicht ausufernd sein. Die Zusammenfassung dient ausschließlich der kurzen und prägnanten Information der Öffentlichkeit[3], das bedeutet, dass sie in strengem Sinne kein Teil der Anmeldeunterlagen ist. Es ist nicht möglich, Beschreibungen aus der Zusammenfassung dazu zu nutzen, um den Hauptanspruch oder nebengeordnete Ansprüche gegenüber Dokumenten des Stands der Technik abzugrenzen. Es ist daher nicht sinnvoll, sich zuviel Mühe bei der Erstellung der Zusammenfassung zu bereiten.

Im Patentgesetz wird zwar gefordert, dass in der Zusammenfassung das technische Gebiet der Erfindung, das technische Problem, die Lösung des Problems, also die eigentliche Erfindung, und die Verwendungsmöglichkeiten der Erfindung beschrieben werden.[4] In der Praxis werden diese Punkte jedoch ausführlich in dem „Gebiet der Erfindung", dem „Hintergrund der Erfindung" und den übrigen Anteilen der eigentlichen Patentanmeldung beschrieben. In der Zusammenfassung sollte keine Beschreibung der Erfindung oder deren Genese erfolgen, die nicht wortgleich in der eigentlichen Patent- oder Gebrauchsmusteranmeldung enthalten ist.

Tipp: Als Zusammenfassung kann der Hauptanspruch angegeben werden.

---

[2] § 13 Absatz 1 Patentverordnung.
[3] § 36 Absatz 2 Satz 1 Patentgesetz.
[4] § 36 Absatz 2 Satz 2 Nr. 2 Patentgesetz.

Durch die Verwendung des Hauptanspruchs als Zusammenfassung werden die Erfordernisse des Patentgesetzes erfüllt, denn der Hauptanspruch offenbart die technische Lehre auf dem betreffenden technischen Gebiet. Der Hauptanspruch beschreibt die Lösung für das technische Problem. Typischerweise wird ein Gegenstand oder ein Verfahren beansprucht, bei dem zusätzlich angegeben wird, für welche Anwendung der Gegenstand oder das Verfahren besonders geeignet sind („Vorrichtung zum …" oder „Verfahren zum …"). Der Hauptanspruch beschreibt daher in aller Regel auch die hauptsächliche bzw. eine geeignete Verwendungsmöglichkeit.

Antragsformulare

Den Anmeldeunterlagen ist der entsprechende Antrag des jeweiligen Patentamts beizufügen. In diesem müssen Angaben enthalten sein, durch die das Patentamt zumindest Kontakt zum Anmelder aufnehmen kann. Außerdem muss der Antrag unterschrieben werden.[1]

11.1 Antrag auf Erteilung eines deutschen Patents

Mit einem deutschen Patent wird in dem gesamten Hoheitsgebiet der Bundesrepublik Deutschland ein Monopolrecht für eine Erfindung erworben. Eine deutsche Patentanmeldung kann elektronisch, postalisch oder per Fax eingereicht werden. Wird eine Anmeldung per Fax eingereicht, muss sie noch postalisch nachgereicht werden. Vorteilhaft an der Einreichung der Anmeldung per Fax ist, dass der Anmeldung der Tag der Faxübermittlung zuerkannt wird.

Das deutsche Patentamt muss dem Antrag auf Patenterteilung einen Hinweis entnehmen können, dass tatsächlich ein Patent beantragt wird. Außerdem müssen Angaben enthalten sein, mit denen die Identität des Anmelders feststellbar sind oder mit denen zumindest mit dem Anmelder Kontakt aufgenommen werden kann.[2]

Der Antrag zur Erteilung eines Patents kann unter dem Link: „https://www.dpma.de/docs/formulare/patent/p2007.pdf" des deutschen Patentamts[3] abgerufen werden. Es handelt sich hierbei um das Formular „P2007". Im Feld 1 ist eine Postadresse anzugeben.

---

[1] Regel 41 Absatz 2 Buchstabe h EPÜ.

[2] § 34 Absatz 3 Nr. 1 Patentgesetz.

[3] Deutsches Patent- und Markenamt (DPMA), Zweibrückenstrasse 12, 80.331 München.

© Der/die Autor(en), exklusiv lizenziert durch Springer-Verlag GmbH, DE, ein Teil von Springer Nature 2021
T. H. Meitinger, *Ohne Anwalt zum Patent,* https://doi.org/10.1007/978-3-662-63823-1_11

Entsprechen die Angaben im Feld 1 denen des Anmelders (Feld 3, erstes Kästchen mit einem Haken versehen), so ist das Feld 4 nicht mehr auszufüllen. Im Feld 6 ist der Titel der Anmeldung einzutragen. Soll eine Priorität in Anspruch genommen werden, ist das Feld 9 auszufüllen. Außerdem ist es wichtig, das Feld 12 zu beachten und den Antrag zu unterschreiben (siehe Abb. 11.1, 11.2 und 11.3).

Außerdem muss der Erfinder benannt werden.[4] Ist der Anmelder nicht der Erfinder, ist anzugeben, wie das Recht an der Erfindung auf den Anmelder übergegangen ist.[5] Das Formular zur Benennung des Erfinders kann unter dem Link: „https://www.dpma. de/docs/formulare/patent/p2792.pdf" des deutschen Patentamts[6] abgerufen werden. Es handelt sich hierbei um das Formular „P2792" (siehe Abb. 11.4 und 11.5).

11.2   Antrag auf Eintragung eines Gebrauchsmusters

Der Antrag zur Eintragung eines Gebrauchsmusters kann unter dem Link: „https:// www.dpma.de/docs/formulare/gebrauchsmuster/g6003.pdf" des deutschen Patentamts[7] abgerufen werden. Es handelt sich um das Formular „G6003". Im Feld 1 ist eine Post- adresse anzugeben. Entsprechen die Angaben denen des Anmelders (Feld 3, erstes Käst- chen mit einem Haken versehen), so ist das Feld 4 nicht mehr auszufüllen. Im Feld 6 ist der Titel der Anmeldung (Bezeichnung der Erfindung) einzutragen. Soll eine Priorität in Anspruch genommen werden, ist das Feld 9 auszufüllen. Außerdem ist es wichtig, das Feld 12 zu beachten und den Antrag zu unterschreiben (siehe Abb. 11.6, 11.7 und 11.8). Eine Erfinderbenennung ist bei einem Gebrauchsmuster nicht erforderlich.

11.3   Antrag auf Erteilung eines europäischen Patents

Das europäische Patentamt muss dem Antrag auf Patenterteilung einen Hinweis ent- nehmen können, dass tatsächlich ein Patent beantragt wird. Außerdem müssen Angaben enthalten sein, mit denen die Identität des Anmelders feststellbar ist oder mit denen zumindest mit dem Anmelder Kontakt aufgenommen werden kann.

---

[4] Für die Benennung des Erfinders besteht eine Frist von 15 Monaten nach dem Anmeldetag (§ 37 Absatz 1 Satz 1 Patentgesetz).

[5] § 37 Absatz 1 Satz 2 Patentgesetz.

[6] Deutsches Patent- und Markenamt (DPMA), Zweibrückenstrasse 12, 80.331 München.

[7] Deutsches Patent- und Markenamt (DPMA), Zweibrückenstrasse 12, 80.331 München.

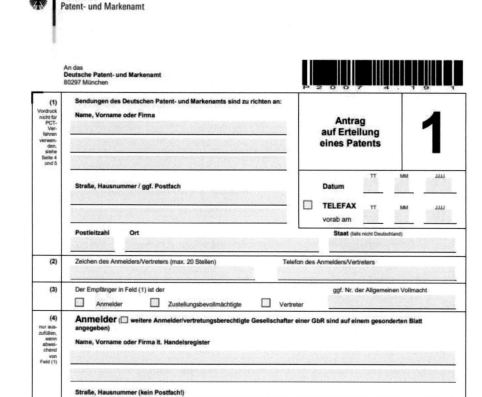

Abb. 11.1 Antragsformular deutsches Patent – 1 (DPMA)

P 2007 4.19 2

(5) soweit bekannt	Anmelder-Nr. Vertreter-Nr. Zustelladressen-Nr.
(6) siehe Seite 4 und 5	**Bezeichnung der Erfindung** / **IPC-Vorschlag des Anmelders (sofern bekannt)**
(7) siehe Erläuterung und Kostenhinweise auf Seite 4 und 5	**Sonstige Anträge** ☐ **Prüfungsantrag** - Prüfung der Anmeldung **mit** Ermittlung des Standes der Technik (§ 44 Patentgesetz) ☐ **Rechercheantrag** - Ermittlung des Standes der Technik **ohne** Prüfung (§ 43 Patentgesetz) ☐ **Aussetzung** des Erteilungsbeschlusses auf ______ Monate (§ 49 Absatz 2 Patentgesetz) *(Max. 15 Monate ab Anmelde- oder Prioritätstag)*
(8)	**Erklärungen** Aktenzeichen der Stammanmeldung ☐ **Teilung** ☐ **Ausscheidung** aus der Patentanmeldung ➔ ☐ an **Lizenzvergabe** interessiert (unverbindlich) ☐ **Nachanmeldung im Ausland** beabsichtigt (unverbindlich)
(9) siehe auch Seite 4 und 5	☐ Inländische **Priorität** (Datum, Aktenzeichen der Voranmeldung) ☐ Ausländische **Priorität** (Datum, Land, Aktenzeichen der Voranmeldung; vollständige **Abschrift(en) der ausländischen Voranmeldung(en)** beifügen)

Abb. 11.2 Antragsformular deutsches Patent – 2 (DPMA)

(10) Erläuterung und Kostenhinweise siehe Seite 4 und 5	**Gebührenzahlung** in Höhe von ▭ EUR

Zahlung per Banküberweisung

☐ **Überweisung** *(nach Erhalt der Empfangsbestätigung)*

Zahlungsempfänger:
Bundeskasse Halle/DPMA
IBAN: DE84 7000 0000 0070 0010 54
BIC (Swift-Code): MARKDEF1700

Anschrift der Bank:
Bundesbankfiliale München
Leopoldstr. 234, 80807 München

Zahlung mittels SEPA-Basis-Lastschrift

☐ Ein gültiges SEPA-Basis-Lastschriftmandat (Vordruck A 9530)

☐ liegt dem DPMA bereits vor *(Mandat für mehrmalige Zahlungen)*.

☐ ist beigefügt.

☐ Angaben zum Verwendungszweck (Vordruck A 9532) des Mandats mit Mandatsreferenznummer sind beigefügt.

Wird die Anmeldegebühr nicht innerhalb von drei Monaten nach dem Tag des Eingangs der Anmeldung gezahlt, so gilt die Anmeldung als zurückgenommen!

(11)   **Anlagen**

siehe auch Seite 4 und 5

1. ▭ Vertretervollmacht

2. ▭ Erfinderbenennung (P 2792)

3. ▭ Zusammenfassung (ggf. mit Zeichnung Fig. ▭)

4. ▭ Seite(n) Beschreibung (ggf. mit Bezugszeichenliste)

5. ▭ Seite(n) Patentansprüche

   ▭ Anzahl Patentansprüche

6. ▭ Blatt Zeichnungen

7. ▭ Abschrift(en) der Voranmeldung(en)

8. ▭ Zitierte Nichtpatentliteratur

9. ▭ Anzahl Datenträger

   ☐ für Sequenzprotokoll nach § 11 Absatz 2 Patentverordnung

10. ▭ Seite(n) Angaben zum geographischen Herkunftsort des biologischen Materials gemäß § 34a Patentgesetz

11. ▭

Bitte beachten Sie hinsichtlich der Verarbeitung Ihrer personenbezogenen Daten unser Merkblatt A 9106 „Datenschutz bei Schutzrechtsanmeldungen". Dieses finden Sie unter www.dpma.de: Service – Formulare – Sonstige Formulare – Hinweise zum Datenschutz.

(12) Unterschrift/en (Bei mehreren Anmeldern ohne gemeinsamen Vertreter sind die Unterschriften sämtlicher Anmelder erforderlich)

(13) Funktion des Unterzeichners

Bitte beachten Sie die Hinweise auf den nächsten Seiten

Abb. 11.3 Antragsformular deutsches Patent – 3 (DPMA)

Deutsches
Patent- und Markenamt

⌐ **Erfinderbenennung**

*Die Erfinderbenennung muss auch erfolgen, wenn der
Anmelder selbst der Erfinder ist. Ist der Anmelder Miterfinder,
so ist er auch mitzubenennen.*

Amtliches Aktenzeichen *(wenn bereits bekannt)*

Platz für **Zeichen des Anmelders/Vertreters**

Bezeichnung der Erfindung *(bitte vollständig)*

Erfinder (1)
Vor- und Zuname

Straße, Hausnummer

Postleitzahl   Ort

Erfinder (2)
Vor- und Zuname

Straße, Hausnummer

Postleitzahl   Ort

Erfinder (3)
Vor- und Zuname

Straße, Hausnummer

Postleitzahl   Ort

Abb. 11.4   Erfinderbenennung – 1 (DPMA)

Erfinder (4)

Vor- und Zuname

Straße, Hausnummer

Postleitzahl   Ort

Achtung: bei mehr als vier Erfindern bitte gesondertes Blatt benutzen!

Das Recht auf das Patent ist **auf den Anmelder übergegangen durch:**

(z.B. Erfinder ist/sind der/die Anmelder, Inanspruchnahme aufgrund §§ 6 u. 7 ArbnErfG, Kaufvertrag mit Angabe des Datums, Erbschaft usw.)

Bitte beachten Sie hinsichtlich der Verarbeitung Ihrer personenbezogenen Daten unser Merkblatt A 9106 "Datenschutz bei Schutzrechtsanmeldungen". Dieses finden Sie unter www.dpma.de: Service – Formulare – Sonstige Formulare – Hinweise zum Datenschutz.

Es wird versichert, dass nach Wissen
des/der Unterzeichner/s weitere   _____ , den _____
Personen an der Erfindung nicht
beteiligt sind.

                                                    _____
                                                    Eigenhändige Unterschrift des Anmelders oder der Anmelder bzw. des Vertreters.
                                                    Bei Firmen genaue, eingetragene Firmenbezeichnung angeben.

Antrag auf Nichtnennung als Erfinder

Nur von denjenigen oben genannten Erfindern auszufüllen, die nach außen hin nicht bekanntgegeben werden wollen (§ 63 Abs. 1 S. 3 PatG).
Der Antrag kann jederzeit widerrufen werden. Ein Verzicht des Erfinders auf Nennung ist ohne rechtliche Wirksamkeit (§ 63 Abs. 1 S. 4 u. 5 PatG).

☐   Es wird beantragt, den bzw. die Unterzeichner dieses Antrags in der oben angegebenen Patentanmeldung
     als Erfinder nicht öffentlich bekanntzugeben. Die Einsicht in die obige Erfinderbenennung wird nur bei
     Glaubhaftmachung eines berechtigten Interesses gewährt.

                                                    _____ , den _____

                                                    _____
                                                    Eigenhändige Unterschrift des Erfinders oder der Erfinder

Abb. 11.5   Erfinderbenennung – 2 (DPMA)

Deutsches
Patent- und Markenamt

An das
Deutsche Patent- und Markenamt
80297 München

G6003 2.19 1

(1)	Sendungen des Deutschen Patent- und Markenamts sind zu richten an:	**Antrag auf Eintragung eines Gebrauchsmusters**	**2**

Name, Vorname oder Firma

Straße, Hausnummer / ggf. Postfach

Datum   TT   MM   JJJJ

☐ **TELEFAX**   TT   MM   JJJJ
vorab am

Postleitzahl   Ort

(2)	Zeichen des Anmelders/Vertreters (max. 20 Stellen)	Telefon des Anmelders/Vertreters

(3)	Der Empfänger in Feld (1) ist der	ggf. Nr. der Allgemeinen Vollmacht

☐ Anmelder   ☐ Zustellungsbevollmächtigte   ☐ Vertreter

(4)
nur aus-
zufüllen,
wenn
abwei-
chend
von
Feld (1)

Anmelder (für weitere Anmelder bitte gesondertes Blatt benutzen)

Name, Vorname oder Firma lt. Handelsregister

Straße, Hausnummer (kein Postfach!)

Postleitzahl   Ort   **Land** (falls nicht Deutschland)

Handels-
register-
nummer
nur bei
Firmen
anzu-
geben

☐ Der Anmelder ist eingetragen im Handelsregister Nr.

beim Amtsgericht

Vertreter
Name, Vorname / Bezeichnung

Straße, Hausnummer

Postleitzahl   Ort

Abb. 11.6 Antragsformular Gebrauchsmuster – 1 (DPMA)

|||||| barcode |||||| G 6 0 0 3 2 . 1 9 2

(5) soweit bekannt	Anmelder-Nr.	Vertreter-Nr.

Zustelladressen-Nr.

(6) siehe Seite 4 IPC-Vorschlag ist unbedingt anzugeben, sofern bekannt	**Bezeichnung der Erfindung** [ ][ ][ ][ ][ ][ ]/[ ][ ][ ]

IPC-Vorschlag des Anmelders

(7)
siehe Erläuterung und Kostenhinweise auf Seite 4 und 5

Sonstige Anträge

☐ **Aussetzung** der Eintragung und Bekanntmachung für _____ Monate (§ 8 Absatz 1 Satz 2 Gebrauchsmustergesetz)
(Max. 15 Monate ab Anmelde- bzw. Prioritätstag)

☐ **Rechercheantrag** - Ermittlung der öffentlichen Druckschriften (§ 7 Gebrauchsmustergesetz)

(8) **Erklärungen**

Aktenzeichen   Anmeldetag   TT   MM   JJJJ

☐ **Teilung/Ausscheidung** aus der Gebrauchsmusteranmeldung → [ ] [ ] [ ] [ ]

☐ **Abzweigung** aus der Patentanmeldung/dem Patent → [ ] [ ] [ ] [ ]

☐ Der Anmelder ist an **Lizenzvergabe** interessiert (unverbindlich)

(9) **Priorität**

☐ Inländische Priorität → _____
(Datum, Aktenzeichen der Voranmeldung)

☐ Ausländische Priorität → _____
(Datum, Land, Aktenzeichen der Voranmeldung)

☐ Ausstellungspriorität → _____
(Datum der erstmaligen Zurschaustellung, Ausstellung)

Abb. 11.7 Antragsformular Gebrauchsmuster – 2 (DPMA)

‖‖‖‖‖‖‖‖‖‖‖‖‖‖‖‖‖‖‖‖‖‖‖‖‖‖‖‖‖
G 6 O O 3   2 .   1 9   3

(10) siehe Kosten- hinweise auf Seite 4 und 5	**Gebührenzahlung** in Höhe von _____ EUR

Zahlung per Banküberweisung

☐ Überweisung *(nach Erhalt der Empfangsbestätigung)*

Zahlungsempfänger:
Bundeskasse Halle/DPMA
IBAN: DE84 7000 0000 0070 0010 54
BIC (Swift-Code): MARKDEF1700

Anschrift der Bank:
Bundesbankfiliale München
Leopoldstr. 234, 80807 München

Zahlung mittels SEPA-Basis-Lastschrift

☐ Ein gültiges SEPA-Basis-Lastschriftmandat (Vordruck A 9530)

☐ liegt dem DPMA bereits vor *(Mandat für mehrmalige Zahlungen)*.

☐ ist beigefügt.

☐ Angaben zum Verwendungszweck (Vordruck A 9532) des Mandats mit Mandatsreferenznummer sind beigefügt.

Wird die Anmeldegebühr nicht innerhalb von 3 Monaten nach dem Tag des Eingangs der Anmeldung gezahlt, so gilt die Anmeldung als zurückgenommen!

(11)   Anlagen

1. _____ Seite(n) Beschreibung

2. _____ Seite(n) Schutzansprüche   _____ Anzahl Schutzansprüche

3. _____ Blatt Zeichnungen

4. _____ Abschrift(en) der Voranmeldung(en) bei Priorität

5. _____ Abschrift der Voranmeldung bei Abzweigung

6. _____ Vertretervollmacht

7. _____

Bitte beachten Sie hinsichtlich der Verarbeitung Ihrer personenbezogenen Daten unser Merkblatt A 9106 „Datenschutz bei Schutzrechtsanmeldungen". Dieses finden Sie unter www.dpma.de: Service – Formulare – Sonstige Formulare – Hinweise zum Datenschutz.

_____
(12)   Unterschrift(en)

_____
(13)   Funktion des Unterzeichners

Bitte beachten Sie die Hinweise auf den nächsten Seiten

Abb. 11.8   Antragsformular Gebrauchsmuster – 3 (DPMA)

Der Antrag auf Erteilung eines europäischen Patents kann dem Link „http://
documents.epo.org/projects/babylon/eponet.nsf/0/5C683C367A8DFBC7C12577F4004
49FD8/$FILE/epo_form_1001_10_19_editable.pdf" des Europäischen Patentamts[8] ent-
nommen werden.

In dem Antrag ist unter Punkt 7 und 8 der Anmelder und dessen Adresse anzugeben.
Unter Punkt 24 ist der Titel der Anmeldung (Bezeichnung der Erfindung) einzutragen.
Unter Punkt 46 ist der Antrag zu unterschreiben (siehe Abb. 11.9, 11.10 und 11.11).

11.4   Antrag für eine internationale Patentanmeldung

Im Antrag auf Einreichung einer internationalen Patentanmeldung kann zunächst im Feld
Nr. I der Titel der Anmeldung (Bezeichnung der Erfindung) eingetragen werden. Im Feld
Nr. II werden die Daten des Anmelders eingetragen. Im Feld Nr. X ist die Unterschrift
des Anmelders zu leisten (siehe Abb. 11.12 und 11.13). Das Formular kann unter dem
Link „https://www.wipo.int/export/sites/www/pct/de/forms/request/ed_request.pdf" des
WIPO[9] abgerufen werden.

---

[8] Europäisches Patentamt (EPA), Bob-van-Benthem-Platz 1, 80.469 München.
[9] World Intellectual Property Organization (WIPO), 34, chemin des Colombettes, CH-1211 Geneva
20, Switzerland.

Antrag auf Erteilung eines europäischen Patents
Request for grant of a European patent
Requête en délivrance d'un brevet européen

☐ Nachreichung von Form 1001 zu einer früher eingereichten Anmeldung nach Regel 40 (1) vom
Form 1001 filed further to a previous application under Rule 40(1) on
Dépôt du formulaire 1001 pour une demande déposée antérieurement au titre de la règle 40(1) en date du

☐ Bestätigung einer bereits durch Fax eingereichten Anmeldung vom   bei
Confirmation of an application already filed by fax on   with
Confirmation d'une demande déjà déposée par téléfax le   auprès de

Nur für amtlichen Gebrauch / For official use only / Cadre réservé à l'administration	
1 Anmeldenummer / Application No. / N° de la demande	MKEY
2 Tag des Eingangs (Regel 35 (2)) / Date of receipt (Rule 35(2)) / Date de réception (règle 35(2))	DREC
3 Tag des Eingangs beim EPA (Regel 35 (4)) / Date of receipt at EPO (Rule 35(4)) / Date de réception à l'OEB (règle 35(4))	RENA
4 Anmeldetag / Date of filing / Date de dépôt	

5   Es wird die Erteilung eines europäischen Patents und gemäß Artikel 94
die Prüfung der Anmeldung beantragt. /
Grant of a European patent, and examination of the application under
Article 94, are hereby requested. /
Il est demandé la délivrance d'un brevet européen et, conformément
à l'article 94, l'examen de la demande.   ☒   EXAM 4

Prüfungsantrag in einer zugelassenen Nichtamtssprache /
Request for examination in an admissible non-EPO language /
Requête en examen dans une langue non officielle autorisée

5.1 Der Anmelder verzichtet auf die Aufforderung nach Regel 70 (2), zu erklären,
ob die Anmeldung aufrechterhalten wird. /
The applicant waives his right to be asked whether he wishes to proceed
further with the application (Rule 70(2)). /
Le demandeur renonce à être invité, conformément à la règle 70(2), à déclarer
s'il souhaite maintenir sa demande.   ☐   MEPA

                                                                                                     AREF
6   Zeichen des Anmelders oder Vertreters /
Applicant's or representative's reference /
Référence du demandeur ou du mandataire

Anmelder / Applicant / Demandeur   APPR

7   Name /
Nom

8   Anschrift /
Address /
Adresse

9   Zustellanschrift /
Address for correspondence /
Adresse pour la correspondance

					Zeichen des Anmelders / Applicant's reference / Référence du demandeur
TRAN		FILL			

EPA/EPO/OEB 1001.1 – 10.19

1

Abb. 11.9 Antragsformular europäisches Patent – 1 (EPA)

10 Staat des Wohnsitzes oder Sitzes /
State of residence or of principal place of business /
Etat du domicile ou du siège

11 Staatsangehörigkeit /
Nationality /
Nationalité

12 Telefon /
Telephone /
Téléphone

13 Fax /
Téléfax

14 Weitere(r) Anmelder auf Zusatzblatt / Additional applicant(s) on additional sheet /
Autre(s) demandeur(s) sur feuille supplémentaire

14.1 Der/Jeder Anmelder erklärt hiermit, eine Einheit oder eine natürliche Person
nach Regel 6 (4) EPÜ zu sein. / The/Each applicant hereby declares that he is
an entity or a natural person under Rule 6(4) EPC. /
Le/Chaque demandeur déclare par la présente être une entité ou une personne
physique au sens de la règle 6(4) CBE

Vertreter / Representative / Mandataire

FREP

15 Name / Nom
(**Nur einen** Vertreter oder den Namen des Zusammenschlusses angeben, der in das
Europäische Patentregister einzutragen ist und an den zugestellt wird) /
(Name **only one** representative or association of representatives, to be listed in the
Register of European Patents and to whom communications are to be notified) /
(N'indiquer qu'**un seul** mandataire ou le nom du groupement de mandataires qui sera
inscrit au Registre européen des brevets et auquel les significations seront faites)

et al

16 Geschäftsanschrift /
Address of place of business /
Adresse professionnelle

17 Telefon /
Telephone /
Téléphone

18 Fax /
Téléfax

19 Weitere(r) Vertreter auf Zusatzblatt /
Additional representative(s) on additional sheet /
Autre(s) mandataire(s) sur feuille supplémentaire

Vollmacht / Authorisation / Pouvoir

GENA

20 ist beigefügt / is enclosed / joint

21.1 Allgemeine Vollmacht ist registriert unter Nummer /
General authorisation has been registered under No. /
Un pouvoir général a été enregistré sous le numéro

21.2 Eine allgemeine Vollmacht wurde eingereicht, aber noch nicht registriert. /
A general authorisation has been filed but not yet registered. /
Un pouvoir général a été déposé mais n'est pas encore enregistré

Erfinder / Inventor / Inventeur

INVT 20

22 Der (die) Anmelder ist (sind) alleinige(r) Erfinder. /
The applicant(s) is (are) the sole inventor(s). /
Le(s) demandeur(s) est (sont) le(s) seul(s) inventeur(s).

23 Erfindernennung in beigefügtem Schriftstück /
Designation of inventor attached /
Voir la désignation de l'inventeur ci-jointe

TIDE TIEN TIFR

24 **Bezeichnung der Erfindung / Title of invention /
Titre de l'invention**

Zeichen des Anmelders /
Applicant's reference /
Référence du demandeur

EPA/EPO/OEB 1001.2 – 10.19

2

Abb. 11.10 Antragsformular europäisches Patent – 2 (EPA)

45 Für Angestellte nach Artikel 133 (3) Satz 1 mit allgemeiner Vollmacht /
For employees under Article 133(3), first sentence, having a general
authorisation /
Pour les employés mentionnés à l'article 133(3), première phrase, munis
d'un pouvoir général

Nummer / Number / Numéro

46 **Unterschrift(en) des (der) Anmelder(s) oder Vertreter(s)**
Name des (der) Unterzeichneten bitte in Druckschrift wiederholen und
bei juristischen Personen die Stellung des (der) Unterzeichneten
innerhalb der Gesellschaft angeben. /
Signature(s) of applicant(s) or representative(s)
Under signature please print name and, in the case of legal persons,
position within the company. /
Signature(s) du (des) demandeur(s) ou du (des) mandataire(s)
Prière d'indiquer en caractères d'imprimerie le ou les noms des signataires
ainsi que, s'il s'agit d'une personne morale, la position occupée au sein de
celle-ci par le ou les signataires.

Ort / Place / Lieu

Datum / Date

Unterschrift(en) / Signature(s)

*Zeichen des Anmelders /
Applicant's reference /
Référence du demandeur*

8

Abb. 11.11   Antragsformular europäisches Patent – 3 (EPA)

PCT

ANTRAG

Der Unterzeichnete beantragt, daß die vorliegende internationale Anmeldung nach dem Vertrag über die internationale Zusammenarbeit auf dem Gebiet des Patentwesens behandelt wird.

Vom Anmeldeamt auszufüllen
Internationales Aktenzeichen
Internationales Anmeldedatum
Name des Anmeldeamts und "PCT International Application"

Aktenzeichen des Anmelders oder Anwalts *(falls gewünscht)* *(max. 25 Zeichen)*

Feld Nr. I   BEZEICHNUNG DER ERFINDUNG

Feld Nr. II   ANMELDER   ☐ Diese Person ist gleichzeitig Erfinder

Name und Anschrift: *(Familienname, Vorname; bei juristischen Personen vollständige amtliche Bezeichnung. Bei der Anschrift sind die Postleitzahl und der Name des Staats anzugeben. Der in diesem Feld in der Anschrift angegebene Staat ist der Staat des Sitzes oder Wohnsitzes des Anmelders, sofern nachstehend kein Staat des Sitzes oder Wohnsitzes angegeben ist.)*

Telefonnr.:

Telefaxnr.:

Registrierungsnr. des Anmelders beim Amt:

E-Mail-Ermächtigung: Durch Ankreuzen eines der Kästchen werden das Anmeldeamt, die Internationale Recherchenbehörde, das Internationale Büro und die mit der internationalen vorläufigen Prüfung beauftragte Behörde ermächtigt, die in diesem Feld angegebene E-Mail-Adresse zu benutzen, um Mitteilungen bezüglich dieser internationalen Anmeldung zu übersenden, soweit das Amt oder die Behörde dazu bereit ist.
☐ nur für Vorauskopien, Mitteilungen werden zudem in Papierform versandt, oder   ☐ ausschließlich in elektronischer Form (Mitteilungen werden nicht in Papierform versandt)
E-Mail-Adresse:

Staatsangehörigkeit *(Staat)*:   Sitz oder Wohnsitz *(Staat)*:

Diese Person ist Anmelder für folgende Staaten: ☐ alle Bestimmungsstaaten   ☐ die im Zusatzfeld angegebenen Staaten

Feld Nr. III   WEITERE ANMELDER UND/ODER (WEITERE) ERFINDER

☐ Weitere Anmelder und/oder (weitere) Erfinder sind auf einem Fortsetzungsblatt angegeben.

Feld Nr. IV   ANWALT ODER GEMEINSAMER VERTRETER; ODER ZUSTELLANSCHRIFT

Die folgende Person wird hiermit bestellt/ist bestellt worden, um für den (die) Anmelder vor den zuständigen internationalen Behörden in folgender Eigenschaft zu handeln als: ☐ Anwalt   ☐ gemeinsamer Vertreter

Name und Anschrift: *(Familienname, Vorname; bei juristischen Personen vollständige amtliche Bezeichnung. Bei der Anschrift sind die Postleitzahl und der Name des Staats anzugeben.)*

Telefonnr.:

Telefaxnr.:

Registrierungsnr. des Anwalts beim Amt:

E-Mail-Ermächtigung: Durch Ankreuzen eines der Kästchen werden das Anmeldeamt, die Internationale Recherchenbehörde, das Internationale Büro und die mit der internationalen vorläufigen Prüfung beauftragte Behörde ermächtigt, die in diesem Feld angegebene E-Mail-Adresse zu benutzen, um Mitteilungen bezüglich dieser internationalen Anmeldung zu übersenden, soweit das Amt oder die Behörde dazu bereit ist.
☐ nur für Vorauskopien, Mitteilungen werden zudem in Papierform versandt, oder   ☐ ausschließlich in elektronischer Form (Mitteilungen werden nicht in Papierform versandt)
E-Mail-Adresse:

☐ **Zustellanschrift:** Dieses Kästchen ist anzukreuzen, wenn kein Anwalt oder gemeinsamer Vertreter bestellt ist und statt dessen im obigen Feld eine spezielle Zustellanschrift angegeben ist.

Formblatt PCT/RO/101 (Blatt 1) (Juli 2020)   *Siehe Anmerkungen zu diesem Antragsformular*

Abb. 11.12 Antragsformular internationale Patentanmeldung – 1 (WIPO)

Blatt Nr. ....

Feld Nr. IX	**KONTROLLISTE für in Papierform eingereichte Anmeldungen** - Dieses Blatt sollte nur für auf **Papier** eingereichte internationale Anmeldungen benutzt werden

Die internationale Anmeldung **enthält folgendes:**	Anzahl an Blättern	Dieser internationalen Anmeldung liegen die folgenden Unterlagen bei *(kreuzen Sie die entsprechenden Kästchen an und geben Sie in der rechten Spalte jeweils die Anzahl der beiliegenden Exemplare an)*	Anzahl
(a) Antragsformular PCT/RO/101 (inklusive eventueller Erklärungs- und Zusatzblätter) ....:		1. ☐ Blatt für die Gebührenberechnung	
		2. ☐ Original einer gesonderten Vollmacht	
		3. ☐ Original einer allgemeinen Vollmacht............	
(b) Beschreibung (ohne Sequenzprotokoll der Beschreibung, siehe unter (f)) ....:		4. ☐ Kopie der allgemeinen Vollmacht; Aktenzeichen:	
		5. ☐ Prioritätsbeleg(e), in Feld Nr. VI durch folgende Zeilennummer(n) gekennzeichnet: ....:	
(c) Ansprüche...............:		6. ☐ Übersetzung der internationalen Anmeldung in die folgende Sprache: ....:	
(d) Zusammenfassung ....:		7. ☐ Gesonderte Angaben zu hinterlegten Mikroorganismen oder anderem biologischen Material	
(e) Zeichnungen (falls vorhanden)...........:		8. ☐ *(nur wenn Punkt (f) in der linken Spalte markiert ist)* Kopie des Sequenzprotokolls in elektronischer Form (Anhang C/ST.25 Textdatei) auf einem physischen Datenträger, die nach Regel 13*ter* ausschließlich der internationalen Recherche dient und nicht Bestandteil der internationalen Anmeldung ist *(Art und Anzahl der physischen Datenträger)*	
(f) Sequenzprotokoll der Beschreibung (falls vorhanden)...........:			
Gesamtanzahl	0	9. ☐ *(nur wenn Punkt (f) (in der linken Spalte) und Punkt 8 (oben) markiert sind)* Erklärung, daß die nach Regel 13*ter* in elektronischer Form eingereichten Daten mit dem in Papierform eingereichten in der internationalen Anmeldung enthaltenen Sequenzprotokoll übereinstimmen .... :	
		10. ☐ Kopie der Ergebnisse von (einer) früheren Recherche(n) (Regel 12*bis*.1 Absatz a) .... :	
		11. ☐ Sonstige *(einzeln aufführen):* ....:	

Abbildung der Zeichnungen, die mit der Zusammenfassung veröffentlicht werden soll:	**Sprache,** in der die internationale Anmeldung eingereicht wird:

Feld Nr. X   UNTERSCHRIFT DES ANMELDERS, DES ANWALTS ODER DES GEMEINSAMEN VERTRETERS
Der Name jeder unterzeichnenden Person ist neben der Unterschrift zu wiederholen, und es ist anzugeben, sofern sich dies nicht eindeutig aus dem Antrag ergibt, in welcher Eigenschaft die Person unterzeichnet.

─── Vom Anmeldeamt auszufüllen ───

1. Datum des tatsächlichen Eingangs dieser internationalen Anmeldung:	2. Zeichnungen:
3. Geändertes Eingangsdatum aufgrund nachträglich, jedoch fristgerecht eingegangener Unterlagen oder Zeichnungen zur Vervollständigung dieser internationalen Anmeldung:	☐ eingegangen:
4. Datum des fristgerechten Eingangs der angeforderten Richtigstellungen nach Artikel 11(2) PCT:	☐ nicht ein-gegangen:
5. Internationale Recherchenbehörde *(falls zwei oder mehr zuständig sind):* 6. ☐ Übermittlung des Recherchenexemplars bis zur Zahlung der Recherchengebühr aufgeschoben	

─── Vom Internationalen Büro auszufüllen ───

Datum des Eingangs des Aktenexemplars beim Internationalen Büro:

Formblatt PCT/RO/101 (letztes Blatt des Antragsformulars) (Juli 2020)   *Siehe Anmerkungen zu diesem Antragsformular*

Abb. 11.13 Antragsformular internationale Patentanmeldung – 2 (WIPO)

Recherche nach dem Stand der Technik 12

Eine Recherche nach dem Stand der Technik sollte vor der Ausarbeitung einer Patent- oder Gebrauchsmusteranmeldung durchgeführt werden. Hierdurch kann festgestellt werden, welche Merkmale neu und erfinderisch im Lichte des Stands der Technik sind. Auf die klare und präzise Beschreibung dieser Merkmale sollte sich der Anmelder fokussieren.

Es können insbesondere in vier Online-Datenbanken recherchiert werden: in der Datenbank des deutschen Patentamts (Depatisnet.de), in der Datenbank des europäischen Patentamts (Espacenet), in der Datenbank des internationalen Patentamts WIPO (Patentscope) und in der Patentdatenbank von Google (Google Patents). Alle vier Datenbanken können online und kostenfrei genutzt werden.

12.1 Depatisnet.de (deutsches Patentamt)

Die Online-Datenbank Depatisnet.de des deutschen Patentamts ist die Datenbank mit der die Prüfer des deutschen Patentamts nach Dokumenten des Stands der Technik zur Bewertung der Patentfähigkeit einer Patentanmeldung recherchieren. Sie umfasst über 88 Mio. Patentschriften, Offenlegungsschriften, Auslegeschriften und Gebrauchsmusterschriften aus allen wichtigen Industrienationen der Erde.

Unter dem Link „https://depatisnet.dpma.de/DepatisNet/depatisnet?action= einsteiger" findet sich die Einsteigerrecherche der Online-Datenbank des deutschen Patentamts[1]. Hier kann insbesondere die Veröffentlichungsnummer eines Patentdokuments

---

[1]Deutsches Patent- und Markenamt (DPMA), Zweibrückenstrasse 12, 80331 München.

© Der/die Autor(en), exklusiv lizenziert durch Springer-Verlag GmbH, DE, ein Teil von Springer Nature 2021
T. H. Meitinger, *Ohne Anwalt zum Patent,* https://doi.org/10.1007/978-3-662-63823-1_12

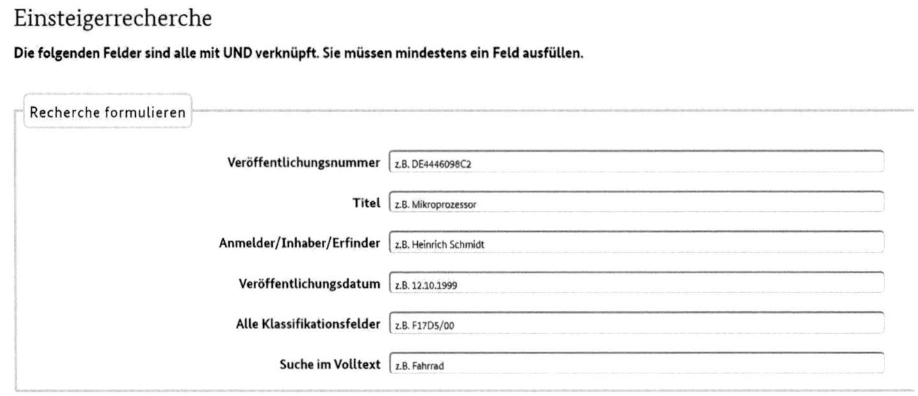

Einsteigerrecherche

Die folgenden Felder sind alle mit UND verknüpft. Sie müssen mindestens ein Feld ausfüllen.

Recherche formulieren

Veröffentlichungsnummer	z.B. DE4446098C2
Titel	z.B. Mikroprozessor
Anmelder/Inhaber/Erfinder	z.B. Heinrich Schmidt
Veröffentlichungsdatum	z.B. 12.10.1999
Alle Klassifikationsfelder	z.B. F17D5/00
Suche im Volltext	z.B. Fahrrad

Abb. 12.1   Einstiegsmaske Depatisnet.de (DPMA)

(erste Zeile der Eingabemaske) und/oder ein Schlagwort unter „Suche im Volltext" (letzte Zeile der Eingabemaske) eingegeben werden (siehe Abb. 12.1).

12.2   Espacenet (europäisches Patentamt)

Mit dem Webportal Espacenet ist ein Zugang zu der Datenbank EPODOC des europäischen Patentamts möglich. EPODOC umfasst über 120 Mio. Patentdokumente und ist unter dem Link „https://worldwide.espacenet.com/patent/my-espacenet" des Europäischen Patentamts[2] erreichbar (siehe Abb. 12.2).

---

[2]Europäisches Patentamt (EPA), Bob-van-Benthem-Platz 1, 80469 München.

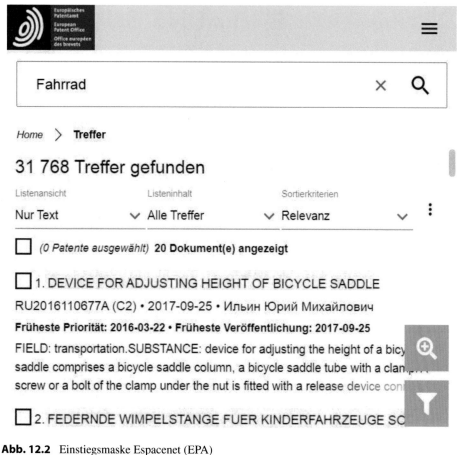

Abb. 12.2   Einstiegsmaske Espacenet (EPA)

12.3   Patentscope (WIPO, internationales Patentamt)

Mit der Online-Datenbank Patentscope der WIPO kann in über 95 Mio. Patent-dokumenten recherchiert werden. PatentScope kann unter dem Link „https://patentscope.wipo.int/search/de/search.jsf" der WIPO[3] erreicht werden (siehe Abb. 12.3). In der Eingabemöglichkeit „Feld" kann beispielsweise „Volltext" eingegeben werden, um in den kompletten Patentdokumenten nach einem Schlagwort („Suchbegriff") zu recherchieren.

---

[3]World Intellectual Property Organization, 34, chemin des Colombettes, CH-1211 Geneva 20, Switzerland.

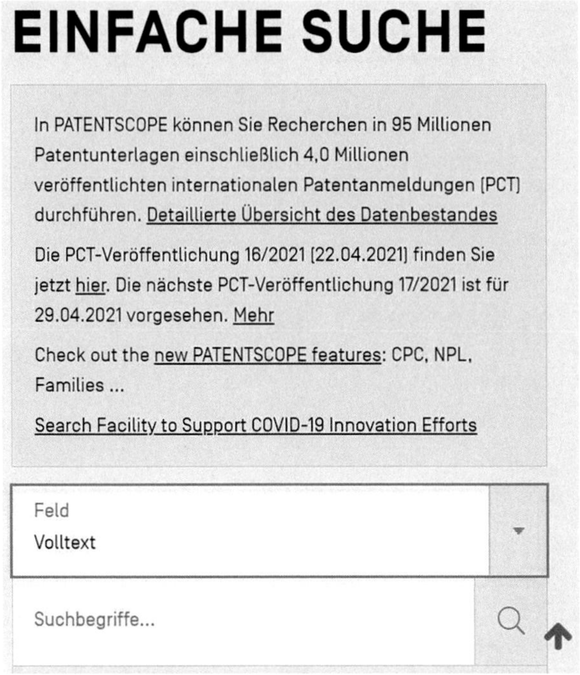

Abb. 12.3 Einstiegsmaske
Patentscope (WIPO)

EINFACHE SUCHE

In PATENTSCOPE können Sie Recherchen in 95 Millionen
Patentunterlagen einschließlich 4,0 Millionen
veröffentlichten internationalen Patentanmeldungen (PCT)
durchführen. Detaillierte Übersicht des Datenbestandes

Die PCT-Veröffentlichung 16/2021 (22.04.2021) finden Sie
jetzt hier. Die nächste PCT-Veröffentlichung 17/2021 ist für
29.04.2021 vorgesehen. Mehr

Check out the new PATENTSCOPE features: CPC, NPL,
Families ...

Search Facility to Support COVID-19 Innovation Efforts

Feld
Volltext

Suchbegriffe...

12.4   Google Patents

Google Patents ist eine Suchmaschine für Patentdokumente. Mit Google Patents
kann in den Patentunterlagen von 17 Patentämtern recherchiert werden. Insbesondere
sind über Google Patents die Patentdokumente des US-amerikanischen Patentamts
USPTO[4], des europäischen Patentamts EPA, des japanischen Patentamts JPO[5], des
chinesischen Patentamts CNIPA[6], des internationalen Patentamts WIPO und des deutschen
Patentamts DPMA recherchierbar. Vorteilhafterweise können mit Google Translate Patent-
informationen direkt in die Sprache des Anwenders übersetzt werden. Der Link „https://
patents.google.com/" führt zur Eingabemaske von Google Patents[7] (siehe Abb. 12.4).

---

[4]USPTO: United States Patent and Trademark Office.

[5]JPO: Japan Patent Office.

[6]CNIPA: China National Intellectual Property Administration.

[7]Google Ireland Limited, Gordon House, Barrow Street, Dublin 4, Irland.

Search and read the full text of patents from around the world.

Abb. 12.4   Einstiegsmaske Google Patents (Google LLC)

Arbeitnehmererfindungen 13

Für den erfinderischen Arbeitnehmer gilt das Gesetz über Arbeitnehmererfindungen.[1] Nach dem Arbeitnehmererfindungsgesetz gibt es drei Arten von Erfindungen, nämlich die Diensterfindung, die frei gewordene Erfindung und die freie Erfindung.

13.1 Diensterfindung und frei gewordene Erfindung

Diensterfindungen werden während eines Arbeitsverhältnisses gemacht und entstehen aus der betrieblichen Tätigkeit oder gehen maßgeblich auf Erfahrungen des Betriebes zurück.[2] Eine Diensterfindung muss dem Arbeitgeber unverzüglich gesondert in Textform gemeldet werden. Es ist kenntlich zu machen, dass es sich um eine Meldung einer Erfindung handelt.[3] Die Diensterfindung kann von dem Arbeitgeber durch Erklärung gegenüber dem Arbeitnehmer in Anspruch genommen werden.[4] Außerdem gilt eine Inanspruchnahme als erklärt, wenn nicht innerhalb von vier Monaten nach Eingang der Erfindungsmeldung der Arbeitgeber die Diensterfindung in Textform freigibt.[5] Mit der Inanspruchnahme gehen die Rechte an der Erfindung auf den Arbeitgeber über.[6] Andern-

---

[1] Gesetz über Arbeitnehmererfindungen in der im Bundesgesetzblatt Teil III, Gliederungsnummer 422–1, veröffentlichten bereinigten Fassung, das zuletzt durch Artikel 7 des Gesetzes vom 31. Juli 2009 (BGBl. I S. 2521) geändert worden ist.

[2] § 4 Absatz 2 Arbeitnehmererfindungsgesetz.

[3] § 5 Absatz 1 Satz 1 Arbeitnehmererfindungsgesetz.

[4] § 6 Absatz 1 Arbeitnehmererfindungsgesetz.

[5] § 6 Absatz 2 Arbeitnehmererfindungsgesetz.

[6] § 7 Absatz 1 Arbeitnehmererfindungsgesetz.

© Der/die Autor(en), exklusiv lizenziert durch Springer-Verlag GmbH, DE, ein Teil von Springer Nature 2021
T. H. Meitinger, *Ohne Anwalt zum Patent,* https://doi.org/10.1007/978-3-662-63823-1_13

falls kann der Arbeitnehmer über die frei gewordene Erfindung unbeschränkt verfügen und sie daher auch für sich als Patent oder Gebrauchsmuster anmelden.[7]

13.2   Freie Erfindung

Eine Erfindung, die keine Diensterfindung ist, ist eine freie Erfindung.[8] Eine freie Erfindung muss dem Arbeitgeber mitgeteilt werden, damit sich dieser vergewissern kann, dass es sich tatsächlich um eine freie Erfindung handelt, also eine Erfindung, die nichts mit der betrieblichen Tätigkeit des Arbeitnehmers zu tun hat oder auf dem Know-How des Betriebs basiert.[9] Bestreitet der Arbeitgeber nicht innerhalb einer Frist von drei Monaten nach Zugang der Meldung des Arbeitnehmers, dass es sich um eine freie Erfindung handelt, ist eine Inanspruchnahme der Erfindung als Diensterfindung ausgeschlossen.[10] Ist die Erfindung offensichtlich nicht für den Arbeitgeber nutzbar, besteht keine Verpflichtung zur Meldung der freien Erfindung.[11] In aller Regel sollte man dennoch die Erfindung seinem Arbeitgeber melden, um auf der sicheren Seite zu sein. Es ist tatsächlich sehr schwierig zu beurteilen, ob eine Erfindung nicht doch eine Diensterfindung ist bzw. dass diese tatsächlich nicht vom Arbeitgeber verwendbar ist. Sind die drei Monate abgelaufen, kann die Anmeldung ohne rechtliche Risiken auf den eigenen Namen zum Patent oder Gebrauchsmuster angemeldet werden.

Der Arbeitnehmer hat eine Anbietungspflicht seinem Arbeitgeber gegenüber. Er muss eine freie Erfindung während der Dauer des Arbeitsverhältnisses zunächst seinem Arbeitgeber anbieten, bevor er sie anderweitig verwertet. Dem Arbeitgeber ist zumindest ein nichtausschließliches Recht zur Benutzung der Erfindung zu angemessenen Bedingungen anzubieten. Voraussetzung ist, dass die Erfindung zum Zeitpunkt des Angebots in den vorhandenen oder vorbereiteten Arbeitsbereich des Betriebes des Arbeitgebers fällt.[12] Der Arbeitgeber hat drei Monate zur Annahme des Angebots Zeit. Danach erlischt das Vorrecht.[13]

---

[7]§ 8 Satz 2 Arbeitnehmererfindungsgesetz.

[8]§ 4 Absatz 3 Satz 1 Arbeitnehmererfindungsgesetz.

[9]§ 18 Absatz 1 Arbeitnehmererfindungsgesetz.

[10]§ 18 Absatz 2 Arbeitnehmererfindungsgesetz.

[11]§ 18 Absatz 3 Arbeitnehmererfindungsgesetz.

[12]§ 19 Absatz 1 Satz 1 Arbeitnehmererfindungsgesetz.

[13]§ 19 Absatz 2 Arbeitnehmererfindungsgesetz.

Erfindergemeinschaft

14

Eine Erfindung kann von einem einzelnen Erfinder geschaffen werden. Eine Erfindung kann jedoch auch von mehreren Erfindern stammen. Einer Erfindergemeinschaft steht das Recht an der Erfindung gemeinsam zu. Bei einer Erfindergemeinschaft stellt sich die Frage, inwieweit der einzelne Erfinder, ohne Berücksichtigung der anderen Erfinder, die Erfindung ausbeuten darf.

Wurde keine anderslautende Regelung getroffen, so ergibt sich aus einer Erfindergemeinschaft eine sogenannte Bruchteilsgemeinschaft nach §§ 741 ff. BGB.[1] Jeder Erfinder kann die Erfindung alleine für seine Zwecke nutzen.[2] Haben beispielsweise mehrere Unternehmen eine Erfindung gemeinsam angemeldet, so kann jedes Unternehmen auf Basis des Patents für seine Marktsegmente Produkte und Dienstleistungen anbieten.

Eine besondere Situation kann sich ergeben, falls eine natürliche Person, ohne die Möglichkeit die Erfindung wirtschaftlich auszubeuten, und ein Unternehmen die Erfindung gemeinsam entwickelt und zum Patent angemeldet haben. In diesem Fall kann es sein, dass die natürliche Person die Erfindung nicht verwerten kann, wohingegen das Unternehmen innovative Produkte auf Basis der Erfindung herstellen kann. Für die natürliche Person kann es die einzige Möglichkeit einer Verwertung sein, einen Wettbewerber des Unternehmens als Lizenznehmer zu gewinnen. Natürlich kann sich daraus ein Konfliktpotenzial innerhalb der Erfinder- bzw. Anmeldergemeinschaft ergeben. Das Unternehmen könnte insbesondere nach § 747 Satz 2 BGB eine Auslizenzierung an einen Wettbewerber verhindern. Eine derartige Situation kann dazu führen, dass der natürlichen Person eine Verwertung der Erfindung insgesamt unmöglich ist. Der einzige

---

[1] BGH, X ZR 223/98, ´Rollenantriebseinheit´, *Gewerblicher Rechtsschutz und Urheberrecht*, 2001, 226.

[2] § 743 Absatz 2 BGB

T. H. Meitinger, *Ohne Anwalt zum Patent,* https://doi.org/10.1007/978-3-662-63823-1_14

verbleibende Wert aus der Schaffung der Erfindung für die natürliche Person ist dann die Erfindernennung.[3]

Es könnten Ausgleichsansprüche gefordert werden, sodass der natürlichen Person von dem Unternehmen Ausgleichszahlungen zustehen würden.[4] Hierdurch könnte ein angemessener Interessenausgleich erreicht werden. Dieser Auffassung konnte sich der Bundesgerichtshof nicht anschließen. Der Bundesgerichtshof folgt der Maßgabe, dass der tüchtige und fleißige Erfinder nicht bestraft werden darf, um den faulen Erfinder zu belohnen. Für den Bundesgerichtshof gibt es keinen Raum für Ausgleichsansprüche.[5]

---

[3] § 63 Absatz 1 Satz 1 Patentgesetz.

[4] Ernst Fischer, ´Verwertungsrechte bei Patentgemeinschaften´, *Gewerblicher Rechtsschutz und Urheberrecht*, 1977, 313–318.

[5] BGH, X ZR 152/03, Gummielastische Masse II´, *Gewerblicher Rechtsschutz und Urheberrecht*, 2005, 663–665.

Gebrauchsmuster

15

Die Ausarbeitung einer Gebrauchsmusteranmeldung entspricht im Wesentlichen der Erstellung einer Patentanmeldung. Die Unterschiede sind, dass bei einem Gebrauchsmuster von Schutzansprüchen und nicht von Patentansprüchen gesprochen wird und dass eine Gebrauchsmusteranmeldung keine Zusammenfassung enthält. Ansonsten ist bei einer Gebrauchsmusteranmeldung die betreffende Erfindung ebenfalls umfassend, deutlich und prägnant zu beschreiben.[1] Allerdings muss bei einem Gebrauchsmuster der Erfinder nicht genannt werden.

Es ist in einer Gebrauchsmusteranmeldung zunächst der Stand der Technik zu erläutern und dessen Nachteile zu diskutieren. Aus diesen Nachteilen ergibt sich die technische Aufgabe und daraus folgt eine detaillierte Beschreibung der Erfindung. Hierbei sollten verschiedene Beispiele und Ausführungsformen erläutert werden. Zur Erläuterung der Erfindung ist es sinnvoll, eine oder mehrere Zeichnungen zu benutzen. Außerdem sind den Unterlagen Schutzansprüche beizufügen. In den Schutzansprüchen sind die wesentlichen Merkmale der Erfindung darzulegen. Diese Schutzansprüche definieren, was als geistiges Eigentum beansprucht wird.

Das Gebrauchsmustergesetz kennt keine amtliche Prüfung auf Rechtsbeständigkeit einer Erfindung. Eine Prüfung der Neuheit oder des erfinderischen Schritts durch das Patentamt ist ausgeschlossen. Es kann allenfalls eine amtliche Recherche beantragt

---

[1] § 34 Absatz 4 Patentgesetz: „Die Erfindung ist in der Anmeldung so deutlich und vollständig zu offenbaren, dass ein Fachmann sie ausführen kann." Analog: Artikel 83 EPÜ. Der Anmelder soll die Erfindung umfassend erläutern und sämtliche Ausführungsformen offenbaren. Hierdurch werden Mängel der Klarheit bzw. der Ausführbarkeit vermieden und sinnvolle Rückzugspositionen ermöglicht, um sich in einem Löschungsverfahren vom Stand der Technik abzugrenzen.

© Der/die Autor(en), exklusiv lizenziert durch Springer-Verlag GmbH, DE, ein Teil von Springer Nature 2021
T. H. Meitinger, *Ohne Anwalt zum Patent,* https://doi.org/10.1007/978-3-662-63823-1_15

werden.[2] Entsprechend kann es zu einer Gebrauchsmusteranmeldung nur Bescheide des Patentamts geben, falls formale Mängel vorliegen.

Formale Mängel betreffen zumeist die Zeichnungen. Die genauen Voraussetzungen korrekter Zeichnungen können in der Gebrauchsmusterverordnung nachgelesen werden.[3] Ansonsten könnte sich ein amtlicher Bescheid ergeben, falls im Anspruchssatz ein Verfahren[4] beansprucht wird oder im Hauptanspruch oder einem Nebenanspruch ausschließlich nichttechnische Merkmale enthalten sind.

15.1 Kleiner Bruder des Patents

Das Gebrauchsmuster wird oft als der kleine Bruder des Patents oder als „kleines" Patent bezeichnet. Hierbei schwingt die Vermutung mit, dass es einfacher ist, ein Gebrauchsmuster zu erhalten bzw. dass die Überwindung des erfinderischen Schritts, der bei einem rechtsbeständigen Gebrauchsmuster vorausgesetzt ist, einfacher sei, als die erfinderische Tätigkeit für ein Patent zu erlangen. Das ist ein Irrtum. Tatsächlich wird für die Rechtsbeständigkeit eines Gebrauchsmusters und eines Patents dieselbe erfinderische Höhe gefordert.[5]

15.2 Neuheitsschonfrist

Das Gebrauchsmusterrecht kennt eine allgemeine Neuheitsschonfrist von sechs Monaten. Demnach gelten Beschreibungen oder Benutzungen, die innerhalb von sechs Monaten vor dem Anmeldetag der Anmeldung des Gebrauchsmusters erfolgten, nicht als relevanten Stand der Technik, falls sie auf der Ausarbeitung des Anmelders oder seines Rechtsvorgängers beruhen.[6] Wurde die Erfindung vorab beispielsweise auf der eigenen Homepage veröffentlicht, kann noch ein rechtsbeständiges Gebrauchsmuster angemeldet werden. Eine Patenterteilung ist in diesem Fall wegen mangelnder Neuheit ausgeschlossen.

Die Neuheitsschonfrist sollte als letzter Rettungsanker angesehen werden. Es sollte keinesfalls im Vertrauen auf die Neuheitsschonfrist eine Veröffentlichung der Erfindung vor ihrer Anmeldung zum Gebrauchsmuster vorgenommen werden. Pflanzt sich die

---

[2] § 7 Absatz 1 Gebrauchsmustergesetz

[3] § 7 Gebrauchsmusterverordnung

[4] Nach § 2 Nr. 3 Gebrauchsmustergesetz kann durch ein Gebrauchsmuster kein Verfahren beansprucht werden.

[5] BGH, X ZB 27/05, ‚Demonstrationsschrank', *Neue Juristische Wochenschrift*, 2006, 3208

[6] § 3 Absatz 1 Satz 3 Gebrauchsmustergesetz

Veröffentlichung fort, kann es schwierig sein nachzuweisen, dass die Veröffentlichung der Erfindung ursprünglich vom Anmelder selbst stammte.

15.3 Eingeschränkter Stand der Technik

Ein weiterer Vorteil des Gebrauchsmusters ist, dass bei der Bewertung seiner Rechtsbeständigkeit im Vergleich zu einem Patent ein geringerer Stand der Technik berücksichtigt wird. Der relevante Stand der Technik umfasst alle Kenntnisse, die durch schriftliche Beschreibung oder durch eine in Deutschland erfolgte Benutzung der Öffentlichkeit zugänglich gemacht wurden.[7] Eine mündliche Beschreibung der Erfindung zählt daher nicht zum Stand der Technik für ein Gebrauchsmuster. Wird die Erfindung beispielsweise auf einer Zugfahrt einem Mitreisenden erläutert, gilt dies nicht als zu berücksichtigender Stand der Technik. Außerdem sind öffentliche Benutzungen der Erfindung im Ausland ebenfalls unbeachtlich.

15.4 Gebühren eines Gebrauchsmusters

Bei einem Gebrauchsmuster fällt eine Anmeldegebühr an, die bei einer Einreichung in Papierform 40 Euro beträgt. Außerdem sind Aufrechterhaltungsgebühren für das 4. bis 6. Schutzjahr (210 Euro), das 7. und 8. Schutzjahr (350 Euro) und das 9. und 10. Schutzjahr (530 Euro) zu entrichten. Wird ein Antrag auf Recherche gestellt, so sind 250 Euro zu bezahlen (siehe Tab. 15.1).[8]

Tab. 15.1 Gebühren des DPMA in Gebrauchsmustersachen

Gebrauchsmustersachen	
Anmeldegebühr (Papierform – nicht online)	40 €
Rechercheantrag	250 €
Aufrechterhaltungsgebühr 4. bis 6. Schutzjahr	210 €
Aufrechterhaltungsgebühr 7. und 8. Schutzjahr	350 €
Aufrechterhaltungsgebühr 9. und 10. Schutzjahr	530 €

---

[7] § 3 Absatz 1 Satz 2 Gebrauchsmustergesetz

[8] Anlage zu § 2 Absatz 1 Patentkostengesetz (Gebührenverzeichnis, Stand: 27. April 2021)

Deutsches Patent

Eine Anmeldung kann beim deutschen Patentamt als Gebrauchsmusteranmeldung oder als Patentanmeldung eingereicht werden. Eine Patentanmeldung kann alternativ beim europäischen Patentamt als europäische Patentanmeldung eingereicht werden. Außerdem gibt es die Möglichkeit eine internationale Anmeldung anzustreben. Die Anmeldeunterlagen für eine internationale Patentanmeldung können wahlweise beim deutschen Patentamt DPMA, beim europäischen Patentamt EPA oder direkt beim internationalen Patentamt WIPO eingereicht werden.

16.1 Prüfung oder Recherche?

Eine deutsche Patentanmeldung kann beim Patentamt eingereicht werden, ohne dass zunächst das Erteilungsverfahren startet. Der Anmelder hat sieben Jahre Zeit einen Prüfungsantrag zu stellen.[1] Alternativ kann der Anmelder zunächst einen Antrag auf Recherche stellen.[2] Stellt der Anmelder nicht gleichzeitig oder zeitnah zur Einreichung der Anmeldeunterlagen einen Prüfungsantrag, ordnet das Patentamt dem Prüfungsantrag keine hohe Priorität zu. Eine schnelle Bearbeitung und insbesondere ein erster amtlicher Bescheid innerhalb der Prioritätsfrist kann dann nicht erwartet werden.

---

[1] § 44 Absatz 2 Satz 1 Patentgesetz.

[2] § 43 Absatz 1 Satz 1 Patentgesetz.

T. H. Meitinger, *Ohne Anwalt zum Patent*, https://doi.org/10.1007/978-3-662-63823-1_16

16.2   Gebühren eines deutschen Patents

Die Kosten einer Patentanmeldung können in zwei Kategorien unterteilt werden, nämlich die amtlichen Gebühren und die Kosten eines Patentanwalts. Zu den amtlichen
Gebühren zählen die Anmeldegebühr, die Gebühr für einen Recherche- oder Prüfungsantrag und die Jahresgebühren zur Aufrechterhaltung des Schutzrechts. Die Kosten eines
Patentanwalts schwanken stark. Es gibt für Patentanwälte keine Gebührenordnung, wie
dies bei Rechtsanwälten der Fall ist. Für die Ausarbeitung einer Patent- oder Gebrauchsmusteranmeldung können je nach Schwierigkeitsgrad 2 bis 6 Tausend Euro fällig
werden.

Für die Einreichung einer Patentanmeldung in Papierform ist an das Patentamt eine
Anmeldegebühr von 60 € zu entrichten. Für einen Rechercheantrag sind 300 € und für
einen Prüfungsantrag sind 350 € zu bezahlen (siehe Tab. 16.1).[3] .

Für das dritte Patentjahr und jedes darauffolgende Jahr ist eine Jahresgebühr an
das Patentamt zu bezahlen. Zunächst ist die Jahresgebühr relativ gering, steigt jedoch
progressiv an. Für die ersten zehn Jahre eines Patents beträgt die Summe der Jahresgebühren 1420 €. Für die komplette Laufzeit von 20 Jahren betragen die gesamten
Kosten für die Jahresgebühren 13.170 € (siehe Tab. 16.2).[4]

Tab. 16.1 Gebühren des
DPMA in Patentsachen

Patentsachen	
Anmeldegebühr (Papierform – nicht online)	60 €
Rechercheantrag	300 €
Prüfungsantrag	350 €

---

[3]Anlage zu § 2 Absatz 1 Patentkostengesetz (Gebührenverzeichnis), Stand: 27. April 2021.
[4]Anlage zu § 2 Absatz 1 Patentkostengesetz (Gebührenverzeichnis), Stand: 27. April 2021.

Tab. 16.2   Jahresgebühren des DPMA

Aufrechterhaltung eines Patents oder einer Anmeldung	
Jahresgebühr für das 3. Patentjahr	70 €
Jahresgebühr für das 4. Patentjahr	70 €
Jahresgebühr für das 5. Patentjahr	90 €
Jahresgebühr für das 6. Patentjahr	130 €
Jahresgebühr für das 7. Patentjahr	180 €
Jahresgebühr für das 8. Patentjahr	240 €
Jahresgebühr für das 9. Patentjahr	290 €
Jahresgebühr für das 10. Patentjahr	350 €
Jahresgebühr für das 11. Patentjahr	470 €
Jahresgebühr für das 12. Patentjahr	620 €
Jahresgebühr für das 13. Patentjahr	760 €
Jahresgebühr für das 14. Patentjahr	910 €
Jahresgebühr für das 15. Patentjahr	1060 €
Jahresgebühr für das 16. Patentjahr	1230 €
Jahresgebühr für das 17. Patentjahr	1410 €
Jahresgebühr für das 18. Patentjahr	1590 €
Jahresgebühr für das 19. Patentjahr	1760 €
Jahresgebühr für das 20. Patentjahr	1940 €

Europäisches Patent

Mit einer europäischen Anmeldung kann ein Patent in sämtlichen Mitgliedsstaaten des Europäischen Patentübereinkommens (EPÜ) erworben werden. Hierzu wird ein einheitliches Erteilungsverfahren zur Verfügung gestellt. Die Mitgliedsstaaten des EPÜ entsprechen nicht denen der EU (Europäische Union).

17.1 Mitgliedsstaaten des Europäischen Patentübereinkommens

Die Mitgliedsstaaten des EPÜ sind insbesondere Deutschland, Großbritannien, Frankreich, Italien, Spanien und die Niederlande. Der Tab. 17.1 können die Mitgliedsstaaten geordnet nach Beitrittsdatum entnommen werden, (in der ersten Spalte stehen die Länderkürzel, in der dritten Spalte steht das Beitrittsdatum zum EPÜ) (siehe Tab. 17.1).[1]

17.2 Recherche

Der Anmelder muss mit der Einreichung der Anmeldeunterlagen beim europäischen Patentamt eine Anmelde- und eine Recherchegebühr entrichten.[2] Die Bezahlung der Gebühren ist innerhalb einer Frist von einem Monat ab dem Anmeldetag vorzunehmen.[3] Werden die Gebühren nicht fristgemäß entrichtet, gilt die Anmeldung als zurück-

---

[1] Stand: 7. Mai 2021.

[2] Artikel 78 Absatz 2 Satz 1 EPÜ.

[3] Regel 38 Absatz 1 EPÜ.

© Der/die Autor(en), exklusiv lizenziert durch Springer-Verlag GmbH, DE, ein Teil von
Springer Nature 2021
T. H. Meitinger, *Ohne Anwalt zum Patent,* https://doi.org/10.1007/978-3-662-63823-1_17

Tab. 17.1 Mitgliedsstaaten
des EPÜ

BE	Belgien	7. Oktober 1977
DE	Deutschland	7. Oktober 1977
FR	Frankreich	7. Oktober 1977
LU	Luxemburg	7. Oktober 1977
NL	Niederlande	7. Oktober 1977
CH	Schweiz	7. Oktober 1977
GB	Vereinigtes Königreich	7. Oktober 1977
SE	Schweden	1. Mai 1978
IT	Italien	1. Dezember 1978
AT	Österreich	1. Mai 1979
LI	Liechtenstein	1. April 1980
GR	Griechenland	1. Oktober 1986
ES	Spanien	1. Oktober 1986
DK	Dänemark	1. Januar 1990
MC	Monaco	1. Dezember 1991
PT	Portugal	1. Januar 1992
IE	Irland	1. August 1992
FI	Finnland	1. März 1996
CY	Zypern	1. April 1998
TR	Türkei	1. November 2000
BG	Bulgarien	1. Juli 2002
CZ	Tschechische Republik	1. Juli 2002
EE	Estland	1. Juli 2002
SK	Slowakei	1. Juli 2002
SI	Slowenien	1. Dezember 2002
HU	Ungarn	1. Januar 2003
RO	Rumänien	1. März 2003
PL	Polen	1. März 2004
IS	Island	1. November 2004
LT	Litauen	1. Dezember 2004
LV	Lettland	1. Juli 2005
MT	Malta	1. März 2007
HR	Kroatien	1. Januar 2008
NO	Norwegen	1. Januar 2008
MK	Nordmazedonien	1. Januar 2009
SM	San Marino	1. Juli 2009
AL	Albanien	1. Mai 2010
RS	Serbien	1. Oktober 2010

Tab. 17.2 Gebühren des EPA

Patentsachen	
Anmeldegebühr (Papierform - nicht online)	260 €
Recherchengebühr	1350 €
Prüfungs und Benennungsgebühr	2310 €

genommen.[4] Alternativ kann der Anmelder mit der Einreichung der Anmeldung einen Antrag auf Prüfung der Anmeldung stellen. Hierdurch wird die Recherchenabteilung übersprungen und direkt das Erteilungsverfahren gestartet.

17.3 Prüfung

Nach der Veröffentlichung[5] des Recherchenberichts wird dem Anmelder eine Frist von sechs Monaten gewährt, um die Prüfungsgebühr zu bezahlen und damit das Prüfungsverfahren zu beginnen. Ansonsten gilt die Anmeldung als zurückgenommen.[6]

17.4 Gebühren eines europäischen Patents

Für eine europäische Patentanmeldung ist eine Anmeldegebühr von 260 € zu bezahlen. Außerdem ist mit der Einreichung der Anmeldeunterlagen eine Recherchegebühr von 1350 € zu entrichten. Wird nach der Zustellung des Recherchenberichts ein Prüfungsantrag gestellt, werden 1700 € fällig. Gleichzeitig mit der Prüfungsgebühr ist eine Benennungsgebühr von 610 Euro zu entrichten (siehe Tab. 17.2).[7]

Außerdem sind für das dritte Patentjahr und jedes folgende Jahr eine Jahresgebühr zur Aufrechterhaltung der europäischen Patentanmeldung zu entrichten (siehe Tab. 17.3).[8]

---

[4] Artikel 78 Absatz 2 Satz 2 EPÜ.

[5] Genauer: Die sechs Monatsfrist beginnt nach dem Hinweis auf die Veröffentlichung des europäischen Recherchenberichts im Europäischen Patentblatt (Regel 70 Absatz 1 Satz 1 EPÜ).

[6] Regel 70 Absatz 3 EPÜ.

[7] EPA, Verzeichnis der Gebühren und Auslagen in der ab 1. April 2020 geltenden Fassung, https://www.epo.org/law-practice/legal-texts/official-journal/2020/etc/se3/p1_de.html bzw. https://my.epoline.org/epoline-portal/classic/epoline.Scheduleoffees, abgerufen am 5. August 2021.

[8] EPA, Verzeichnis der Gebühren und Auslagen in der ab 1. April 2020 geltenden Fassung, https://www.epo.org/law-practice/legal-texts/official-journal/2020/etc/se3/p1_de.html bzw. https://my.epoline.org/epoline-portal/classic/epoline.Scheduleoffees, abgerufen am 5. August 2021.

Tab. 17.3 Jahresgebühren des EPA

Aufrechterhaltung eines Patents oder einer Anmeldung	
Jahresgebühr für das 3. Patentjahr	490 €
Jahresgebühr für das 4. Patentjahr	610 €
Jahresgebühr für das 5. Patentjahr	855 €
Jahresgebühr für das 6. Patentjahr	1090 €
Jahresgebühr für das 7. Patentjahr	1210 €
Jahresgebühr für das 8. Patentjahr	1330 €
Jahresgebühr für das 9. Patentjahr	1450 €
Jahresgebühr für das 10. und jedes weitere Patentjahr	1640 €

Internationale Patentanmeldung 18

Mit einer internationalen Anmeldung[1] kann faktisch das Prioritätsjahr verlängert werden. Das bedeutet, dass ein nationales Erteilungsverfahren in nahezu jedem Land der Erde[2] nach 30 bzw. 31 Monaten nach Anmeldetag bzw. Prioritätstag mit dem Zeitrang der internationalen Anmeldung begonnen werden kann.[3] Eine internationale Anmeldung führt daher nicht zu einem Patent, sondern verschiebt nur den Beginn des jeweiligen nationalen Prüfungsverfahrens in die Zukunft. Die Anmeldeunterlagen für eine internationale Patentanmeldung können direkt beim WIPO in Genf, beim deutschen Patentamt DPMA oder beim europäischen Patentamt EPA eingereicht werden. Es ist empfehlenswert, eine internationale Anmeldung beim europäischen Patentamt einzureichen, da das europäische Patentamt das ISA (International Search Authority) ist.

18.1 Recherchenbericht und schriftlicher Bescheid

Zusammen mit der Einreichung der Anmeldeunterlagen ist ein Antrag auf Recherche zu stellen und eine Recherchengebühr zu entrichten.[4] Ein Recherchenbericht wird zusammen mit einem schriftlichen Bescheid (written Opinion[5]) an den Anmelder über-

---

[1] Artikel 3 Absatz 1 PCT.

[2] wichtige Ausnahmen sind Argentinien, Taiwan und Venezuela.

[3] In einigen Ländern ist spätestens nach 30 Monaten das nationale Erteilungsverfahren zu starten (Beispiele: China, Kanada und USA), in anderen Ländern spätestens nach 31 Monaten (Beispiele: Südkorea und Russland).

[4] Artikel 15 Absatz 1 PCT.

[5] Regel 43*bis* PCT.

© Der/die Autor(en), exklusiv lizenziert durch Springer-Verlag GmbH, DE, ein Teil von Springer Nature 2021
T. H. Meitinger, *Ohne Anwalt zum Patent,* https://doi.org/10.1007/978-3-662-63823-1_18

mittelt, aus der die Einschätzung der Recherchenbehörde zur Patentfähigkeit entnommen werden kann.

18.2 Internationaler vorläufiger Prüfungsbericht

Im internationalen Verfahren ist es möglich, einen Antrag auf Prüfung zu stellen.[6] In aller Regel wird kein Prüfungsantrag gestellt, denn der sogenannte internationale vorläufige Prüfungsbescheid entspricht zumeist dem schriftlichen Bescheid, der dem Anmelder bereits zusammen mit dem internationalen Recherchenbericht zugesandt wurde. Außerdem ist der internationale vorläufige Prüfungsbericht für ein nachfolgendes regionales oder nationales Patentamt nicht verbindlich.

18.3 Gebühren einer internationalen Anmeldung

Bei der Einreichung einer internationalen Patentanmeldung beim europäischen Patentamt[7] ist eine Anmelde- und Übermittlungsgebühr von 1368 € und eine Recherchengebühr von 1775 € zu entrichten (siehe Tab. 18.1).[8]

Tab. 18.1 Gebühren einer internationalen Patentanmeldung

Internationale Patentanmeldung	
Anmelde- und Übermittlungsgebühr (EPA)	1.368 €
Recherchengebühr	1.775 €
Prüfungs- und Bearbeitungsgebühr	2015 €

---

[6] Artikel 31 Absatz 1 PCT.

[7] Es ist sinnvoll, eine internationale Anmeldung beim europäischen Patentamt einzureichen, da das europäische Patentamt die Internationale Recherchenbehörde ist. (Artikel 16 Absatz 1 PCT)

[8] WIPO, PCT Fee Tables, https://www.wipo.int/export/sites/www/pct/en/fees.pdf bzw. EPA, https://my.epoline.org/epoline-portal/classic/epoline.Scheduleoffees, abgerufen am 27. April 2021).

Amtlichen Bescheid erwidern

Im deutschen Patentrecht kann mit dem Beginn des Erteilungsverfahrens bis zu sieben Jahre gewartet werden.[1] Auf Antrag startet das Prüfungsverfahren vor dem deutschen Patentamt. Beim europäischen Verfahren wird sofort nach der Einreichung der Anmeldeunterlagen mit der Recherche nach den relevanten Dokumenten des Stands der Technik begonnen. Daran schließt sich obligatorisch das Prüfungsverfahren an.

Die Mängel der Anmeldung, insbesondere der Ansprüche, werden in einem amtlichen Bescheid des Patentamts dem Anmelder mitgeteilt. Dieser Bescheid ist zu „erwidern".[2] Der Anmelder prüft, ob er die Bewertung des Prüfers nachvollziehen kann. Falls ja, sind eventuell die Ansprüche und die Beschreibung zu ändern. Andernfalls ist zu begründen, warum aus Sicht des Anmelders die Ansprüche gewährbar sind.

Typischerweise genügt nicht eine einzelne Bescheidserwiderung. Vielmehr ergibt sich eine Korrespondenz mit dem Patentamt, wobei mit zwei bis drei Bescheiden zu rechnen ist, bis der Prüfer eine endgültige Entscheidung fällt. Die Entscheidung führt zu einer Patenterteilung auf Grundlage der aktuellen Patentansprüche oder zu einer Zurückweisung der Anmeldung.[3] Diese Entscheidung kann durch eine Beschwerde vor dem Bundespatentgericht in München angefochten werden.

---

[1] § 44 Absatz 2 Satz 1 Patentgesetz.

[2] § 45 Absatz 1 Satz 1 Patentgesetz bzw. Artikel 94 Absatz 3 EPÜ.

[3] § 48 Satz 1 Patentgesetz.

© Der/die Autor(en), exklusiv lizenziert durch Springer-Verlag GmbH, DE, ein Teil von Springer Nature 2021
T. H. Meitinger, *Ohne Anwalt zum Patent,* https://doi.org/10.1007/978-3-662-63823-1_19

19.1   Formale Mängel

Formale Mängel betreffen zumeist die Zeichnungen. Die genauen Voraussetzungen korrekter Zeichnungen können in der Patentverordnung[4] nachgelesen werden.

19.2   Mangelnde Klarheit

Ein Bescheid des deutschen oder des europäischen Patentamts weist typischerweise drei Arten von Mängeln auf: mangelnde Klarheit, fehlende Neuheit oder nicht vorhandene erfinderische Tätigkeit der Ansprüche, insbesondere des Hauptanspruchs und der Neben-ansprüche. Der Klarheitseinwand ist im deutschen Patentrecht, im Gegensatz zum europäischen Patentrecht, umstritten. Im europäischen Patentrecht gibt es den Artikel 84 Satz 2 EPÜ, der bestimmt, dass die Patentansprüche deutlich gefasst sein müssen. Daraus folgt das Erfordernis der Klarheit als Patentierungsvoraussetzung. Im deutschen Patentgesetz gibt es keinen analogen Paragraphen, der dem Artikel 84 Satz 2 EPÜ ent-spricht. Es gibt zwar den § 34 Absatz 4, wonach die Erfindung in der Anmeldung so deutlich und vollständig zu offenbaren ist, dass sie von einem Fachmann ausgeführt werden kann. Dies besagt aber nur, dass die komplette Anmeldung zur Ausführbarkeit der Erfindung führen muss und nicht bereits die Ansprüche klar und deutlich formuliert sein müssen.

Der § 34 Absatz 3 Nr. 3 Patentgesetz bestimmt, dass Patentansprüche angeben müssen, was unter Schutz gestellt werden soll. Aus diesem Paragraphen leitet das deutsche Patentamt ab, dass Ansprüche das Klarheitserfordernis erfüllen müssen. Allerdings wurde diese Ansicht in einem neueren Verfahren vom Bundespatent-gericht nicht geteilt.[5] Aktuell ist daher davon auszugehen, dass mangelnde Klarheit der Ansprüche kein Zurückweisungsgrund bei einer deutschen Anmeldung ist.

19.3   Unzulässige Erweiterung

Eine unzulässige Erweiterung liegt vor, falls die Beschreibung oder die Ansprüche der Anmeldung über das hinausgehen, was in den ursprünglich eingereichten Anmeldeunter-lagen beschrieben wurde.[6]

---

[4]Anlage 2 zu § 12 Patentverordnung (Standards für die Einreichung von Zeichnungen).

[5]BPatG, 15 W (pat) 9/13 Urteil v. 24. Juni 2015 – „Polyurethanschaum".

[6]§ 38 Satz 1 Patentgesetz bzw. Artikel 123 Absätze 2 und 3 EPÜ. Außerdem sind nachveröffent-lichte Patentschriften bei der Bewertung der Neuheit zu berücksichtigen (§ 3 Absatz 2 Satz 1 Patentgesetz bzw. Artikel 54 Absatz 3 EPÜ).

19.4   Keine Neuheit

Neuheit ist nicht gegeben, falls die Erfindung Teil des Stands der Technik ist. Stand der Technik ist alles, was vor dem Anmelde- oder Prioritätstag der Patentanmeldung der Öffentlichkeit in schriftlicher oder mündlicher Form, durch Benutzung oder in sonstiger Weise zugänglich gemacht wurde.[7] Werden daher in einem einzelnen Dokument des Stands der Technik alle Merkmale des Hauptanspruchs vollständig offenbart, so ist der Gegenstand des Hauptanspruchs nicht neu. Es sind dann geeignete Merkmale aus der Beschreibung oder den Unteransprüchen in den Hauptanspruch aufzunehmen, die zur Neuheit des Hauptanspruchs führen. Diese Merkmale müssen dazu geeignet sein, die technische Aufgabe zu lösen. Die technische Aufgabe ist eventuell neu zu formulieren.

19.5   Keine erfinderische Tätigkeit

Eine Erfindung beruht nicht auf einer erfinderischen Tätigkeit, wenn sie sich für den Fachmann in naheliegender Weise aus dem Stand der Technik ergibt.[8] Können zwei bis drei Dokumente des Stands der Technik kombiniert werden, um zum Gegenstand des Hauptanspruchs zu gelangen, dann ist der Hauptanspruch nicht erfinderisch. Allerdings muss der Fachmann auch einen Anlass haben, die betreffenden Dokumente des Stands der Technik zu kombinieren. Wird andererseits in einem Dokument dem Fachmann abgeraten, die Dokumente zu kombinieren, würde der Fachmann die technischen Lehren dieser Dokumente nicht kombinieren und der Hauptanspruch würde auf einer erfinderischen Tätigkeit beruhen.

19.6   Aufgabe-Lösungs-Ansatz

Eine geeignete Möglichkeit in einer Bescheidserwiderung nachzuweisen, dass ein Hauptanspruch auf einer erfinderischen Tätigkeit beruht, ist die Anwendung des Aufgabe-Lösungs-Ansatzes.

Der Aufgabe-Lösungs-Ansatz, bzw. Problem–Solution-Approach, wurde vom europäischen Patentamt entwickelt, um eine irreführende Ex-Post-Betrachtung auszuschließen. Rückschauend (ex-post) erscheinen viele Erfindungen naheliegend, vielleicht sogar trivial. Dennoch erforderte es zum Zeitpunkt der Schöpfung der Erfindung eine erfinderische Tätigkeit, um zur Erfindung zu gelangen.[9]

Der Aufgabe-Lösungs-Ansatz umfasst drei Abschnitte, nämlich die Ermittlung des nächstliegenden Stands der Technik, die Bestimmung der objektiven technischen

---

[7] § 3 Absatz 1 Patentgesetz bzw. Artikel 54 Absätze 1 und 2 EPÜ.

[8] § 4 Satz 1 Patentgesetz bzw. Artikel 56 Satz 1 EPÜ.

[9] EPA, Richtlinien für die Prüfung, Teil G Kapitel VII 8. Ex-post-facto-Analyse, https://www.epo. org/law-practice/legal-texts/html/guidelines/d/g_vii_8.htm, abgerufen am 6. April 2021.

Aufgabe und die Prüfung, ob die Erfindung angesichts des Stands der Technik und der objektiven technischen Aufgabe erfinderisch ist.[10]

Nächstliegender Stand der Technik: Der nächstliegende Stand der Technik ist ein Dokument, insbesondere eine Patentschrift, eine Patentanmeldung oder ein Gebrauchsmuster, das den erfolgversprechendsten Ausgangspunkt für die Entwicklung der zu bewertenden Erfindung darstellt. Typischerweise handelt es sich um ein Dokument, dessen technische Lehre die wenigsten strukturellen und funktionellen Änderungen erfordert, um zur Erfindung zu gelangen.[11]

Objektive technische Aufgabe: Die technische Aufgabe der Erfindung ist es, durch eine Änderung des nächstliegenden Stands der Technik zur Erfindung zu gelangen. Die derart definierte technische Aufgabe wird als die „objektive technische Aufgabe" bezeichnet. Die Vorgehensweise hierbei ist, dass die zwischen der Erfindung und dem nächstliegenden Stand der Technik bestehenden Unterschiede in struktureller oder funktioneller Hinsicht ermittelt werden. Aus diesen Unterschieden ergibt sich eine Wirkung, die durch die Erfindung erzeugt wird. Es ist dann die objektive technische Aufgabe, diese Wirkung zu erzielen.[12]

Could/would-Approach: Es genügt nicht, ein Dokument zu finden, das in Kombination mit dem nächstliegenden Stand der Technik zur Erfindung führt. Würde der Fachmann dieses Dokument nicht zu Rate ziehen, um die erfinderische Aufgabe zu lösen, so wäre es falsch, im Nachhinein auf Basis dieses Dokuments die erfinderische Tätigkeit in Frage zu stellen. Ein Dokument, das aus einem vollständig anderen technischen Gebiet stammt oder falls in dem Dokument abgeraten wird, eine Kombination mit der technischen Lehre des nächstliegenden Stands der Technik vorzunehmen, hätte der Fachmann nicht genutzt, um die objektive technische Aufgabe zu lösen. Es ist daher nicht ausreichend, dass Dokumente kombiniert werden könnten (could), um zur Erfindung zu gelangen. Vielmehr muss der Fachmann auch einen Anlass gehabt haben, diese Dokumente zu kombinieren (would). Können keine Dokumente gefunden werden, die eine Brücke vom nächstliegenden Stand der Technik zur Erfindung schlagen, basiert die Erfindung auf einer erfinderischen Tätigkeit.[13]

---

[10] EPA: Richtlinien für die Prüfung, Teil G Kapitel VII 5. Aufgabe-Lösungs-Ansatz, https://www.epo.org/law-practice/legal-texts/html/guidelines/d/g_vii_5.htm, abgerufen am 6. April 2021.

[11] EPA: Richtlinien für die Prüfung, Teil G Kapitel VII 5.1 https://www.epo.org/law-practice/legal-texts/html/guidelines/d/g_vii_5_1.htm, abgerufen am 6. April 2021.

[12] EPA, Richtlinien für die Prüfung, Teil G Kapitel VII 5.2 https://www.epo.org/law-practice/legal-texts/html/guidelines/d/g_vii_5_2.htm, abgerufen am 6. April 2021.

[13] EPA, T 2/83, https://www.epo.org/law-practice/case-law-appeals/recent/t830002ep1.html, abgerufen am 26. Mai 2021; EPA, T 257/98, https://www.epo.org/law-practice/case-law-appeals/recent/t980257eu1.html, abgerufen am 26. Mai 2021; EPA, T 35/04, https://www.epo.org/law-practice/case-law-appeals/recent/t040035eu1.html, abgerufen am 26. Mai 2021.

Es wird eine Vorlage für eine Patentanmeldung vorgestellt. Anmerkungen in Klammern erläutern die Vorlage. Beispielhafte Angaben sind in Anführungszeichen gesetzt und sind an den konkreten Fall anzupassen.

Vorlage für eine Patent- oder Gebrauchsmusteranmeldung (bei einer Gebrauchsmusteranmeldung entfällt die Zusammenfassung):

Unser Zeichen: „G0002/TM"

(Name und Adresse des Anmelders)

(Titel der Anmeldung) "Werkzeugkupplung"

BESCHREIBUNG
GEBIET DER ERFINDUNG

Die vorliegende Erfindung betrifft eine Vorrichtung und ein Verfahren zum … .

HINTERGRUND DER ERFINDUNG
Im Stand der Technik ist bekannt, dass … .

ZUSAMMENFASSUNG DER ERFINDUNG
Der Stand der Technik hat den Nachteil, dass … .
   Eine Aufgabe ist daher, eine Vorrichtung und ein Verfahren zur Verfügung zu stellen, sodass …

T. H. Meitinger, *Ohne Anwalt zum Patent,* https://doi.org/10.1007/978-3-662-63823-1_20

Die Aufgabe wird durch die Merkmale des unabhängigen Patentanspruchs (der unabhängigen Patentansprüche) gelöst. Vorteilhafte Weiterbildungen der Erfindung sind in den Unteransprüchen beschrieben.

(Als nächstes folgt die sogenannte Stütze der Ansprüche, wobei die Ansprüche wortwörtlich wiedergegeben werden.)

Als erster Aspekt der Erfindung wird ein (Hauptanspruch) zur Verfügung gestellt.

Als zweiter Aspekt der Erfindung wird ein (Nebenanspruch) zur Verfügung gestellt.

Beispielhafte Ausführungsformen werden in den abhängigen Ansprüchen beschrieben.

Gemäß einer beispielhaften Ausführungsform der Erfindung wird ein (Unteranspruch 1) zur Verfügung gestellt.

Gemäß einem weiteren Ausführungsbeispiel der vorliegenden Erfindung wird ein (Unteranspruch 2) zur Verfügung gestellt.

In einer weiteren erfindungsgemäßen Ausführungsform wird ein (Unteranspruch 3) zur Verfügung gestellt.

Gemäß einer beispielhaften Ausführungsform der Erfindung wird ein (Unteranspruch 4) zur Verfügung gestellt.

Als eine Idee der Erfindung kann angesehen werden, einen … (Die Erfindung kann hier noch einmal mit anderen Worten beschrieben werden. Hierbei sind auf die erfindungswesentlichen Punkte und die besonderen Ausführungsformen einzugehen).

Die einzelnen Merkmale können selbstverständlich auch untereinander kombiniert werden, wodurch sich zum Teil auch vorteilhafte Wirkungen einstellen können, die über die Summe der Einzelwirkungen hinausgehen.

KURZE BESCHREIBUNG DER ZEICHNUNGEN

Weitere Einzelheiten und Vorteile der Erfindung werden anhand der in den Zeichnungen dargestellten Ausführungsbeispiele deutlich. Es zeigen:

Fig. 1 einen …,
Fig. 2 einen … und
Fig. 3 einen … .

DETAILLIERTE BESCHREIBUNG BEISPIELHAFTER AUSFÜHRUNGSFORMEN

Fig. 1 zeigt einen … .
Fig. 2 zeigt einen … .
Fig. 3 zeigt einen … .

Es sei angemerkt, dass der Begriff „umfassen" weitere Elemente oder Verfahrensschritte nicht ausschließt, ebenso wie der Begriff „ein" und „eine" mehrere Elemente und Schritte nicht ausschließt.

Die verwendeten Bezugszeichen dienen lediglich zur Erhöhung der Verständlichkeit und sollen keinesfalls als einschränkend betrachtet werden, wobei der Schutzbereich der Erfindung durch die Ansprüche wiedergegeben wird.

LISTE DER BEZUGSZEICHEN

1. „Auto"
2. „Motor"
3. „Lenkrad"

ANSPRÜCHE

1. „Auto zum Transportieren einer Person", wobei…
2. „Auto" nach Anspruch 1, wobei …
3. „Auto" nach einem der Ansprüche 1 oder 2, wobei …
4. „Auto" nach einem der vorhergehenden Ansprüche, wobei …
5. „Auto" nach einem der vorhergehenden Ansprüche, wobei …
6. Verfahren zum „Herstellen eines Autos" nach einem der vorhergehenden Ansprüche, umfassend die Schritte:
    „Lackieren" eines … zum …
7. Verfahren nach Anspruch 6, ferner umfassend den Schritt:
    „Biegen" eines … zum …
8. Verfahren nach einem der Ansprüche 6 oder 7, ferner umfassend den Schritt: …
9. Verfahren nach einem der Ansprüche 6 bis 8, ferner umfassend den Schritt: …
10. Verfahren nach einem der Ansprüche 6 bis 9, ferner umfassend den Schritt: …

ZUSAMMENFASSUNG

(Titel der Anmeldung) „Werkzeugkupplung"
(Wortlaut des Hauptanspruchs)
[Fig. 1]

Es wird eine Vorlage für eine Bescheidserwiderung vorgestellt. Anmerkungen in Klammern erläutern die Vorlage. Beispielhafte Angaben werden in Anführungszeichen gesetzt und sind an den konkreten Fall anzupassen.

Vorlage für eine Bescheidserwiderung zur Einreichung beim deutschen oder europäischen Patentamt:

(Deutsches Verfahren:) Auf den Bescheid vom „15. Juli 2021":
(Europäisches Verfahren:) Auf die Mitteilung vom „15. Juli 2021":

Neue Unterlagen
Es werden neue Ansprüche 1 bis 10 eingereicht, die den ursprünglichen Anspruchssatz ersetzen.

Offenbarung der Ansprüche
Die Gegenstände der neuen Ansprüche sind an den folgenden Stellen der ursprünglichen Unterlagen offenbart:

Anspruch 1:
Der neue Anspruch 1 umfasst die Merkmale:

- ursprünglicher Anspruch 1, der neue Anspruch 1 umfasst sämtliche Merkmale des ursprünglichen Anspruchs 1;
- ursprünglicher Anspruch „5", der neue Anspruch 1 umfasst sämtliche Merkmale des ursprünglichen Anspruchs „5";

© Der/die Autor(en), exklusiv lizenziert durch Springer-Verlag GmbH, DE, ein Teil von Springer Nature 2021
T. H. Meitinger, *Ohne Anwalt zum Patent,* https://doi.org/10.1007/978-3-662-63823-1_21

- ursprünglicher Anspruch „6", der neue Anspruch 1 umfasst sämtliche Merkmale des ursprünglichen Anspruchs „6";
- (neues Merkmal): die Beschreibung der ursprünglich eingereichten Anmeldung enthält auf „Seite 12 zweiter Absatz" das Merkmal, dass …

Anspruch „3":
Der neue Anspruch „3" umfasst die Merkmale:

- ursprünglicher Anspruch „3", der neue Anspruch „3" umfasst sämtliche Merkmale des ursprünglichen Anspruchs „3";
- ursprünglicher Anspruch „9", der neue Anspruch „3" umfasst sämtliche Merkmale des ursprünglichen Anspruchs „9";
- (Ein zusätzliches Merkmal kann aus der Beschreibung „hochgezogen" werden.) „neues Merkmal": die Beschreibung der ursprünglich eingereichten Anmeldung enthält auf „Seite 12 zweiter Absatz" das Merkmal, dass …

Die weiteren Ansprüche des neuen Anspruchssatzes entsprechen dem bisherigen Anspruchssatz.

Somit gehen die Gegenstände der neuen Ansprüche nicht über den Gegenstand der ursprünglichen Anmeldeunterlagen hinaus. Die Rückbezüge wurden entsprechend angepasst.

Neuheit
Anspruch 1
Die D1 (DE…) beschreibt eine Vorrichtung zum „Auftragen von Lacken oder Imprägnierungsmitteln". Das Dokument D2 (DE …) zeigt eine Vorrichtung zum „Verleimen von Spanplattenelementen bzw. zum Einbringen von Leim in Nuten und Zapfenbohrungen". Im Gegensatz dazu beschreibt der aktuelle Anspruch 1, dass ….

Daher ist der Gegenstand des Anspruchs 1 neu und daraus folgend auch die Gegenstände der abhängigen Ansprüche 2 bis 10.

Erfinderische Tätigkeit
Anspruch 1
Das Dokument D1 stellt den nächstliegenden Stand der Technik dar, da die D1 eine Vorrichtung zum … beschreibt.

Die D1 beschreibt im Gegensatz zum Hauptanspruch nicht, dass …

Dieses Merkmal hat den Effekt/die Wirkung, dass …

Objektive technische Aufgabe ist daher, eine Vorrichtung zur Verfügung zu stellen, die diesen Effekt/diese Wirkung, dass …, realisieren kann.

Diese Aufgabe wird erfindungsgemäß durch die Merkmale des aktuellen Anspruchs 1 dadurch gelöst, dass …

Der Gegenstand des Anspruchs 1 ist nicht naheliegend gegenüber der D1 oder der D2 bzw. gegenüber der D1 in Verbindung mit Fachwissen bzw. gegenüber der D2 und Fachwissen bzw. gegenüber einer Kombination der D1 mit der D2 mit oder ohne Fachwissen, da in keinem der Dokumente eine derartige Aufgabe verfolgt wird und daher auch keine Hinweise zu entnehmen sind, dass durch die Merkmale des Anspruchs 1, nämlich …, diese Aufgabe gelöst wird.

Daher beruht der Gegenstand des neuen Anspruchs 1 auf erfinderischer Tätigkeit und daraus folgend auch die Gegenstände der abhängigen Ansprüche 2 bis 10.

Anträge
Es wird daher die Erteilung eines Patents auf der Grundlage der neuen Patentansprüche 1 bis 10 beantragt.

Falls jedoch das neue Patentbegehren nicht als gewährbar erachtet werden sollte und eine Zurückweisung der Anmeldung erwogen werden sollte, wird hilfsweise **mündliche Verhandlung** beantragt.

Die Überarbeitung und Anpassung der Beschreibung wird vorgenommen, sobald gewährbare Ansprüche vorliegen.

(Unterschrift)

Anlagen:
Neuer Anspruchssatz
(Reinschrift und Änderungsinformationsexemplar)

Printed in the United States
by Baker & Taylor Publisher Services